持続可能社会構築の
フロンティア

環境経営と企業の社会的責任(CSR)

天野 明弘
大江 瑞絵
持続可能性研究会
編著

持続可能社会構築のフロンティア
環境経営と企業の社会的責任（CSR）

天野明弘・大江瑞絵／持続可能性研究会　［編著］

はじめに

　持続可能な発展／開発というコトバは'83 年の国連環境と開発に関する委員会、いわゆるブルントラント委員会の報告書「Our Common Future」以降、人口に膾炙するようになり、持続可能な発展／開発＝「持続可能社会」というコトバは、90 年代以降「循環型社会」と並んで時代のキーワードとなったといって差し支えないだろう。
　だが、持続可能社会とはどんな社会で、われわれははたしてそれに向けて進化しているのであろうか？
　持続可能社会の持たねばならぬ属性は抽象的、定性的には明らかであるが、今日にいたるまで、われわれはその具体的で実現可能なビジョンを描けないでいるといって過言ではないのでなかろうか。
　つまり今日においても持続可能社会とは依然としてキャッチフレーズであり、お経の文句にしか過ぎないと思える。
　それは筆者には'68 スターリン主義に抗して決起した「プラハの春」が、その宣言において真の社会主義の建設を夢見つつも、真の社会主義とはなにかについては、「社会主義とは−ではない社会である」を何十回も繰り返し、そして最後に「諸君、社会主義とは、いいものなのである」というしかなかったことを想起させる。
　だが、フロンテイアを次々に拡大し、自然の破壊と資源の収奪により、「発展」してきたこの社会が、このままでは地球と資源の有限性に直面し、自らの尻尾を果てしなく飲み込んでいくウロボロスの蛇のように崩壊するしかないことを知ったわれわれは、「持続可能社会」を単なるスローガンとして叫ぶだけでなく、具体的でビビッドな姿として顕在化させねばならない。
　しかし、じつはそうしたものに向けての営為は社会の方々で胎動しているのでないか、と言うのが筆者の認識である。そうした営為の総和が総体としての持続可能社会を築きうるものかどうかはわからないが、われわれはそうした営為の胎動を拾い上げ、繋ぎ合わせ、そして発展させていかねばならないことだけは確かである。

以上は単なる持続可能社会というコトバに対する筆者の個人的な思いにしかすぎない。

　二年前、当時総合政策学部長の忙職にあられたにもかかわらず、他学部、他大学、そして産業界や官界の有志の参画をも得て「持続可能性研究会」を立ち上げられ、関西学院大学共同研究（指定研究）及びリサーチコンソーシアム特別重点プロジェクト「21世紀持続可能産業社会構築に関する総合政策研究」をスタートさせられた安保則夫教授は、この持続可能社会というコトバにどのような思いを抱かれていたのかは筆者にはわからないが、どこかで筆者と通底するものがあったにちがいないと信じている。

　なんども研究会が開催され、研究交流が積み上げられ、2003年度のリサーチコンソーシアム総会においては、その成果が安保教授司会のもとに公開シンポジウムとして結実した。

　その直後、安保教授は病に倒れられ、あっという間に帰らぬ人となられたのである！　筆者は安保教授が亡くなられた後、本研究に参画、研究代表を引き継ぐことになった。

　さらに本文提出後の12月、英国の気候変動政策の研究に従事し、本研究会でも数々の研究報告をされていた関西学院大学総合政策研究科博士課程後期の田中彰一さんの訃報がもたらされた。故安保先生同様あまりの突然の訃報に言葉を失った。持続可能性研究会のすべての構成員にとって、この二人の急逝は青天の霹靂の出来事であった。

　本書はこの共同研究の最終成果であり、持続可能産業社会構築に向けていくばくかの寄与ができれば幸甚である。そして、なによりも本書を謹んで故安保教授と故田中彰一さんの墓前に捧げたいというのが、天野明弘本学名誉教授をはじめとする執筆者全員の思いであることを付記しておきたい。

2003年12月17日
持続可能性研究会代表
関西学院大学総合政策学部
教授　久野　武

目　次

はじめに …………………………………………………………… 3
目　次 ……………………………………………………………… 5
執筆者リスト ……………………………………………………… 6

序　章　21世紀持続可能産業構築に関する総合政策研究
　　　　　―環境と企業経営 …………………………………… 7

第1部　シンポジウム
関西学院大学「指定研究」およびリサーチコンソーシアム「2002年度特別重点プロジェクト」：
21世紀持続可能産業構築に関する総合政策研究―環境と企業経営 …… 13

第2部　持続可能性経営への取組み
第1章　持続可能な経営とその評価 ………………………………… 53
第2章　持続可能な社会へ―富士ゼロックスの環境経営 ………… 74
第3章　サービサイジングが普及する条件 ………………………… 87
第4章　持続可能性経営とサービサイジング
　　　　―モノから機能を売る（製品からサービスを売る）時代 …… 101

第3部　新たな環境経営手法への取組み
第5章　わが国における環境報告・環境会計をめぐる動向 ……… 131
第6章　企業の社会的責任について ………………………………… 146
第7章　持続可能性報告書とGRIガイドライン ………………… 159
第8章　持続可能性経営に役立つ環境会計に向けて ……………… 175

第4部　地球温暖化への取組み
第9章　国際的な地球温暖化対策におけるフリーライド行為について …… 191
第10章　英国排出削減奨励金配分メカニズム …………………… 206
第11章　事業者による温室効果ガス会計の枠組について ……… 218
第12章　温暖化防止に向けて―シャープ株式会社の取り組み … 229

第5部　環境リテラシーと環境リスク・コミュニケーションへの取組み
第13章　環境問題のリスク認知と協力行動 ……………………… 247
第14章　企業とステークホルダーとの対話
　　　　―ステークホルダーミーティングの事例を通して …… 261
第15章　環境マーケティングの変遷 ……………………………… 276
第16章　PRTR制度と環境リスク・コミュニケーション ……… 289

付録：用語集 …………………………………………………… 299
研究会活動概要 ………………………………………………… 309
索　引 …………………………………………………………… 311

執筆者リスト（50音順）

天野明弘	関西学院大学名誉教授／(財)地球環境戦略研究機関　関西研究センター所長	
	………………第1部、第6章、第11章	
安保則夫	関西学院大学名誉教授／総合政策学部　教授 …………序章、第1部	
石田孝宏	シャープ㈱環境安全本部環境戦略室　主事 ………第1部、第12章	
大江瑞絵	関西学院大学総合政策学部　専任講師 …………………………第16章	
加賀田和弘	関西学院大学総合政策研究科博士課程後期課程 ………………第1章	
風間英幸	富士ゼロックス㈱環境経営推進部 ……………………………第2章	
阪　智香	関西学院大学商学部　助教授 ……………第1部、第5章、第8章	
佐々木雅一	㈲グリーン戦略研究所　代表 ………………………第1部、第15章	
笹原　彬	富士ゼロックス㈱環境経営推進部　部長 ………第1部、第2章	
田中彰一	関西学院大学総合政策研究科博士課程後期課程 ……………第10章	
中尾悠利子	関西学院大学総合政策研究科博士課程前期課程 … 第7章、第14章	
中野康人	関西学院大学社会学部　助教授 …………………………………第13章	
久野　武	関西学院大学総合政策学部教授、研究代表 …………………はじめに	
槇村久子	京都女子大学現代社会学部　教授 ………………………………第4章	
松枝法道	関西学院大学経済学部　専任講師 ……………………………第9章	
吉田誠宏	(財)地球環境センター審議役 …………………………………第3章	

（所属は、2004年3月31日現在）

カバーデザイン・イラスト協力　打浪　純

序章 パネル・ディスカッション
21世紀持続可能産業構築に関する総合政策研究
──環境と企業経営

　2002年度から2年間、持続可能性研究会では、関西学院大学共同研究（学長室指定研究）、かつ、関西学院大学大学院総合政策研究科リサーチ・コンソーシアムの指定研究、「21世紀持続可能産業構築に関する総合政策研究」として承認を得て、関西学院大学の教員、リサーチ・コンソーシアムの会員企業、地球環境関西フォーラムのメンバーなど多彩なメンバーによって構成される持続可能性研究会を発足し、特に「環境と企業経営のあり方」に焦点を絞って研究を進めてきた。その研究成果をまとめたものが本書である。

　持続可能性研究会では、4つのサブ・テーマを掲げている。「地球温暖化問題の取り組み」、「循環型社会形成への取り組み」、「持続可能性経営の取り組み」、「環境リスク・コミュニケーションへの取り組み」である。これらのテーマについて、持続可能性研究会が掲げる論点が3つある。

　第1点目は、グランドビジョンを明確化することである。私たちの日常社会そのものが、20世紀型の大量生産・大量消費・大量廃棄といった社会システムであり、その中に我々の生活の在り様も組み込まれている。あるいは、日常生活の意識もそれが普通なのだと認識するようになっており、その状態が少しでも途切れると不便さえ感じるようになっている。こういった我々の意識そのものが20世紀型になりきっているといえる。それを「環境」をキーワードとして、どう切り変えていくのか、またシステムをどのように再構築していくかについても、やはりグランドを成すところのビジョンを明確にすることが必要になる。逆にいうと、そういうビジョンが共有されれば、また、そのビジョンを明確にし、課題を共有することによって、今後の取り組みがより鮮明な方向づけと検討力が与えられれば、案外、切り替えも楽であるかもしれない。現代社会では、そういうところが問われている。

　第2点目は、環境経済社会と複合領域に関わる生存課題を研究テーマに取

り上げることである。我々は「環境」を単体、あるいは個別の対応課題としてではなくて、複合的な課題として、経済や社会の在り様との関係をもみテイク必要がある。持続可能性研究会で議論となったのは、「環境」と人権はどうなるのか、また「環境」と福祉、あるいは健康、また、地域の生活の在り様、こういった概念が必要ではないか、ということである。このようなこと全てが互いに絡んだものとして捉える必要がある。以前は、「環境」は環境問題、その手の専門家、誰か研究員に任せておいたらいいじゃないか、と言われていたが、すでにそういう事態ではない。「環境」は、複合領域に関わる生存課題である。つまり、環境、経済、社会はトリプルボトムラインを担うという発想が必然的に生まれてきたのである。さらに、具体的な取り組みの中で、サスティナビリティレポートなどの発行が先進事例でみられるように、企業の経営も、これも誰かの経営者に任せたらいいのではなくて、一企業の、産業界の社会的責任ということが問われるようになってきている。

　第3点目は、国際的な視野に目を向けていかなければいけない、ということである。持続可能性研究会でも、代表的な国際的取組みとして、「OECD」の取り組みや、「国連のグローバルコンパクト」の取り組み、「Global Reporting Initiative」の取り組みの事例が報告された。国際的な取り組み、その事例研究の意義はどこにあるのか、そういうことを踏まえて行われている、日本の国内企業による先進的な取り組みの事例もある。

　関西学院大学総合政策学部・研究科が、設立当初から"Think globally. Act locally."というスタンスで、学問、教育、研究を行ってきた。持続可能性研究会は、まさにそのスタンスが問われる研究会であり、実践しようとしている研究会である。

　本書の第1部は、1年間の研究会活動の成果報告として、2002年5月に行われた関西学院大学総合政策研究科リサーチ・コンソーシアム記念事業のパネル・ディスカッションB「21世紀持続可能産業構築に関する総合政策研究〜環境と企業経営〜」を収録している。第2部から第5部までは、主に研究会活動2年目の成果報告として、第2部「持続可能性経営への取組み」、第3部「新たな環境経営手法への取組み、第4部は、地球温暖化への取組み」、第5部は「環境リテラシーと環境リスク・コミュニケーションへの取組み」で構成されている。日々、開発・実践される環境政策や戦略に対応すべく、持続可能性研究会

は今後も活動を続けていきたいと考えているが、まず2年間の研究成果を本書で報告する。

安保則夫名誉教授の開会の辞より
（編集：大江瑞絵）

5回にわたる研究会の開催～提起された論点～

論点（1）
グランド・ビジョンの明確化

● 新しい考え方や概念、新しい試みや取り組み、将来展望のイメージなどの背景にあって共通する基礎をなすグランド・ビジョンは何か？

● そのことを明確化し、課題を共有することによって、今後の取り組みに対してより鮮明な方向づけと原動力を与えるようなグランド・ビジョンの構築の必要性

● サービサイジングの意味？
　リース、レンタルとどこが違うのか。

論点（2）
環境・経済・社会等複合領域にかかわる政策課題

● 環境を個別対応課題としてではなく、環境・経済・社会を「トリプル・ボトムライン」として捉える認識とその統合指標策定の必要性

● 「サステナブル・レポート」作成など先進事例から見えてくる動向が示唆するものは何か？

● 企業経営のあり方に問われる社会的責任とは？

論点（3）
国際的動向の展望と国内での取り組みの現状

● OECD, U. N. Global Compact, Global Reporting Initiative 国際的取り組み事例研究の意義

● 日本国内での先進的企業の取り組み事例の紹介

● "Think globally. Act locally."
　スピーディな対応と優先課題は？

第1部

シンポジウム

関西学院大学「指定研究」および
リサーチコンソーシアム「2002年度特別重点プロジェクト」：
21世紀持続可能産業構築に関する総合政策研究〜環境と企業経営〜

リサーチコンソーシアム記念事業
パネル・ディスカッション
日時：2003年5月16日（金）15:00〜17:00
場所：関西学院会館1F会議室

パネリスト：5名（敬称略、パネリスト報告順、所属は2003年5月16日現在）
天野明弘　　（財団法人地球環境戦略研究機関関西研究センター所長　関西学院大学名誉教授）
石田孝宏　　（シャープ株式会社　環境安全本部環境戦略室主事）
佐々木雅一　（有限会社グリーン戦略研究所代表）
阪　智香　　（関西学院大学商学部　助教授）
笹原　彬　　（富士ゼロックス株式会社　エコロジー＆セイフティ推進部部長）

コーディネーター
安保則夫（関西学院大学総合政策学部教授）

第1部　パネリスト報告
・基調報告「企業と環境：4つの課題」―21世紀の持続可能な社会に向けて―　天野明弘主任研究員
・報告「地球温暖化防止」―日本企業へのインパクト―　石田孝宏研究員
・報告「環境マーケティングにおける環境広告の位置づけ」　佐々木雅一研究員
・報告「企業経営と環境会計」―持続可能な経営に向けての環境会計の方向性―　阪智香研究員
・報告「持続可能な社会へ―富士ゼロックスの環境経営―」　笹原彬研究員

第2部　オープン・ディスカッション

関西学院大学「指定研究」およびリサーチコンソーシアム「2002年度特別重点プロジェクト」:
21世紀持続可能産業構築に関する総合政策研究
―― 環境と企業経営

1．挨拶

　安保　ただ今より、パネル・ディスカッションということで、「21世紀持続可能産業構築に関する総合政策研究」、特に「環境と企業経営のあり方」に焦点を絞る形でパネル・ディスカッションを進めさせていただきます。今回のパネリストですが、パネル表示してありますように天野明弘主任研究員以下5名とコーディネーター私、安保が務めさせていただきます。どうぞ、よろしくお願い致します。

　我々のパネル・ディスカッションは1部と2部の構成で、まず1部で基調報告、パネルリスト報告を行い、2部で皆さんに質問用紙を配っておりますので、質問用紙に質問の方を書いていただき、それに答えるオープン・ディスカッションを行う時間を取りたいと思っております。そして、皆さんの意見を得て、今後の研究の課題などについての抱負などとし、閉会とさせていただきたいと思っております。

　これがシンポジウムの大体の趣旨、シナリオです。それでは、我々の主任研究員の天野明弘教授より基調的な報告を最初にしていただき、その後に各研究員より個別のパネル報告をしていただきます。それでは、天野明弘主任研究員、よろしくお願いいたします。

第1部　パネリスト報告

基調報告
「企業と環境：4つの課題」――21世紀の持続可能な社会に向けて

> **パネル1　地球温暖化問題への取り組み**
>
> ・京都議定書発効への対応
> ・ステップ・バイ・ステップ・アプローチ第2期
> ・温暖化対策税、国内排出取引制度、自主取組み等
> ・企業の排出削減活動本格化
> ・競争力の向上
> ・将来への投資
> ・環境リーダーシップ
> ・社内外における排出削減機会の発見
> ・数値目標設定によるコスト削減努力・技術開発努力
> ・社内外の限界削減費用均等化

2．地球温暖化問題への取組み

天野　この研究会では4つのサブ・テーマを設けてスタートしました。必ずしも全てのサブ・テーマについて、均等な配分で進めてきたのではありませんが、概ねこのとおりに行ってきました。

　最初の「地球温暖化問題への取組み」、これは、ご存知のとおり、京都議定書が、今年の年末、もしくは来年の初めにロシアが批准すれば、発効するという状態にあります。現在日本の国内対策としても政府が、ステップ・バイ・ステップの第2ステップで、かなり本格的な削減対策を実施しなければならないということで、各種の検討会を設けています。その中には「温暖化対策税」だとか、「排出取引」、「自主的取組み」といったものが含まれています。こういう手法が、近い将来動き出そうとすることから、企業の排出量削減取組みなどが進み始めています。最近の傾向としては、削減をするのは"コスト"と考えるのではなく、むしろ温暖化防止による競争力につながることや将来への投資や環境リーダー

> **パネル2　循環型社会形成への取り組み**
>
> ・拡大生産者責任の導入⇒環境負荷削減の技術革新と経営革新
> ・製品サービス・システム（サービサイジング）
> 　①製品の機能を販売
> 　②所有権は移転しない
> 　③使用量ベースの対価
> 　④無料のメンテナンス・修理
> ・ゼロックス社：総合ドキュメント・サービス
> ・インターフェース社：総合フローリング・サービス
> ・コロ社：オフィス、ヘルスケア施設等のスタッフ・家具移動の管理サービス
> ・キャストロール社、デュポン社等の化学品管理サービス
> ・松下電器産業の明かり安心サービス

シップを取れるなど、社外的名声やビジネスチャンスといったメリットとして考え始めています。社内で埋もれている削減の機会を探し出して効果的に削減するということもありますし、企業の外も含めて、削減に努めるようになりました。社内でいろいろな数値目標を設定して、その目標に向かって、各部署が努力をすることから、技術開発などのインセンティブが働くようになります。それぞれの会社についても、あちこちで限界削減費用を考慮しないで削減することは効率が悪いわけですから、社内でも限界削減費用が等しくなるようにするにはどうすればよいかといった方向での取組みが進んでいる状況です。

3．循環型社会形成への取組み

天野　次に循環型社会形成への取組み、これも非常に大きな問題ですが、やはり最近は、EUやOECDで議論されている「拡大生産者責任」、つまり生産者というのは製品を生産しただけの責任ではなくて、上流下流を含めてですね、

生産者が責任を負うという考え方が、日本の政府でも取り入れられて、これが政策に反映されようとしかかっています。そういう意味では環境負荷を削減するような技術革新とか、環境の技術だけではなくて、経営組織の革新を行っていくことが急務になってきている。

　その一つにサービサイジングという、ちょっと聞き慣れない考え方が、海外で広がっており、循環型社会形成に向けての企業の戦略としても有効であるし、環境負荷低減についても非常に大きな効果をあげているということで注目されています。サービサイジングというのは必ずしも日本ではなじみのあるものではありませんし、多くの場合レンタルとかリースなどを含めて議論されていますが、この①〜④「①製品の機能を販売、②所有権は移転しない、③機能の使用ベースで対価を払う、④無料のメンテナンス・修理」という四つの条件を満たしたものがサービサイジングと呼ばれています。どういうことかというと、例えば、メーカーの場合で考えますと、製品を販売するというのが普通の形態ですけれども、製品を販売しない。製品のファンクションを販売する。つまり、製品は買い手の持ち物にならずに、所有権はすべて企業の手に残っているのですね。使うのは消費者とか企業であり、使っているけれどもそれは借りて使っている。製品の機能をどうやって販売するかというと、製品の使用単位に対して対価というか、料金を払う。メーカーは、使用量ベースで売り上げを得るわけです。そして、メーカーは製品の所有者であり、製品について責任を持っていますので、メンテナンスとか修理、使用済み製品の回収などにかかる費用は、使用者には無料で、生産者が負担する。こういうものの例として、「ゼロックス社の総合ドキュメント・サービス」、「インターフェイス社の総合フローリング・サービス」、「コロ社のオフィス、ヘルスケア・サービス施設等のスタッフ・家具移動の管理サービス」、「キャストロール社、デュポン社等の化学品管理サービス」、「松下電器産業の明かり安心サービス」などがあがっています。いずれも本来はメーカーなのですけれども、こういったサービサイジングをすることによって、メーカーではなくなっているのですね。総合サービス会社になっています。最近よくエスコ（ESCO）といって電気のサービスを売る会社がでてきています。電力を売るのではなく、電気に伴うサービスを売る。こういうものがいろんな業種に出てきているわけです。カーペットの会社がフローリング・サービス会社になったり、化学薬品の会社が化学薬品管理サービス

21 世紀持続可能産業構築に関する総合政策研究 17

パネル 3　持続可能性経営への取組み

- 企業の社会的責任
  持続可能性報告
- グローバル・コンパクトの 9 原則（人権・労働・環境）参加企業：
  フランス 60、米国 44、英国 21、ドイツ 16、日本 8
- ISO が CSR 国際規格を検討中
- 課題
  人権、職場の健康安全、不公正経営慣行、組織のガバナンス、環境問題、消費者、地域社会の発展
- 方針
  法規制遵守、自主的コミットメント、ステークホルダーの包含、説明責任、透明性、倫理性、持続可能性への貢献

（Chemical Management Service, CMS）を売る会社になったりしています。松下電器産業の明かり安心サービスというのは、何十階建てのビルですごい数の蛍光灯を使っていますが、これまでは蛍光灯を売っていたのですね。それを止めて、蛍光灯は提供し、切れたら取替え、使い終わったら産業廃棄物の処理はビルのオーナーに代わって松下がやる。要するに、明かりをつける、何時間部屋を明るくする、という形のサービスを提供し、そのサービスについて一月いくらという料金で契約するのですね。こういう事例などがいろんな形で広まっています。特に米国の場合には、化学薬品を売っている会社は非常に多くがこのサービサイジングを始めていて、例えば、自動車産業ですね、車の塗料をたくさん使いますが、今までは買って、自分のところで塗っていたのですね。最近は化学薬品会社が出かけていって、自動車産業の中で、車一台塗っていくらで商売をしている。塗装する、塗装サービス提供会社ですね。自動車会社の場合には、50 ～ 80% ぐらいがこういう形に切り替わっているそうです。それから、家電製品や電気製品のメーカーは、34 ～ 35% ぐらいがこの形に切り替わって

います。要するに、化学薬品や洗浄剤などはいろんな種類のものを使いますが、それらがサービスに代わっています。日本ではまだ少ないようですが、これからはいろんなところで採用されることになるでしょう。

4．持続可能性経営への取組み

天野 持続可能性経営の取組みという点につきましては、後のパネリストの報告にも出てきますが、「企業の社会的責任」が問われています。従来は企業の環境に対する責任を問うということが中心でしたけれども、環境だけではなくて、トリプルボトムライン（Triple Bottom Line）といって、環境、経済、社会の3つの面で責任が問われるようになりました。

社会の問題の中には、人権の問題、不公正経営慣行、組織のガバナンスの問題、地域社会への貢献、そういったものを一切含めて、企業が責任を果たすべきであるという考え方が、国際的に広がってきているのですね。ここにあるグローバル・コンパクトというのは、国連のアナン事務総長が提唱された9つの原則で、右に書いているような方針（法規制遵守、自主的コミットメント、ステークホルダーの包含、説明責任、透明性、倫理性、持続可能性への貢献）と課題（人権、職場の健康安全、不公正経営慣行、組織のガバナンス、環境問題、消費者、地域社会の発展）など、この原則に沿って社会的責任を取りますと企業が宣言します。フランス60社、米国44社、日本はまだ8社[1]しか参加していません。しかし、今日はグローバル・コンパクトに参加しているという企業研究員からパネリスト報告があります。それから、ISOというのは、環境問題をやっておられる方はご存知ですが、ISO14001という国際規格ですね。これは環境マネジメントシステムですが、これと同じようなマネジメントシステムとして、企業の社会的責任に関する国際規格をつくろうとしております。これが来年か再来年にできれば、企業が社会的責任に関する国際規格の認証を取得することが必要になってきます。日本でも各社検討を開始されています。もちろん参加してしっかりやりましょうというリーダー的な会社もあります。

パネル4　環境リスク・コミュニケーションへの取組み

- リスク・コミュニケーションの目的：リスクに基づく意思決定について、利害関係者の理解を助け、事柄に関する事実と価値観のバランスのとれた判断を下せるようにすること
  （決定の正しさを説得することではない）

- 米国の知る権利法（1986）、リオ宣言原則10（市民による環境情報入手、意思決定への参加、賠償・救済への司法・行政機会の付与、1992）、PRTRに関するOECD理事会勧告（1996）、オルフス条約（1998）
  PRTR制度（2002年度より実施）の充実へ

5．環境リスク・コミュニケーションへの取組み

天野　最後に、環境リスク・コミュニケーションへの取組みですが、リスクといってもいろんなものがあります。先ほど述べましたような社会的責任を果たしていない企業、最近のT電力のような事故隠しは、海外ではスキャンダルというように伝えられておりまして、ニュースで報道されるわけですね。そういうことが起こりますと、株価は当然暴落しますので、そういったことも含めてコミュニケーションをしっかりとりながらリスクをどう解消していくのかが重要になってきます。ここにあげているのは、いろいろな化学物質のリスクに関する制度です。これは米国では1986年から始まっていますから、すでに17年の歴史がありますが、わが国では2002年度から実際に運用が始まっています。この制度を使って、住民の方たちが化学薬品の動きを知り、企業とコミュニケーションをとることが始まろうとしています。この制度も含めて、日本の企業の対応が進み始めているという段階であります。

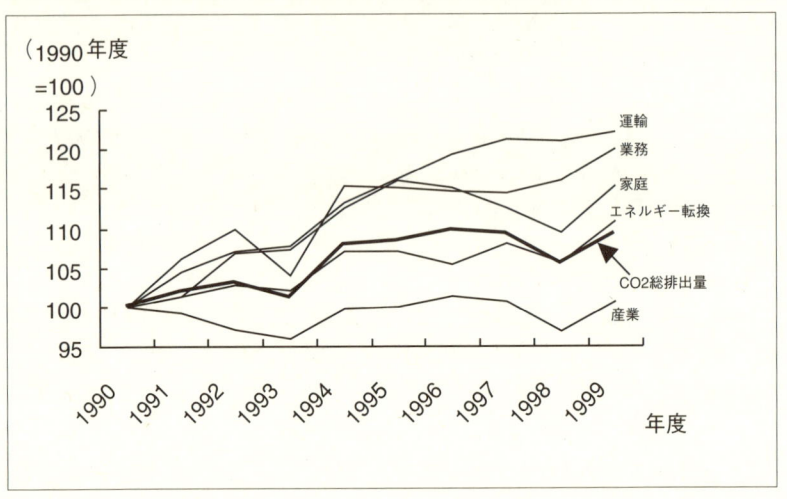

6. 諸課題への横断的手法

天野 結局、これら4つの課題に対してどのような手法が現在使われようとしているのかということですが、ここにいろんな問題を横断的に解決できるような手法をあげています。一つの解決手法として、環境会計の中でマテリアルフローコスト会計といった企業内でのマテリアルの流れと環境負荷、そしてそれを削減するためのコスト全部を総合的に評価するためのシステム、それに付け加えて、リスク評価をするようなシステムが開発され、使われようとしています。次に、サービサイジングの手法ですが、環境管理システムが発達してきています。製品の上流・下流を含めて、環境設計、グリーン購入、グリーンマーケティング、こういったものが一連の作業として一緒に使われていくでしょう。そして、企業の社会的責任を果たすために、持続可能性を追求する。現在、企業は財務的な成果に基づいて評価を受けていますけれども、将来は、それと合わせて企業の社会的責任、持続可能性に関する企業のパフォーマンスによって社会から評価を受け、あるいは市場から評価を受けるという時代に入りつつあ

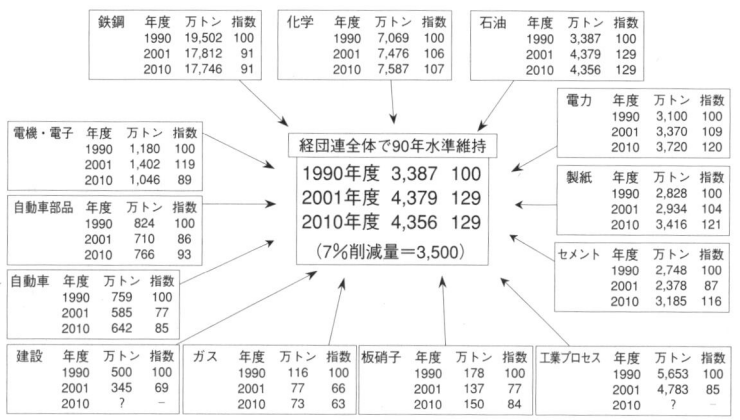

ります。それに先に対応したところがリーディングカンパニーになるでしょう。

　安保　全体の取り組みに対して、天野研究員から報告がありました。各研究員から個別の報告をお願いします。まずはシャープ株式会社からお越しくださいました、石田研究員の報告です。

> パネリスト報告

「地球温暖化防止」──日本企業へのインパクト

7．温暖化問題と企業経営

　石田　ただ今、紹介頂きましたシャープの石田と申します。宜しくお願い致します。今回の発表では地球温暖化防止に関して、「日本企業へのインパクト」という観点からお話させていただきます。日本の温暖化問題の現状につき、パネル5の方に折れ線グラフで示しております。

これを見ると、日本のどの部門でのCO₂排出量が伸びているかが分かります。一番目立ちますのは運輸・民生（業務・家庭）部門で、90年度以降、20％近い伸びになっています。この結果として、日本全体で、90年比でCO₂排出量が8％増加していることになります。90年度比で6％削減することが、国際的に課せられた義務でありますので、日本は今後実質で14％の排出削減が必要となっております。パネル6に示しておりますのは、日本の経団連に参画しております各業界でのCO₂排出実績及び見込みになります。
　経団連全体では90年度から2010年度までCO₂の総排出量を、ほぼ横ばいの水準に抑制するとの自主目標を掲げております。日本の産業部門全体として、この自主目標の達成を通じて温暖化防止に貢献するというスタンスで、現在温暖化防止取組みを進めております。弊社における現状につきましては、90年から2002年までの実績では、CO₂総排出量では、90年に比べて大きく増加しています。この主な要因としては、エネルギーを大量に消費する液晶・半導体商品や電子部品の国内生産量が非常に増加したことに起因するものであります。
　温暖化問題を経営リスクという視点で考えてみますと、主な経営リスク要因として、「炭素税」と「排出権取引」の2つが挙げられます。まず1つ目の炭素税、これは、税率がいろいろ議論されていますが、3,000円／t-CO₂とし、弊社に当てはめますと、年間4.1億円の経営コスト負担、排出権取引に関しましては、年間2.6億円ほど経営コストが増加することが懸念されています。
　続いて、国内生産と温暖化戦略ということで、弊社は2004年の1月に世界で初めて、液晶テレビと液晶パネルを一貫生産する亀山工場の稼働を開始します。この工場の建設、稼動に伴いまして、今後もCO₂の排出量の増加は避けて通れない現状ではありますが、国内に産業を残す方針に基づいた事業展開により、国内産業の発展を通じて雇用を維持することにもつながります。そこで、亀山工場ではコージェネレーションの活用や太陽光発電の活用により環境負荷の低減を推進しています。温暖化防止の取組みに向けて、弊社では、社内対策、社外対策の両側面から取組みを進めています。社内対策は省エネ診断、省エネワーキンググループ活動、PFC類の温室効果ガスの排出削減、この3つを柱として進めています。社外対策として、京都メカニズムの活用検討を進め、温室効果ガスの限界削減費用の低い施策から実施することで、地球温暖化防止に

21世紀持続可能産業構築に関する総合政策研究　23

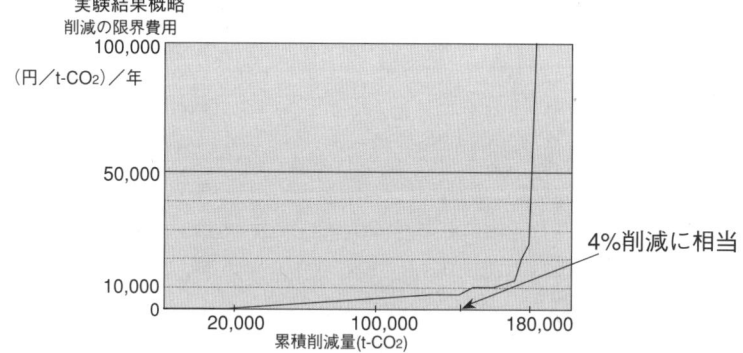

貢献していきたいと考えています。

8．温暖化問題の最近の動向と課題

　石田　世界各国の温室効果ガスの排出傾向を勘案してみますと、日本は90年代始めの伸びに比べますと、最近の景気動向からやや鈍化傾向になっています。海外の温暖化防止対策としてどのような施策が取られているかということで、イギリスとオランダの例を取り上げてみます。イギリスは国内排出取引制度が既に導入され、約1,000円／t-CO_2価格で取引が進められています。オランダでは、政府が民間の企業が獲得した排出権を買い上げる"ERUPT/CERUPT"制度が実施されています。政府の買い上げ価格は、約500円～1,000円／t-CO_2となっています。この排出権は、主に途上国や東欧を中心としたCDM／JIプロジェクトから生じた排出権がメインとなっています。これに対する政府予算は、10年間で日本円に換算して1,350億、排出獲得目標量は1.2億（t-CO_2）になっています。

日本でも最近になり、ようやく排出権に関する取組みが進んできました。
　2003年年初に三重県で排出取引実験が行われました。その実験の概略を、パネル7に示しています。
　三重県内で、ちょうど累積削減量18万トンに達したところで、限界削減費用曲線がほぼ垂直になっていますので、県内で18万トン以上のCO_2を削減するのはほぼ不可能という結果が得られています。主な原因は、安価な排出権の供給者がきわめて限定されている点にあります。日本の限界削減費用は割高なので、地球温暖化防止という観点で捕らえた場合、安価に削減できる海外でのCO_2排出削減が重要になると考えています。続いて、効率的な削減策として考えられているのは、炭素税の導入と日本版"ERUPT/CERUPT"制度の導入の2点であり、ここで絞って提示したいと思います。炭素税の導入で、例えば、3,000円／t-CO_2課税しますと、年間1兆円の税収になります。しかしながら、電力の価格が上がったかといって、電気の消費量が急激に下がるということは見込めません。電力の価格弾性値は低いために、炭素税導入による削減効果に疑問が残ります。次に日本版"ERUPT/CERUPT"制度導入ということに関しまして、オランダの事例では政府予算1,350億円を投じて、1.2億（t-CO_2）の排出権を得ており、この事例をそのまま日本に当てはめますと、2008年—2012年の一年あたりの平均で、0.24億（t-CO_2）の削減効果の結果をもたらすことになります。これの削減効果は、日本にとってどれぐらいのインパクトかと申しますと、6％削減目標の約2％分に相当し、大きなウエイトを占めると考えられます。
　最後に温暖化防止を進めるにあたり、課題を2つ提示致します。1つは、グローバルエリアでの評価が重要だと言うことです。日本の企業の中には、海外に生産拠点をシフトすることによって、日本国内でのCO_2排出量を削減する企業は非常に多数ありますが、地球規模で考えた時、温暖化防止に貢献しているか？　となると、これは非常に疑問が残るところです。2つ目に国内産業の空洞化を回避するという点で、国内で炭素税や排出権取引など、企業にとってコスト高の要因になる政策が採られますと、国際競争力が非常に低下してしまいます。その結果、日本の産業の空洞化につながりかねません。国際競争力を維持した産業の育成という観点を踏まえた、国内の制度設計の構築が望まれているのではないかと考えます。以上のことから、総括致しますと、既存型の炭

素税や排出権取引制度のみを導入するのでは、日本としてCO_2排出量の削減につながる効果は非常に不透明ではないかと考えております。以上で、報告を終わります。

>パネリスト報告

「環境マーケティングにおける環境広告の位置づけ」

9．新しい"消費"とマーケティング

佐々木 グリーン戦略研究所の佐々木と申します。よろしくお願い致します。私は環境マーケティング、グリーンマーケティングの研究報告をさせていただきたいと思います。

現在、生活者や消費者の好感を勝ち取るのは企業にとって重要な戦略になっています。そのために製品・サービスといったものについて、環境対応がずいぶん変わってきています。さらに、企業のブランド、企業総体をかけた環境対応ということに取り組んでいる企業も増えてきています。

現在、私たちが暮らしている社会は基本的には豊かな社会と言われますが、その「豊か」ということは、モノへの欲求ではなく、他者との差異化、要は他者と異なっているかどうかに対する欲求である、と考えられています。

特に現在の消費というものが、大きな物語というか大きなバックボーンの様なものが存在し、それが一人ひとりに反映され、結果として同じ世界観を反映した消費となるような従来型の消費から、少しポストモダン社会へと移りつつある、変化がおきていると考えられています。

ポストモダンの世界というのは、表面に出てくるそれぞれの方のライフスタイルは同じようにみえるかもしれませんが、実は世界観が統一されているのではなくて、データベースが準備されており、そのデータベースの組み合わせを個々の方が選択するので、一人ひとりが非常に異なった、結果として自分達のライフスタイルを形成している、という社会に至りつつあると考えられます。

これを、ポストモダンのマーケティングという視点で考えると、ポストモダンの時代になれば、マーケティングというもの自体が『断片化されたストーリー

パネル8　トヨタのエコプロジェクト

の組み合わせ』であり、その中で触媒としてマーケティングが働いているだろうと考えられます。結果的にポストモダンのマーケティング戦略として、例えば倫理性を備えたマーケティング、環境マーケティングであるとか、社会責任マーケティングというものが非常に重要な役割を果たしてくるだろうと考えられています。

10. 環境マーケティングと環境リテラシー

　佐々木　その中で環境マーケティングというものを少し考えてみますと、地球環境の時代のマーケティングというものは、自社の製品とかサービスの中にエコロジーを実践できる仕組みを取り込んで、それをマーケティング・コミュニケーションの中で周知徹底させていくことになろうかと思います。
　具体的には『環境保全と生活者満足と組織利益との共生を実現できるような製品・サービスを開発・販売し、それを正しく使用・消費させた上で、最終的に排出された資源を回収し、さらに再製品化する』、そういうプロセスにかか

21世紀持続可能産業構築に関する総合政策研究　27

パネル9　ハイブリッドカープリウス誕生

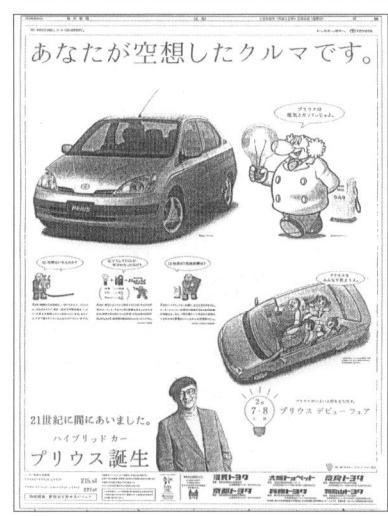

わるすべての活動が環境マーケティングだと考えられます。

　企業というのは、いつも何らかのメッセージを発していますけれども、こういったメッセージは基本的には整合性のとれたものでなければ、力強いメッセージにはなりません。商品と、企業が発するメッセージが統一されていくということが非常に重要なポイントになってくるのではないかと思います。

　例えば、10年ほど前に有名となったVOLVOの新聞広告があります。これは、自動車のマイナス面を自ら認めたもので、「私たちの製品は、公害と、騒音と、廃棄物を生みだしております」と新聞全面広告を打って、非常に衝撃的なインパクトを与えました。

　もう一つ、日本企業の事例として、トヨタのエコプロジェクトというキャンペーン広告が97年からスタートし、シンボル・マークと「ECO あしたのために、いまやろう」というキャッチコピーをずっと一貫して使用した結果、強い訴求力をもった広告になっています。

　これが97年11月に最初に新聞の全面広告として出されたものです。

　真ん中には緑色の葉っぱで形作られたシンボル・マークの車があります。以

後、ほぼ月に一回のペースでこのキャンペーンを続けておられます。さらに97年12月に開催されたCOP3京都会議に合わせて、97年末にハイブリッド車「プリウス」を発売しましたが、その直後にキャンペーン広告として「あなたが空想したクルマです」と手塚治虫さんに語りかけるという、全面広告を打ちましてクルマとクルマ作りの物語化をすすめ、ブランドや製品の競争優位性を環境広告という手法を用いて表現しています。

一方、原子力発電環境整備機構の広告では、訴求点としては「高レベルの放射性廃棄物を貯めたまま子どもたちに未来を受け継がせることはできません」といった環境負債への対処を求めています。

その限りにおいては正しい表現ではありますが、実は"大きな物語"としての世界観を表現しており、時代がポストモダンに移りつつある段階では、ちょっと共感が得られにくい広告になっているのではないかと思われます。この広告にある「時代をまたぐ環境負債への対処」、すなわち「世代を継いだ環境負債の積み残しは許されない」という主張は正しいのですが、広告の右側部分に示

された原子力発電の燃料のリサイクル問題だとか、処分方法の問題を細かく説明して、エネルギーは必要であると主張することは分かりますけれど、次の世代に環境負債を残せるのかということが、エネルギーの使用は現状を前提とするという大きな世界観から発せられていて、物語性のないものになっています。

　最後になりますが、それでは企業として今後どういう形で環境問題に対する取り組みを環境マーケティングという形で生活者に与えていけばよいのかという点は、「環境リテラシー」を向上させていく必要があるのではないかと思います。どういうことかと申しますと、情報リテラシーのアナロジーになりますが、「総合的な企業としての環境問題に対する理解能力、理念であるとか、研究開発」、「それを編集する能力、すなわち組織、財務の問題」、そして、「それを具体的に発信する能力、製品・サービスとして社会に通っていくような能力」を向上させていくことによって、企業自身の総体を変えていく必要があるのではないのか。そのための手段として環境マーケティングがあり、さらに環境マーケティングの手段としての環境ラベルや環境報告書などを利用していく必要があるのではないかと考えています。これで報告は終わります。

パネリスト報告
「企業経営と環境会計」―持続可能な経営に向けての環境会計の方向性―

11．環境会計の必要性

　阪　商学部の阪と申します。よろしくお願い致します。私は環境会計について取り上げます。まず、その背景を、さまざまな側面からみてみますと、環境法規制が制定・強化されてきていること、ISOに代表されるような環境マネジメントの広がりがあげられること、それから、グリーン調達・購入が拡大し、取引先にも環境配慮が要求されるようになってきていることがあげられます。また、環境配慮企業に投資をするという投資信託のエコ・ファンドや、環境格付けなどの企業評価が広まっていることもあげられます。これらを踏まえると、製造・管理の場面で、あるいは仕入れや売上の際、さらには、株を買ってもらう時や融資を受ける際など、企業活動のあらゆる側面で環境配慮が必要になっ

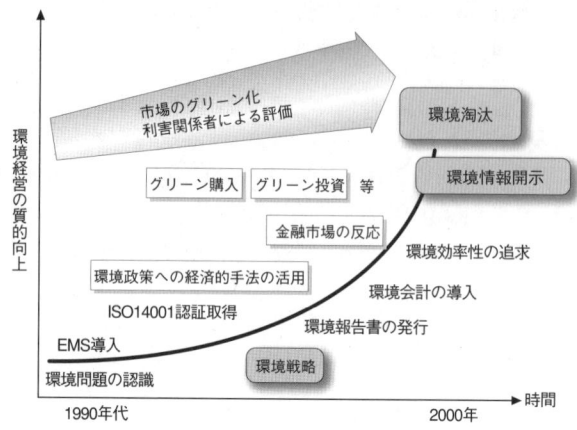

出典　環境省（2001），「平成13年版　環境白書」
http://www.env.go.jp/policy/hakusyo/index.html

てきています。しかしながら、企業は無限に環境配慮にお金を費やすわけにはいきませんので、効率的にお金を使って、なおかつ環境負荷を下げることが必要となってきます。すなわち企業利益と環境配慮を同時追及する、これはいわゆる「環境経営」と呼ばれるものですが、そのための「手段」として環境会計が注目されてきました。上の図は環境白書の中にあるものですが、環境経営における環境会計の位置付けが示されています。

　環境会計というのは、環境配慮と利益追求をバランスさせる「手段」ですが、使われ方としてはいくつかの段階があります。第1の段階としては、企業が環境活動に対してどれだけコストをかけているのかさえも理解していないところから、まずは環境コストの金額を把握し、それをきちんと管理することからスタートします。どれだけ環境コストがかかっているかが明らかになれば、第2段階として、不必要な環境コストの削減や、あるいは同じお金をかけるのでしたら、より環境負荷削減効果の高い投資に変えていくことが必要になります。そして、第3段階として、考慮するコストの範囲を社会的コストにまで広げると、ライフサイクルコスティングやフルコスト会計になります。

環境会計の普及については、特にわが国では、政府が非常に大きな役割を果たしてきました。まず、環境省が環境会計ガイドラインを作りました。これがわが国で環境会計が急速に普及する大きなきっかけとなりました。環境省のガイドラインによる環境会計の枠組みは、企業が費やした環境保全コスト（金額情報）、それに対応する環境保全効果（物量情報）、そして、コスト削減効果（金額情報）などの経済効果、の3つの要素を把握するものです。この環境会計は、環境報告書や環境パフォーマンス指標などと合わせて、企業の環境経営のツールの1つとして位置づけられています。また、環境省は環境会計支援システムを作って、環境会計ソフトウェアを配布し、企業が環境会計を実施しやすくする取り組みを行っています。このシステムを使って、各社の環境会計のデータを環境省に送ることができる仕組みになっています。

一方、経済産業省では、環境省とは違う視点で、経営管理手法に役立つ環境会計とは、という観点から、ツールの開発がなされてきました。具体的には、環境配慮型設備投資決定、環境配慮型原価企画、環境予算マトリックス、マテリアルフローコスト会計、ライフサイクルコスティング、環境配慮型業績評価、の6つのツールです。これらは既に数社の企業で導入されています。

さて、わが国で、どのくらいの企業が環境会計を実施しているかについては、2002年に環境会計情報を開示している企業は474社あります。公表していなくとも、すでに導入している企業も合わせた数では573社になります。短期間にこれだけの企業が環境会計を導入したのは世界でも非常に珍しいといえます。

また、環境会計を導入したことによって得られた効果を企業に対して聞いた調査（斎尾他、2002）[2] によると、「自社の環境コストが明確になった（86%）」、あるいは「企業イメージが上がった（56%）」、「社内の環境意識が高まった（55%）」といった効果があげられています。次に環境会計を内部管理に利用して得られた効果では「環境負荷が削減できた（38%）」、「環境コストが削減できた（36%）」等があげられています。一方、今後、環境会計に期待する効果としては、「意思決定手法の向上（72%）」がトップにあげられています（いずれも複数回答）。このことから、環境会計を導入している企業でも、現状では、企業経営にいまひとつ生かしきれていないということがわかります。環境会計といえば、環境報告書に見開き2ページ程で載っているコスト対効果の情報

パネル12　フルコスト環境会計

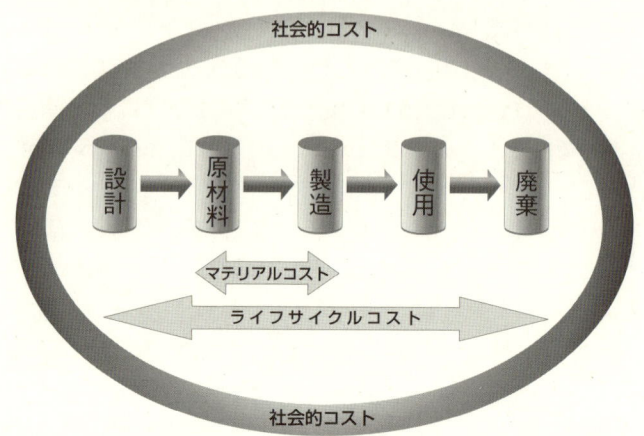

といったイメージがありますが、これからは、意思決定にいかに使えるものにしていくかが課題となっています。

12. 環境会計の方向性

阪　これからの環境会計を考える上で、環境管理会計を普及させていくことと、それから、持続可能な社会を構築していくにあたって、社会的コストの負担や転化を理解してもらえるために役立つ環境会計のしくみを考えていく必要があります。環境省のガイドラインでは、図の真ん中にある製造過程を中心とした環境コストが対象となっていますが、コストの範囲をもっと広げて原材料などのマテリアルコストや、消費者に渡った後も含めたライフサイクルコストまで、あるいは、社会的コストまで見ていく必要があります。

例えば、製造のところであっても環境目的のコストだけでなく、さまざまな間接コストにまで目を配って、例えば設備投資の意思決定をする際に役立つ手法を普及していく必要がありますし、あるいは、原材料やエネルギーも含めて、その物量の流れと金額とを同時に把握した上で、無駄をなくしていくことで、

環境負荷を下げ、なおかつ企業のコストも削減させていくマテリアルフローコスト会計も有効です。また、もっと視点を広げて、消費者が負担している様々な外部コストも含めたライフサイクルコスト全体を下げ、なおかつ、環境負荷を削減させていく、ライフサイクルコスティング、こういった環境会計の手法が必要となっています。そうしたコストは消費者なり企業なりが負担するわけですが、そのコストを環境会計によって情報開示し、きちんと理解してもらうことが大切になります。さらに、今は誰も負担していない社会的コストについては、どのように考えるべきなのでしょうか。環境会計の中でも、社会的効果（ベネフィット）を開示する企業はあっても、社会的コストの情報をきちんと開示している企業はほとんどありません。

　今の環境会計ではどちらかといえば、環境コストとそれに対応する効果（ベネフィット）をどう算定するかに多くの努力や工夫がなされています。しかし、ベネフィットの算定にあまり熱心になってしまうと、会計数値を企業が都合の良いように組み替えた結果、エンロンをはじめとする会計不祥事を生み、会計が「ナンバーズゲーム」として批判されたことと同じ批判を生む可能性もあります。そこで、将来事象を管理可能にするための会計へ、という現在の大きな会計の流れの中で、社会的コストの負担の問題も含めて、環境会計の仕組みをいかに作り上げていくか、をこれから考えていかなければならないと思います。

　最後に、環境会計は、当初から国際的な連携の中で、理論の構築や普及などが行われてきました。さまざまな地域間のネットワークや国連等の活動も存在します。わが国には、環境会計の優れた研究や実務の蓄積がありますので、環境会計は、わが国が会計の分野で国際的貢献ができる数少ない分野だと思います。これからの日本の環境会計の役割は非常に大きいと私は思っております。以上で報告を終わります。

パネリスト報告
「持続可能な社会へ―富士ゼロックスの環境経営―」

13. 富士ゼロックスの環境経営

パネル13　持続可能な社会への移行

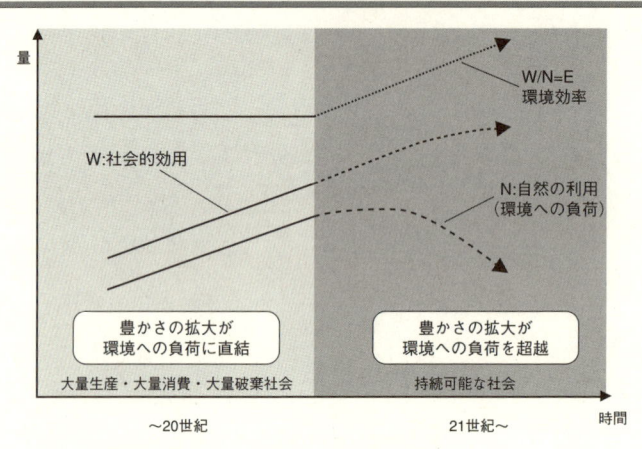

量

W:社会的効用

W/N=E
環境効率

N:自然の利用
（環境への負荷）

豊かさの拡大が環境への負荷に直結
大量生産・大量消費・大量破棄社会
～20世紀

豊かさの拡大が環境への負荷を超越
持続可能な社会
21世紀～

時間

出典　環境省（2001），「平成13年版　環境白書」
http://www.env.go.jp/policy/hakusyo/index.html

　笹原　富士ゼロックスの笹原と申します。よろしくお願いいたします。私は、持続可能な社会に向けて企業の活動について報告したいと思います。20世紀までの大量生産・大量消費・大量廃棄社会から、21世紀は持続可能な社会への転換が進んでいます。20世紀までは、社会的効用、例えば生活の豊かさが向上するのに比例して、環境への負荷は増大してしまいます。しかし、21世紀の持続可能な社会においては豊かさの向上は求められますが、環境負荷は下げていかなければなりません。社会的効用を環境負荷で割った数字を環境効率と言います。つまり、持続可能な社会を実現するためには、この環境効率を上げていかなければなりません。また一方、21世紀に入って持続可能な社会を実現するための環境の大きな課題として、地球温暖化の問題、資源枯渇の問題、化学物質の蓄積の問題の三つの問題があります。
　次の図はよく言われるトリプルボトムラインという、21世紀の持続可能社会における環境と経済と社会の調和を目指したものです。
　富士ゼロックスでは2001年に新たな環境基本戦略を策定しました。富士ゼロックスにはエコロジー＆セーフティビジョンという環境ビジョンがありま

21世紀持続可能産業構築に関する総合政策研究　35

パネル 14　21世紀の持続可能社会における環境と経済と社会の調和

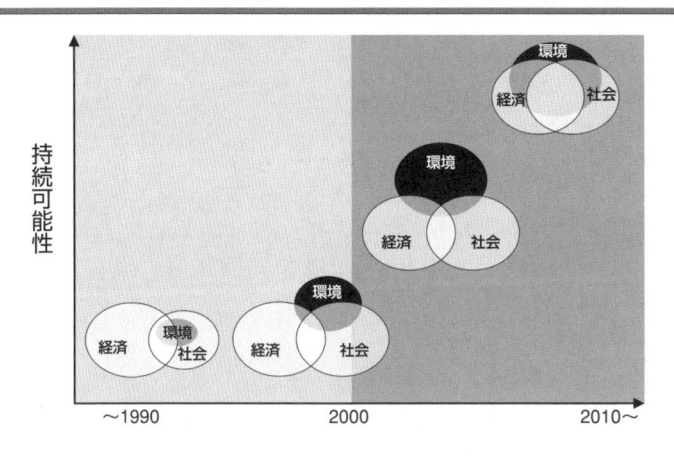

（縦軸：持続可能性　横軸：～1990、2000、2010～）

　す。それを実現するために環境基本戦略を作って、施策の柱として3つあげました。そのうちの一つとして、我々の事業活動を徹底した循環型にしようと、そして、循環型にすることによって環境負荷を削減すると同時に経済的な価値も生み出していくこと。そして、もう一方、お客様に対して卓越した環境配慮商品・サービスを提供していきます。そういうことをしながら、富士ゼロックスは持続可能な社会に向けて、環境経営を行うことにしています。そこでどういうことを狙っていくかというと、富士ゼロックスでは環境経営を行う上で指標として、環境効率を用いています。指標は2つありまして売上高をCO_2で割るもの（売上高/CO_2）と売上高を資源投入で割るもの（売上高/資源投入量）を設定しています。2050年には世界の全人口が90億になり、今1人あたりのGDPが5000ドルありますが、これから豊かさがどんどん向上することによりGDPが5倍の2万5000ドルになります。その時に地球が本当に持続可能にならなければいけないということを考えると、環境効率を2000年の約10倍までにしなければならないということになります。さらにそれをバックキャスティングしますと、2010年には環境効率を2000年の2倍、中期計画としての2004年には1.3倍という環境効率をあげていこうと目標値を設定

し、富士ゼロックスの活動を行っています。このパネルは CO_2 の削減に関してですが、従来 CO_2 の削減は、自分たちの事業活動に関してのみ責任を持って削減を行っています。しかし、富士ゼロックスではライフサイクルの全てにおいて、部品の購入、組立、物流、そして、我々の商品をつかっていただくお客様が排出する CO_2 も責任を持って削減しようと2004年にこれらの環境効率を2000年の1.3倍にすることを目標として取り組んでいます。その活動は社内の各機能がライフサイクルのすべてにわたって実行していきます。今では、各機能が個別に活動を行ってきましたが、これからはそれぞれの個別の計画が、先ほどあった3本柱に共通する目標値を狙って、自分たちの機能、例えば研究だけだったら研究、開発だったら開発、生産だったら生産で何をやるかということですべてのライフサイクルを分担して計画を作成し進めています。ここに示していますように3本柱を立てまして、CO_2 や資源を研究開発、生産から回収まで、それぞれの機能で計画し、活動して実行していけば、全体的な計画の成果が期待できます。ひとつの事例ですが、1995年からお客様に提供している富士ゼロックスの資源循環型商品では一度使った製品からの部品リユースを徹底してやっていき、年間4万台ぐらいの機械をお客様に提供しています。この資源循環型商品の事業は、2003年度には事業として黒字化していきます。次の事例ですがオフィスサプライという紙を販売する関連会社があります。彼らは何をするかというと古紙を50％利用して、再生紙にしています。富士ゼロックスは、ニュージーランドに1万エーカー、東京でいうと山手線の内側よりまだ広いところに植林しているのですが、それが2004年から伐採可能になり、そこから取れるチップを原料として使用していきます。それでも不足する分については認証林を使用し、全く天然林チップを用いず、100％循環型用紙を2010年までに達成させます。

14. 社会的責任の実践

笹原 今までは全体の地球環境の側面から持続可能性を追求していますが、持続可能な社会になるにはどうすればいいかを考えるにあたり「よい会社構想」を1992年に作りました。「強い」「やさしい」「おもしろい」、つまり、経済性、社会性、人間性のバランスのとれた会社にしていこうとしています。例えば、

パネル15　グローバルコンパクトとGRIガイドライン

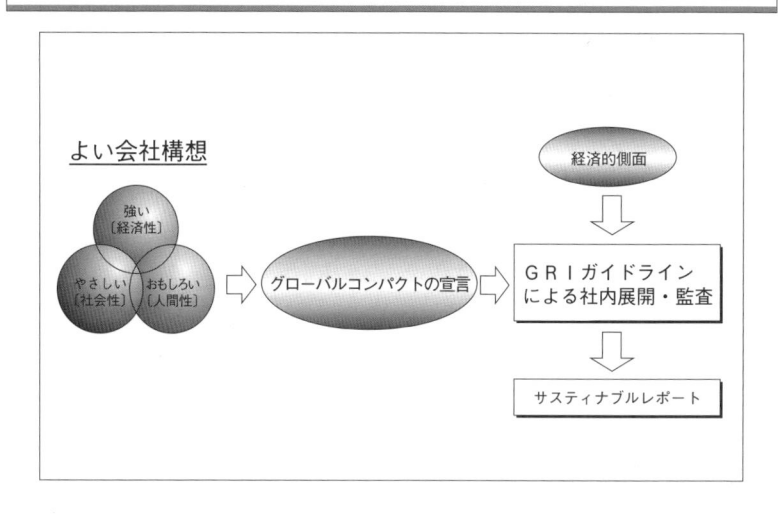

人間性といえば「社員の働きがい」とかになります。社会性には「環境」もあります。この「やさしい」「おもしろい」をベースとしてしっかり活動していくことが企業としての存在意義になっていきますし、持続可能な条件になっていきます。その中で、我々はいろんな施策をしています。社内で新人事制度やボランティア休暇制度などの活動を行っていますが、それだけではなく、社会に対して富士ゼロックスがどのような活動をしているかをもう少し明確に世の中に示した方がいいだろうということで、2002年に国連グローバル・コンパクトに宣言しました。グローバル・コンパクトには9つの原則がありまして、人権、労働基準、環境面にたいして、われわれ富士ゼロックスは責任ある行動をしていきますと宣言しています。グローバル・コンパクトでは9つの原則をやりますというのですが、「どうやったらいいのですか？」、「どこに向かっていったらいいのですか？」ということが明確に示されていません。そこで我々が考えたのがGRIガイドラインにそって指標と目標値を決めて、企業としてこれを達成するのだということをやっていこうと思います。それで、グローバル・コンパクトだけだと経済性ということが弱いので、企業としてはそれに経

済面を加えていく形になります。これらの活動を世の中にちゃんと報告すると言うことで、サスティナビリティレポート（詳細については第3部第8章を参照）を発行していきます。それらの活動で富士ゼロックスの「よい会社構想」が実現していくということになります。

我々はグローバル・コンパクトとGRIガイドラインに従って、具体的にどうやっていったらよいのかを現在、研究しています。今後の課題としているのは、GRIガイドライン（詳細は第3部第7章を参照）で、やって行くべき最低限のところはわかりますが、これから富士ゼロックスが社会におけるイニシアティブをとっていくために何をしていくかを明確にすることだと考えております。

第2部　オープン・ディスカッション

安保　基調報告と各パネリスト報告、どうもありがとうございます。これだけですと各個別の報告で終わってしまいます。ここで、少し横断的につなぎ合わせた議論をしたいと思います。ポイントを絞って、2点ほど議論を行っていきたいと思います。その第1点目ですけれど、シャープの石田研究員から温暖化防止に向けた事例、報告がありました。それぞれの分析を得る中で、最後に結論的なことをいいますと、炭素税や排出権取引制度のみでは、効果が不透明であると仰いました。そして、そこに至るまでいろんな角度からの分析をされています。「グローバルな競争の中で企業はどうするのか？」、あるいは「企業の立地、国内産業の空洞化回避するにはどうするのか？」などの課題を提起されました。いわば、個別企業で対応できる問題とグローバルの問題、それと政策の問題がどう絡んでいるのかを議論していきたいと思います。このあたりを少し天野研究員から議論をお願いしたいと思います。

15. 温暖化問題の政策的課題

安保　温暖化防止に向けて取り組みといっても、"Act locally."ということからすると、それぞれのアクターがどこまでするのか。個別企業としての制約があります、一国内の政府としての制約、グローバルな形の制約があります。

それぞれの制約がある中で、全体としてのいろいろな組み合わせが可能ではないかということが天野研究員のご指摘ですね。要するにポリシーをひとつのパッケージとして、バランスある考え方をするべきではないかという提言で、それをいよいよ具体化する一歩手前のところまできているということですね。石田研究員は、政策がやや不透明ではないかということをご報告のパネルで示しておりますが、シャープさんそのものはむしろ環境リーディングカンパニーのひとつとして、亀山工場の例など先進的な取り組みを行っています。その点を含めて、全体を見わたして石田研究員のお考えを述べていただきたいと思います。

石田 いくつか問題の提起がございましたけれども、私どもは三重県の亀山に新たに工場を建設しますが、工場の稼働に伴いかなりのCO_2排出量が見込まれます。天野研究員の方から、排出権取引を一つのツールとして活用できる余地があるというご提案がありましたけれども、これは確かに仰るとおりでして、イギリスなどでも排出削減の成果はあがっております。ただ一番の課題として、基準となるベースライン年をどこに設定するのが非常に問題となっています。例えば、基準年を90年とすれば、弊社は90年以降、亀山工場のように国内に液晶や半導体の工場を次々と建設・増設してきましたので、いくら努力をしても、CO_2総排出量を減らすことはほとんど不可能になります。加えて、仮に90年を基準とすれば、石油ショック発生以降に、かなりの省エネ改善努力をしてきた企業の努力をどのように評価するかの問題も発生してきます。もし基準年が90年に設定されてしまうと、それまで何もしてこなかった企業というのは、削減できる余地が非常に高くなり、きつい言い方をしてしまうと、まじめに取り組んできた企業が馬鹿をみるという結果にもなりかねません。このあたりは公平性の観点からも、慎重に制度の枠組みを作り上げて欲しいと思います。税に関しての話も出ました。炭素税の税金を助成金にして使うという提案がありますが、これは省エネ投資の促進を目的とした特定財源にはつなが

らない可能性が非常に高いと個人的には考えています。現在、非常に国家財政が苦しいこともあるかもしれませんが、財務省自体が特定財源化した炭素税の導入を認めないと表明しているようにも聞き、経済産業省・環境省側の方針とは相容れない姿勢を見せている点からも、国の省庁間の利害調整という課題がかなり大きくなってくると考えております。炭素税収が完全に温暖化防止に向けた助成金の財源として守られるかどうか非常に心配な点であります。

天野 この問題は、あちこちで議論が行われています。確かに、日本は他の国と比べて、省エネなどの取組みが相当行われてきましたので、今後ある程度まとまった量の排出削減をするときの限界削減費用が非常に高いものになっています。このことは、国際的にいろいろのモデルで計算されていますが、日本は欧米諸国に比べるとうんと高い費用をかけないと温室効果ガスの排出削減ができないという結果がでており、石田研究員のおっしゃるとおりです。それと、国内で排出削減をする機会を探すよりも、海外で効率的に削減できる機会が多いことも確かです。また、炭素税などをかけて、例えばエネルギーの値段が上がれば、エネルギーの消費がへるかといいますと、ぜんぜん減らないということはないのですが、やはり反応は小さいでしょう。このあたりは、大体共通した理解があると思うのですが、これから、政策的に取り組んでいくに当って、炭素税だけで6％の削減すべてをやろうとすると、おそらく炭素1トンについて、例えば4万5,000円ぐらいの税をかけねばいけないという計算になります。このような税の導入は、恐らく事実上不可能ですね。それから、「国内で排出取引制度だけをやりましょう」となると、先ほども申しましたように、低コストの国内削減機会が少ないですから、売る相手がいないということになって価格がどんどん上がり、排出取引だけで6％削減しましょうということになると、これも実現不可能と考えられます。結局、どちらも使えないということでは困ることになります。それで、いろんな検討会等で考えられていることは、例えば先ほどあげられたオランダの"ERUPT/CERUPT"制度、"ERUPT"とはJI (Joint Implementation) という京都メカニズムを使って削減する、"CERUPT"とは、CDM (Clean Development Mechanism) といって発展途上国と組んで排出削減をするという、それらのプロジェクトの削減量を排出権としてオランダ政府がお金を出して買い上げているのですね。買い上げるときに、先ほどのス

ライドですと CO_2 1 トン当り、これは炭素ではなくて二酸化炭素 1 トン当りですが、500 円から 1,000 円ぐらい出しています。それと比べて、三重県での実験的取組みでは、18 万トン削減しようとすると、CO_2 1 トン当り 5 万円くらいかかっています。5 万円と 500 円ではケタが違いすぎるわけですね。もし、国内で削減するとしたら、オランダと同じ費用でしようとしたら、どこまで削減できるか。この三重県のグラフをみると、10 万トンあたりのところでちょうど 5,000 円くらいかければ 10 万トン削減できるということが分かります。排出取引制度ですべてをやろうとすればできないでしょうが、ごく低い排出削減コストであれば、できる範囲は国内でやりましょうということはできるわけで、例えば三重県だけで 10 万トン削減できることになります。日本全国であれば、相当量の削減が 5,000 円以下でできる機会があるという計算もあります。その分はとりあえず排出取引制度でやってみてはどうかという案も成り立ち得ると思います。これで総量の京都議定書の削減をやれるかといえば、それは無理ですから、残りの部分は例えばオランダ方式で"ERUPT/CERUPT"制度のような JI や CDM で安く削減できるところから買ってきて埋める。しかし、その前に国内で同じ程度の削減費用でできるものは、国内排出取引制度を活用してやっていくという考え方があります。つまり、国内排出取引制度と"ERUPT/CERUPT"制度のような JI や CDM、この 2 つを組み合わせて行えば、非常に少ない費用でできます。確かに海外から全部買ってくれば、削減費用は安いのは当然ですが、恐らく日本政府は 100％海外から買うということは国際的にできないと考えると思いますので、部分的になるでしょう。他方、炭素税というのは、エネルギー価格へ転嫁されて、エネルギーを使う人が価格をみて消費量を減らすという誘因は少ないでしょうが、炭素税がかかりますと、先ほどの三重県の図と同じで、排出削減をしない企業は、炭素税を払わないといけないのですね。税金を払うのがいやだったら自分で削減しましょうということで、それなりの削減効果はある。さらに、2,000 円の炭素税をかければ、残っている排出量分の税収が何百億のオーダーで政府に入ってきます。それを政府がそのまま使ってしまうのではなく、それを使って削減量 1 トン当り 4 万円から 5 万円くらいコストのかかる削減への助成にまわせば、さらに削減量が増える。しかも、これはトン当たり 1,000 円規模のものではなく、4,5 万円かけて削減を行えるので、相当規模の削減機会が国内に残っている。そして、政

府にはそれを助成できるだけの財源が入ってくるわけです。そういう政策の使い方もあるのですね。他方、オランダの"ERUPT/CERUPT"制度の例でも分かりますように、海外から買ってくる場合でも、政府はどこかから財源を調達しないといけません。買う量が多ければ、単価が低くても政府は相当量の財源を確保しなければならない。今の日本の財政状況では増税でもしなければならないでしょう。だから、低い税をかけて、それで国内で削減できるものは削減して、入ってきた税収でさらに国内で追加的に削減できるところに助成金を出す。あるいは海外からの安いJIやCDMの削減量の購入に当てる。ですから、低い炭素税、税収を使った助成金、海外からのクレジットの買取り、炭素税と助成金に見合った価格で取引が成立する国内排出取引制度、それらを組み合わせると結構数千円どまりの価格で、京都議定書の約束達成とまでいくかどうかわかりませんけれども、森林の吸収源などを含めれば、6％の削減までいけるのではないかと、検討会などで数量的な背景の検討なども行われています。石田研究員の仰っていることはわかりますが、それだけで全部あきらめてしまうのはもったいないので、いろいろ知恵を絞って政策を考えていければと思っている次第です。

16. 企業経営と環境活動を両立させる手法

　安保　佐々木研究員の方で、環境リテラシーが必要であると、統合的観点を深めながらも具体的な取り組みや発信が必要であると結論づけられました。そういう風に考えると、あとの阪研究員や笹原研究員は個別の観点から報告されました。そこのところをつなげたいと思います。阪研究員は、環境会計は会計専門家に任せたらいいのではないのかという狭い捉え方ではないのだと報告されました。環境会計に意思決定手法の向上が非常に期待されていると述べられました。それは、ある意味、日本的な経営風土の中で革新を求められているのではと一方で私は思いましたが、環境会計をされて、その辺はどうなのでしょうかということと、続いて笹原研究員の場合は、富士ゼロックスという個別の企業の中で進んだ取り組みをされています。「よい会社構想」を進めるにあたり、従来の企業組織のあり方、大きな革新はあったのか、また、何か脱皮すべきものはあったのか、そのあたりを教えていただきたい。それでは、最初に阪研究

員からお願いします。

阪 環境会計は、「会計」という言葉がついていますので、財務会計のイメージがあるかもしれませんが、環境会計の場合は金額情報ももちろん取り上げますが、それと同時にどのくらい環境負荷を削減できたかの情報が非常に大事になります。環境負荷や、それにかかわる環境コストは企業の全ての部署で発生しています。ですから、環境部署のみで対応するということであれば、成果は上がりません。そういう意味でも、環境省型の環境保全目的のコストだけを捉える環境会計ではなくて、もっと環境コストの幅を広げて、あるいは、対象となる部署の幅を広げて環境会計の使い方をこれから考えていく必要があります。環境に関連する意思決定を行う場合、例えば、環境配慮設備へ投資をする場合に、安い設備を導入してしまうと、後々になって廃棄物処理コストなどでかえってコストが高くつく恐れも出てきます。意思決定というのは全ての部署にかかわってきます。その意思決定にかかる環境負荷の側面とコストの側面を明らかにしていく、これも環境会計の大切な役割です。それから、環境会計を導入したからといって環境負荷が削減されるのではなくて、環境会計を通して、環境負荷とコストの流れの実態を明らかにした上で、それに対して企業がどう対応していくかを考えることが必要になってきます。環境会計を通して、環境リテラシーの向上に役立つのではないかと考えています。

笹原 富士ゼロックスではどういう風にやっているかといいますと、環境に対する活動は昔の公害対策から環境への取り組みは多方面へ変化してきましたが、環境に関して会社全体の組織の機能を改変する必要はあったかというとそんな必要ではありませんでした。先ほど示したようにライフサイクルで研究をやったり、企画をしたりという機能が会社の中にありますよね。今までは品質だとかコストなど、その機能ごとに目標があって活動してきたのですが、今は、それと同じように機能の中に"環境"が必ず入っています。ですから、その機

能の中に"環境"の目標があるので、それをちゃんとやりなさいという事で全体の成果があがります。そして、そこの機能の長は社長や役員で、それに対して責任を持ちますので、その活動に対する投資のリソース、いわばヒト、モノ、カネを"環境"という面の業績評価を行いますので、ただ「やったよ、やりませんよ」ということではなくて、業績そのものですから、そういう意味で一つひとつ別々にするのではなく、会社全体で成果が出てくるかと思っております。

17. 技術的ブレークスルーから社会的ブレークスルーへ

安保 会場から質問をいただいているので、それに答えていただくように進めていきたいと思います。最初の質問は、「こういう温暖化緩和に向けた努力は技術的なブレークスルーだけでなく、社会的ブレークスルーが必要ではないのか？」、ということですが、それぞれの個別企業だけが取り組んでいる問題、それだけではなくて、「どういう形で社会的なブレークスルーがあり、期待しているのか？」、そのあたりを石田研究員、天野研究員、どうでしょうか？

石田 企業側からの温暖化防止について、社会的な取組みとして貢献できる第一の手法は、省エネ型の液晶テレビや、太陽電池などの環境配慮型商品を通じて行うことであると考えています。そういった環境にやさしい商品を社会的に受け入れいただいて、使用いただくのが望ましいのですが、それだけでは企業のエゴになってしまいますので、企業側としては、お客様に受け入れて頂けるような価格設定だとか、魅力ある商品を作り出す事を通じて、社会全体として環境にやさしい商品が、本当にすばらしい商品であると認めてもらう風土づくりが進んで行くことを望んでおります。

18. 環境会計と社会的コスト

安保 最初の質問が、「技術的なブレークスルーから社会的ブレークスルーにどう繋げていくか」でしたが、これは、我々、研究会のテーマの一つになっています。「環境」を環境問題という狭い領域で捉えるのではなく、その課題に対して、どのような政策的な課題が出てくるのか、この研究会では、ポリシー

モデル的な提案が出せたらと考えています。技術から社会的な問題の方向で、阪研究員に社会的コストについて質問がきています。「社会的コストという概念を使われているが、社会的コストはどうやって調査するのか、教えて欲しい」という質問ですが、この点に対して答えていただきたい。

　阪　社会的コストを扱う場合には、最初から全ての社会的コストを扱おうとするのはまず不可能です。そのため、いくつかの観点から、部分的に社会的コストを取り込んでいくことが必要になります。例えば、最近、土壌汚染の対策法ができたことが話題になっていますので、土壌汚染の浄化にかかるコストを取り上げますと、この法律で浄化が求められる範囲は非常に狭いため、企業は汚染土壌の浄化にかかるコストを負担しないでおくということが多い。しかし、会計上でそういったコストを環境負債として認識し、計上していかなければならないようになると、それによって企業が社会的コストを負担していくという流れになっていくのではないかと思います。社会的コストを含めたフルコストを考慮することは大事な問題であるけれど、最初から全てを取り入れるのではなく、問題が大きくかつコスト負担に関する社会的合意ができつつある部分から、徐々に取り入れていくということになるかと思います。社会的コストをどうやって測定するかにつきましては、どのコストを測るかによって変わってきます。例えば、土壌汚染の浄化コストを測る場合には、過去の経験も研究もありますので、似たような汚染土壌の実際の浄化コストなどを用いればコストが算出できますが、他のコストであればもっと見積もりや不確実性の要素も入ってくるでしょう。これらは、環境経済学の分野で既に研究の蓄積があるところです。

19. 持続可能性経営の意義づけ

　安保　企業で取り組んでいる例として、富士ゼロックスさんに質問がきています。「先進的な取り組みをされているが、そういうことの意義づけというのは何か。その意義の共有は、どこまでされているのか、またその取り組み意義は、どこまで広げているのか。その辺りどうなのか」、いかがでしょうか。

笹原 我が社では、「よい会社構想」を1992年に制定しそれに基づいて活動しています。最近また、世の中で"CSR"、企業の社会的責任が盛んに言われてきています。我々の中でも、よい会社構想を見直そうということで、新たに社会的責任に対する組織を強化しました。また、社内で、92年に制定した「よい会社構想」に対する社内の評価、意識を調査したところ、「強い、やさしい、おもしろい会社」に共感する人が多いことが分かりました。しかしですね、社内だけで一生懸命行っていても、世の中には認められないし、共感もされない、そういったことで、グローバル・コンパクトに宣言しました。そうやっておおやけに公表することで、さらに社内での意識づけや取り組みが進んでいくことにもつながっております。

20. 環境マーケットの現状

安保 佐々木研究員に対して、「環境にやさしいというイメージの商品は、他の側面と違ってプラス面はあるのか、消費者にとってどれぐらいインパクトはあるのか、また今後の方向性としてどうなのか」という質問がきていますが、佐々木研究員どうでしょうか。

佐々木 社会経済生産性本部が行った調査結果によりますと、すでにグリーン・コンシューマーと呼べそうな人たちはだいたい15％ぐらい存在しています。

環境問題というのは複雑であり、これからはそれをやさしく翻訳してくれるグリーン・コンシューマーの存在が重要になってきます。

最近、宣伝効果や広告効果という点から、環境マーケティングが消費者側へ与えるインパクトは強くなってきていると思われます。なぜかと言いますと、そのようなコマーシャルが、かなり増加してきているからです。例えば、シャープのテレビ・コマーシャルでは吉永小百合さんを起用し、「リビングからの環境」というキャッチ・フレーズでコマーシャルを展開しています。今や製品やサービスが環境という側面からの判断基準を持っていることが当たり前になり、反対にそういう側面を持っていない製品が不利になってきています。

もう一つ少し違った例をあげますと、トヨタはエコプロジェクトを行ってい

る一方で、燃費の面で不利なスポーツ・ユーティリティ・ビークルも大きく売り出しています。このことは、企業側においても、まだジレンマを持っている例としてあげられます。

しかし、何もしないよりも、「環境」をテーマに発信していくことは、この先、非常に重要な問題へと変わってくるだろうと思われます。

21．京都議定書の課題と可能性

安保 天野研究員に対して「京都議定書で定められた各国のCO_2削減量を達成したとしても、温暖化は進行して防ぐことができないと聞いている。それでも、京都議定書を発効する意義はあるのか？」と、やや悲観的な意見ではありますが、天野研究員いかがでしょうか。

天野 ご承知のとおり、京都議定書には最初は米国とオーストラリアも入って交渉が進められて、枠組条約そのものは批准されました。しかし、京都議定書の批准の段階になって、米国、オーストラリアは批准しないという大きな問題が起こりました。ですから、京都議定書が仮にロシアの参加で発効しても、米国、オーストラリアを欠いた形、特に米国は排出量が大きいですが、そのような形で進行していかねばならない状況にあります。現在議論している京都議定書は第1約束期間、2008年から2012年までの間の削減目標を米国、オーストラリア抜きで先進国だけで行うという形になります。ですから、米国をどう扱うか、米国がどのような態度をとるのか、もう一つは、世界の残りの削減義務がかかっていない発展途上国ですね、これらの国は排出量としては先進国と並ぶぐらいの排出量がありますので、そこを除外したまま進んでは効果はほとんどありません。2013年以降の第2約束期間に、先進国がどうするのか、米国がどうするのかと合わせて発展途上国が排出量をどんどん増やすことについて、どういう政策を行っていくのかを国際的に考えなければならない、その3つの非常に大きな問題があるのですね。ですから、京都議定書が果たそうとしている役割を米国や発展途上国も含めてどのようにしていくかを考えていかなければいけないですね。そうなりますと、もともとの京都議定書の予定では、2005年ぐらいから第2約束期間の議論をしましょうという約束になってい

す。ですから、それは、批准をして京都議定書の締約国の中で当然入っていきます。当然、米国はそれに対して何も発言しないということはないはずですから、米国は独自にこういうことをやるとか、あるいは発展途上国の参加を求めるということは、もともとの米国の非常に強い要求で、米国が批准しなかった理由の一つに途上国が入っていないという理由があるから、当然米国としては世界全体を含めた温暖化に対して、どういう政策をとるべきかの意見を出すべきだし、出してくるだろうと思います。まあ、2005年になるかどうかはわかりませんが、現在もすでにそういう議論がいろんな国で起こっていますから、2005年を境にしてですね、京都議定書も2012年までの短い期間ではなくて、それ以降も踏まえた温暖化対策をどう考えていくかと議論が、すでに準備はされていますので、これから進んでいこうかと思います。その時にその中で日本も発言をしなければならないので、少なくとも今、批准をして義務を負っているわけですから、それに対して、きちんと成果をあげて、発言権を高めていくことが必要になってくるだろうと思います。EUはすでにそういう体制がきちっと整えて、非常に大きな発言力を持つようになっていて、ほっておけばEUの方針で全て決まってしまうことにもなりかねませんので、そういうことにならないようにするためにも日本は国内で足元を固めて、国際的な発言権を持っていくようにしていかなければなりません。

22. 持続可能性研究会の今後の方向性

安保 このシンポジウムは、我々の研究会の中では中間段階になります。最終的には来年に正式に発表したいと思っております。最後に天野研究員に、フロアからの質問等、今後研究会の方向性をまとめていただきたいと思います。

天野 まず地球温暖化の問題は、非常に長期にわたる問題と同時に現在さしせまった対策をとらなければならない状況にあります。また、不確実性が大きいということの問題があります。政策的な関連で、特に、日本政府が何をしようとするのかが全然みえていない、不確実性が非常に大きいことです。それによって、企業側もいろんな対応を取りかねている状況にあります。

海外のヨーロッパ諸国では、政府が次々と政策導入を行っている。それに比

べると日本の場合は、中々進まずにいます。私が思うに産業界と政府、政府の中でも環境省、経済産業省、その他が、お互い情報交換を行い、制度を作っていくことが必要になってきます。そして、循環型社会についてはある程度理論的には分かってきていますが、実施例が少ない。ですので、実例の研究として、国内のサービサイジングの例を中心として、取り組んでいます。また、サービサイジングを取り入れるには、経営のツールとしてどういったものが国内の各社で実施されているかの調査を考えています。そして、測定的手法の後ろにある大きな観点として、社会的コストも含めたフルコスト会計があります。フルコスト会計は、社会的にあまりなじみがありません。フルコスト概念を取り入れるには、手法の研究だけでなく、社会的にどのように普及させていくのかも重要であります。

　リスク・コミュニケーションの研究というのは、一つにはリスクアセスメントがあって、それからリスク・コミュニケーションがあります。しかし、我々の中にリスクアセスメントの専門家がいないので、社会的な面からのコミュニケーションという側面から行っていくことを考えています。そして、化学物質の問題や土壌汚染の問題、そういった一般的問題を企業の社会的責任から強化して取り組みを行っていきたいと考えています。

　安保　ありがとうございました。私たちに与えられた2時間はあっという間に過ぎました。十分な議論、深まった議論はできなかったこともございますが、全体を通じて、われわれの研究会がこれまでやってきたひとつの中間報告として、皆さんにご披露することができたことに感謝したいと思います。フロアの中には学生諸君の出席者も多くいらっしゃると思いますが、少し感じ取っていただくとするならば、従来の大学での研究というのは、大学の先生を中心で自分の研究室で、そして、それを講義でと、いわばクローズドの中で行われてきましたが、こういうシンポジウムに象徴されるように私たちが課題としているのは、決してこういう中だけで解決しない課題なんですね。まあ、象徴的にいえば、我々の学部、私と天野先生は総合政策学部ですけれども、商学部から阪研究員、企業からはシャープの石田研究員、ゼロックスの笹原研究員、また、シンクタンクからはグリーン戦略研究所の佐々木研究員が参加されました。こういった形で、学部を超えて産学の連携で課題に取り組んでいるのです。今日

は、中間報告でさらに煮詰まった形でのポリシーのモデルみたいなもの、あるいは、内層のモデル化をする時には、どんなターゲットを中心にしていくかというふうなことが我々の研究会の課題だと思います。そのためにはもう一点、感じ取っていただいたかと思うのですが、従来、「環境」というと固有の技術畑のその固有の人、会計担当の人、あるいは経済屋、そんな人たちだけだったのですけれども、今日の議論でもお分かりいただけるように、今日「環境問題」が問われているのは、社会的な話なんですね。そういうことですから、いかに社会総体にこのような問題を広げていくのか、大きな課題が提示されているということです。われわれの総合政策学部に問われ、期待されていることがひとつの象徴だと思いますが、そのような事を学生諸君も感じ取っていただけたかと思います。今日は中間報告でしたけれど、本日は皆様ありがとうございました。

（本章の編集は中尾悠利子が担当した）

【注】

1. 『贈収賄や金品強要などの腐敗行為防止』に関する原則を10番目に加える活動が進められている。グローバル・コンパクトの詳細は、第2部第2章を参照。http://www.unglobalcompact.org/Portal/Default.asp
2. 2003年5月16日現在。http://www.unglobalcompact.org/Portal/Default.asp参照。

第2部

持続可能性経営への取組み

第1章 持続可能な経営とその評価

1. はじめに

　1980年代から90年代にかけて、環境問題や途上国の貧困、南北格差など地球規模での様々な問題が国連などで議論された際に頻繁に登場した、持続可能な発展／開発（Sustainable Development）という概念は、その後特に90年代後半以降、従来からある企業社会責任論（CSR）や企業倫理などの概念と結びついて、これからの企業経営を考える上で重要なキーワードとなりつつある。本章では、まずこの本来経済社会のあり方を表す持続可能性という概念が企業経営の分野に導入されつつある背景を整理し、今後の企業経営に与える影響や「持続可能な経営」の意味について考察する。そして次に社会的責任投資（SRI）などの分野で実際に導入されつつある、持続可能性概念に基づいた企業評価の現状と課題について考察する。

2. 持続可能性概念の展開

持続可能性とは何か？

　持続可能性（Sustainability）という考え方は、1980年代を通じて環境問題や南北格差、貧困などの問題が国連などで議論された際に頻繁に登場した持続可能な発展／開発（Sustainable Development）という概念が基になっている。この「持続可能な発展／開発」概念の最も代表的な定義は、1984年、国連総会でグロ・ハルム・ブルントラント・ノルウェー首相（当時）が主宰した、「環境と開発に関する委員会」、通称ブルントラント委員会の全体報告書 *Our Common Future* の中で述べられた、「将来の世代が自らの欲求を充足する能力を損なうことなく、今日の世代の欲求を満たすような発展のあり方」というものである[1]。

「持続可能性」という言葉自体は、水産資源などの世界的な乱獲競争の反省から生まれた「最大維持可能生産量」の理論[2]を通じて、資源利用の「持続可能性」として論じられるようになったのが最初であるといわれている。すなわち、魚類などの再生可能な資源は、そのストックから産み出される純再生産量だけが利用可能であって、利用量がそれを超過すると、ストックが減少し、資源の枯渇を招くということを前提に論じられた。このような考え方が、人類の活動が環境と人類自身に破局を招かないための政策の方向性として頻繁に提案されるようになったとされる[3]。

WWF（世界野生生物保護基金）では、世界の生態系の状態と、自然に対する人為的な負荷について毎年発行している報告書、*Living Planet Report* 2002（生きている地球レポート 2002）の中で、この持続可能性を「エコシステムが支える環境の許容量の範囲内で生活しながら、人間生活の質を改善していくこと」と定義している。また産業界では、国際的な企業経営者の団体である持続可能な発展のための世界経済人会議（WBCSD）が *Our Common Future* の中での言葉を引用する形で、「持続可能な発展とは、調和による固定状態ではなく、むしろ現在のニーズと同様に将来においても矛盾しないような形で資源を活用し、投資・技術開発を方向づけ、制度を変革していく一連の変化のプロセスである」と定義している[4]。そしてスウェーデンに本部を置き、環境保護と経済的発展の両立を目指す国際的な NPO である The Natural Step は、持続可能な社会の実現する条件として、以下の4つを挙げている。すなわち持続可能な社会では①自然の中に地殻からの物質の濃度が増え続けることがない。②自然の中に人間社会で製造した物質の濃度が増え続けることがない、③自然が乱獲や開発によってその物理的な基盤を損ない続けることがない。④世界中の人々のニーズを満たすために資源を効率よく公平に利用する[5]。である。

このように「持続可能な発展・開発」という言葉は、立場の異なる論者によって、様々な定義がなされており、いまだ正確な理解を得られていないのが現状である。しかし現実の経済社会が持続不可能であることは次第に明らかになりつつあり、今後の社会を考える上で目指すべき方向性を示す、重要なキーワードの一つになっている。

一般に「持続可能性」という場合、地球や地球環境の持続性を思い浮かべるかもしれないが、現在では、それを実現するためには、予防的行動原理に基づ

いていなければならないとの認識から、環境問題への対応のみならずこの問題にも複雑に関連する南北格差、貧困解決、人口爆発、まだ生まれていない未来世代と現在世代間の公平、さらには特に90年代以降ビジネスとの関連において、人権や労働環境に関する問題をも含めるというように、非常に幅広い概念としてとらえられつつある。

持続可能性概念が企業経営に与える影響

　限りある資源と生態系を保全し、資源循環型で持続可能な社会を形成するために、人間のあらゆる活動における資源の節約と環境負荷を抑制し、低減することが求められる。これらは個人、企業、自治体、政府、国家間などのあらゆる社会階層に及び、それぞれの分野が連携し一丸となって包括的に考えていかなければならない問題である。個人にはライフスタイルの見直しと変革が求められ、政府には国家間による条約等の締結、法規制、各種ガイドライン策定等、持続可能で資源循環型社会構築を促すような制度的取り組みが求められる。

　中でもとりわけ企業は、現代産業社会における経済活動のもっとも重要な部分である財とサービスの生産・提供という役割を担い、現代に生きる私たちの生活のほとんどすべてが依存するその企業経済活動が外部環境に与える影響は飛び抜けて大きいために、環境問題への対応をはじめとした持続可能な社会の構築のために、企業が積極的な役割を果たしていくことへの期待と圧力が日増しに強くなってきている。

　今日の社会・経済システムを環境保全型・持続可能な社会へ向かわせようとするこの大きなトレンドは、特にこの経済社会の主要な担い手であり、財・サービス等の設計・製造・運送・販売のあらゆる段階で環境負荷をコントロールできる立場にある企業に対して、その経営の中にも持続可能性を要求しつつある。それは真に持続可能な社会を目指すならば、現在の経済社会とその担い手である企業の経営が従来のシステムから大きく転換することなしにこのような事態に対応することができないという認識が急速に広まりつつあるからである。

　今日、企業はトータルシステムである社会のサブシステムとしての性格を有し、外部環境から多大な影響を受ける一方で、企業の側からも外部環境に様々な影響を与えている。その活動の及ぼす範囲と果たしている役割はもはや経済的な領域にとどまることはなく、人々に雇用の場や自己実現の機会を提供する、

社会の発展や文化の創造に貢献するといったように、人々が日常の経済・社会生活を送る上であらゆる領域に影響を与えるという点で広く社会的でもある。
　このように考えると、持続可能性という概念が、企業活動の文脈で見ても、単に経済的な意味を超えて、広く社会的な意味においても、今後の企業の経営スタイルそのものに対して大きな影響を及ぼす可能性があるといえよう。

企業経営における持続可能性とは何か？
　1987年にまとめられたブルントラント委員会での報告書 *Our Common Future* で持続可能な発展・開発という概念が提示されて以来、この概念のビジネスへの適用に関する議論は、「持続可能な企業経営」、「ビジネスにおける持続可能性」などといわれている。ビジネス界における「持続可能な発展」の実現を追及するため、1987年に設立された世界で最初の専門コンサルティング会社である、その名もサステナビリティ社（SustainAbility Limited）は、企業経営における経済・環境・社会のトリプル・ボトムライン領域のパフォーマンスの向上をもって企業の持続可能性を説いている。ボトムラインとは、企業などが一年間の事業活動を通じて得た純利益あるいは純損失といった最も重要な結果が損益計算書などの決算書の最終行に現れてくることから、「最も重要な要点」を表す表現であり、企業経営の文脈でみた持続可能性とは、トリプル・ボトムライン、すなわち経済的繁栄、社会的公正、環境の質向上の三重の損益決算を実現することであるとしている[6]。このトリプル・ボトムラインの考え方は、企業経営における持続可能性概念を表すキーワードとして、さまざまな組織で使われている。「持続可能な発展のための国際機関（International Institute for Sustainable Development: IISD）[7]」のビジネスセクターである「ビジネスと持続可能な発展－グローバルガイド」では、「企業にとっての持続可能性とは、将来に必要とされる人的・自然的資源を保護、維持し、そして増加させると同時に、企業とそのステークホルダーのニーズを満たすような経営戦略と経営活動を採択することである。」と定義している。投資分野において、1997年に世界で初めて持続可能性側面で企業をしたダウ・ジョーンズ持続可能性指数の定義では、「企業の持続可能性とは、経済、環境、社会の3つの側面に由来するビジネス機会を捉え、リスクを管理することで長期的な株主価値を創造するビジネスアプローチである」としている[8]。

図1 持続可能性概念を構成するトリプル・ボトムライン

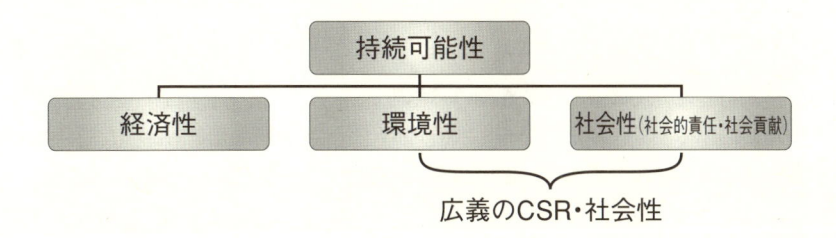

```
                    持続可能性
        ┌──────────────┼──────────────┐
      経済性          環境性        社会性(社会的責任・社会貢献)
                        └──────┬───────┘
                        広義のCSR・社会性
```

　またこのビジネスにおける持続可能性という概念自体は、企業社会責任（Corporate Social Responsibility: CSR）、社会説明責任（Social Accountability）、企業市民（Corporate Citizenship）、企業倫理（Corporate Ethics）といった概念と同じような文脈で議論されることも多い。例えば、企業社会責任ニュースワイヤー・サービス（The Corporate Social Responsibility Newswire Service: CSRwire）では、「企業社会責任とは、顧客、従業員、投資家、コミュニティを含むすべてのステークホルダーの利益に関係する諸価値と企業経営を統合し、かつ環境への配慮を企業の理念と行動に反映させる経営のことである」としている[9]。またこのような企業社会責任を含む企業行動の考え方は、1999年の世界フォーラムにおいて、コフィー・アナン国連事務総長によって提唱された企業行動原則である「グローバル・コンパクト」[10]、1976年に制定され、2000年の改訂で持続可能な発展・開発に向けた社会的・環境的課題に関する項目が加えられたOECDの多国籍企業行動基準[11]など、実に様々な組織・機関で使われている。

　このように、持続可能な経営の捉え方やその解釈は、組織によって多少の違いがあるが、「持続可能性」という概念が、今後の経済社会のあり方を意味する言葉であると同時に、その主要な担い手である企業の経営のあり方に対しても、大きな影響を与えるキーワードになりつつあるといえるだろう。

　持続可能性の概念を構成するトリプル・ボトムライン、企業の社会的責任、社会性などの概念を模式的に表すと図1のようになる。なお、従来から企業

の環境対策は、企業の社会的責任、あるいは社会性の枠組みで議論される場合も多い[12]が、本稿では、トリプル・ボトムラインの考え方にしたがって、企業の環境保全活動・環境対策を環境性、それ以外の社会的な活動を企業の社会性と呼ぶことにする[13]。

持続可能性側面による企業評価の必然性

環境問題の深刻化やその質的・構造的変化、大量生産－大量消費－大量廃棄型ライフスタイルの見直し、環境問題のみならず、労働環境における人権等社会的公正性の達成、コミュニティ問題への解決など、持続可能性概念が拡張し、こういった問題に企業が積極的に取り組むことへの期待と必然性が近年特に高まってきている。これを受けて、企業を取り巻く様々なステークホルダー（利害関係者）にも意識・行動の変化が見られるようになってきている。

我が国では近年、持続可能性に先行する形で、特に環境問題に関連した動向が顕著に見られる。行政は環境関連法を含む環境規制の強化を行う一方、グリーン税制優遇措置や排出権取引といった各種経済的手法の導入を図るなどして、産業のグリーン化を誘導している。また環境配慮型の製品・サービスを優先して購入するグリーンコンシューマー（緑の消費者）や SRI（社会的責任投資）、エコ・ファンドといった環境配慮や社会責任の視点で投資を行うグリーンインベスター（緑の投資家）、あるいは環境 NGO、NPO といった、環境問題に非常に高い関心を持つステークホルダーは、それぞれの立場から、企業に対して環境問題への取り組みを働きかけるようになっている。一方で、環境問題の多様化・複雑化・深刻化は環境関連事業市場（エコビジネス市場）の拡大をもたらし、大きなビジネスチャンスをもたらすものと考えられている。環境省は 2002 年 8 月にエコビジネスの市場実態や普及促進に必要な施策などをまとめた「環境ビジネス研究会報告書」を公表し、この中でエコビジネスの市場規模は 2010 年で 40 兆 1 千億円に達し、雇用規模 86 万 7 千人、年平均伸び率 3.7%の成長産業になると推計している。そして「今回の報告書は燃料電池など新技術関連データを含んでいないため、実際の市場規模はさらに大きなものになっていくだろう」と予測している[14]。

以上のような認識を背景として、企業は、環境問題への取り組みの巧拙が企業の成長性や収益性に影響を及ぼしかねないといった経営上のリスクと、環境

関連ビジネスへの進出による事業機会の獲得などのチャンスという両面の影響を受けることになる。このような状況から、各ステークホルダーは自らが関わる企業が、どこまで環境問題に対して取り組んでいるのか、同業他社と比較してどの程度進んだものなのかといった、環境面からの企業評価に関する情報を要求し始めている[15]。一方企業の側も、1997年の京都会議以降、行政による環境規制の強化や環境問題に対する国民の関心の高まりと共に、環境対策に積極的になってきている。既に多くの企業が環境対策の国際マネジメント規格であるISO14000sを取得し、環境会計の導入、環境報告書の発行を行うなどその取組みは近年特に顕著に現れてきている。それと同時に、株価や企業イメージに影響を与える可能性もある自社の環境問題への取り組みがどのように評価され、どのレベルにあるのかといった情報も求めるようになってきている。

　最近では、ビジネスにおける持続可能性やCSRの議論が盛んな欧州に進出している企業、サプライチェーン企業を通じて、我が国企業の間にも単なる環境対応から環境・社会を含む持続可能性経営というような形への変化が見られるようになっており、環境報告書も社会性項目を加えた持続可能性報告書へとその名称を変えるところも増えてきた。

　事実わが国においても、環境問題への取り組みと関心の高まりを契機として、環境対応のみならず、CSRや企業倫理の確立など社会性への取り組みも急務となっている。社会性については例えば、2000年の雪印乳業の低脂肪乳による食中毒事件、2002年、雪印食品や日本ハム子会社による牛肉偽装事件、2003年、新日本製鉄名古屋製鉄所でのガスタンク爆発、ブリヂストン栃木工場での大規模火災など、近年大企業による不祥事が相次いでいることなどからもその重要性が指摘できる。不祥事発生による企業業績の悪化など直接的な損害もさることながら、食への信頼失墜や取引先・地域住民との信頼関係悪化など、間接的な影響も小さくない。これらの問題の背景には単なる監督不行届き以上の構造的な問題があるものと考えられる。

　このような衛生管理や安全管理、法令順守、あるいは女性の登用、社員教育や、従業員への配慮、地域住民への説明、地域社会への貢献などは、企業の社会性といえる。これらの中には、上に挙げた不祥事を防ぐ上で有効な項目が含まれており、実際に欧米においては社会的責任投資の評価項目となっている。その根拠として、企業がこれら社会性項目を自社内でどう捉えているかを見ること

によって、健康、安全、品質などに関する環境・社会的な事故やスキャンダル発生時の問題の管理や対応の巧拙をある程度判断し、リスクを回避できることが挙げられている。

以上のように、企業の果たしている役割とそれが及ぼす影響力が大きくなった現代社会においては、利害関係者が自身の関わる企業を評価する際、成長性や収益性あるいは安全性といった、従来の経済的側面でのみ測定評価することは、真の企業の実態を評価したものであるとは必ずしも言えず、それだけでは不十分であるということが次第に明らかになってきている。すなわち、今後、持続可能な社会を考えていく上でも、そしてそのような状況の中で企業が長期に維持発展していくためにも、従来の経済的責任に加え、社会からの信頼獲得と社会的責任の遂行が必要不可欠であるということが明白になってきており、企業評価にも、経済、社会、環境領域からの評価、すなわち持続可能性の観点からよい評価を得ているかどうかを測定するための手法、「持続可能性側面による企業評価」が今後必要になってくると言えるのである。

「持続可能な経営」における2つの意味

この持続可能性側面による企業評価には、大きく分けて2つの側面があることを指摘しておきたい。1つは、「社会の持続可能性と企業」という側面である。これは、すなわち持続可能社会の実現を目指していくことを第一の目的とした上で、当該企業が持続可能な社会の構築に貢献できるような企業組織であるか？　といった視点で企業経営を捉えようとする立場である。もう1つは、「企業それ自体の持続可能性」である。これは持続可能な社会を目指すというトレンドの中で、企業のための、すなわち企業の長期維持発展を第一の目的とした上で、企業に求められる持続可能性あるいは社会性に対して当該企業がどのような対応を行っているのかを捉えようとする立場であり、企業の長期維持発展可能性と置き換えられよう。前者は、持続可能な社会の実現を目指すことを第一の目的とする、国連機関やNPO・NGOなどの環境保護団体や消費者団体などに見られる立場であり、後者は、持続可能な経営を企業の経営戦略や競争優位などの観点で捉えている、企業とより直接的な利害関係を持つ投資家、株主、あるいは経営コンサルタントや経営者などに見られる立場である。

このように、持続可能な経営という場合、元来その根底には「持続可能な社

会の構築を目指す」という社会的目標と「持続可能性の観点から競争優位戦略を策定する」という経済的目標という明確に異なる2つの側面があり、その評価を行う際の視点と目的には決定的な違いがある。しかし現在までに、社会の持続可能性と企業の長期維持発展はトレードオフの関係ではないとの認識が広まってきており、社会的目標と経済的目標との調和が図られ始めている。

今後はこの両者の調和をどの程度まで企業評価の枠組みの中に取り入れることができるのかが、大きな検討課題になってくるものと思われる。

持続可能性側面による企業評価を具体的に考える前に、従来からある企業評価理論を概観する。

3. 持続可能性による企業評価

企業評価理論の体系とその多義性

企業評価の歴史には、大きく分けて2つのアプローチがあると言われている。1つは企業の発行済み株式の時価総額である株式資本と、負債である債券の時価総額の和の測定を持って企業の評価とするアプローチであり、資本価値、あるいは企業価値評価といわれるものである[16]。これは資本市場における株主や債権者の立場に立った企業評価法の考え方であり、その根底には、新古典派資本理論、すなわち企業経営は株主の立場で行われており、企業の目標は企業の所有者である株主に対する配当を大きくし、発行済み株式の時価総額を最大化することである、という考え方がある[17]。

もう1つのアプローチは損益計算書、貸借対照表といった財務諸表を中心とした経営分析、財務分析アプローチである。先に挙げた資本価値アプローチが、主に株主や債権者の視点に立って評価されるのに対して、この経営分析・財務分析アプローチは、経営者、投資家（潜在的投資家を含む）、債権者、取引先、従業員、政府、研究機関等、その評価主体者は多岐にわたる。このように様々な利害関係者によって行われる経営分析アプローチは、分析主体者の目標によって視点が異なるので、その手法にも差異が生じ、実際これまで多くの定義がなされてきている。これは、企業の自由な競争による自己利益の追求が社会の利益の達成と両立するとされていた古典的な自由経済社会と違い、現代社会における企業経営が、企業をとりまく様々な利害関係者－従業員、地域社会、

表1　経済性・環境性による企業評価の主体、目的、調査項目の違い

主体	経済性目的	環境性目的	経済性重点項目	環境性重点項目
金融機関 （間接金融部門） 信用調査機関	信用分析 （貸付の安全回収）	環境リスク回避	収益性、担保力、資金繰りなど	担保（土地）の土壌汚染程度 PRTR法関連、
金融機関 （直接金融部門） 投資家（証券アナリスト、年金・基金運用者）・（ベンチャーキャピタル）	投資分析 （株価の変動予測） （社債の配当、償還の安全性確保）	投資分析 （株価の変動予測、配当金の増大）・エコベンチャー・ビジネス市場の拡大	成長性（増収率、増益率） 収益性、経常収支比率など	環境効率、環境経営指標分析、環境スクリーン 企業価値・対象エコビジネス市場の将来性・当該分野における当該企業の成長性・（収益性）
一般企業	信用分析 （取引先などの実態把握）	取引先企業の環境対応度	収益性、成長性など	ISO等各種環境関連認証取得状況 環境関連コスト削減達成状況、ゼロエミッション
労働組合	支払能力分析	他社との環境対応度比較	売上高人件費率など	自社企業の環境イメージ
学生	就職のための企業評価	就職先企業イメージ	安全性、成長性、規模など	環境対応に関する評判、イメージなど
消費者団体・環境NGO 一般消費者	社会的責任（人権、安全、法令順守）	環境保全・持続可能社会形成 節約 緑の消費行動	商品価格、性能、機能性、デザイン、ブランド・イメージ	社会的責任 製品に関する環境負荷度・省エネ・リサイクル率など
大学・研究所・新聞社など	企業行動および企業成長要因の客観的把握	企業成長要因と環境対応度	成長性、収益性、総合経営力	環境経営度・環境経営指標、環境効率、環境パフォーマンス
行政官庁 （経済産業省） （財務省） （国税庁） （環境省）	行政指導（将来国際競争力を持つ企業の育成） 行政指導（企業利害関係者の利益調整） 徴税 環境保全・持続可能社会への移行	同左 同左	総合経営力、技術力、独占度など 課税所得の確定、脱税防止など 環境保全・持続可能社会形成に資する企業活動の変革、企業の環境保全活動の促進	エコビジネス市場の拡大 環境税（炭素税・グリーン税制） 環境会計・報告書ガイドラインへの対応、環境関連法・規制遵守 環境政策の変更等
企業経営者・企業スタッフなど	計画分析 （経営戦略、長期計画の策定）	環境対応度分析	企業の強み弱み、総合経営力	環境対策の効果、市場からの評価

清水龍瑩著「現代企業評価論」中央経済社　1981　P.2の図を一部修正・加筆して筆者が作成。

投資家、消費者、取引先等－との協力関係を維持・拡大する形で行われていることを示している。清水は、"本来経営分析は歴史的にみても財務指標の分析をその中心においているが、その企業評価は単に企業の利潤に直結する資本価値だけを一義的にみるのではなく、多面的に企業を評価しようとするところに特徴がある[18]"と述べ、企業分析における企業評価の多義性を指摘している。

この企業評価における多義性とはすなわち評価主体と評価目的および評価対象の多義性であり、持続可能性側面による企業評価においても同様に評価主体・目的・対象による多義性へと関連する。その例として、従来型の経済性中心の企業評価と環境性による企業評価主体と評価基準の相違をまとめると表1のようになる。尚、持続可能性による評価は、この表1の環境性にさらに社会性が加わることになるために、その評価対象は広範に及ぶ。

持続可能性側面による評価項目－GRIを例として－

企業の取り組みの環境面だけでなく、社会面、経済面も含んだ3つの分野におけるパフォーマンスの向上を目指した報告書、すなわち持続可能性報告書のグローバル・スタンダードを作ろうという狙いで1997年に設立された持続可能な発展のための企業報告書イニシアティブ（Global Reporting Initiative: GRI）は、2002年度版の最新ガイドラインでは企業が持続可能性報告書で開示すべきGRI指標として以下の分野と側面を設定している。

実際にはこのGRIのガイドラインにあるような項目をすべて記載する報告書はまだほとんど存在しないのが現状である。しかし仮にこのような項目がすべて持続可能性報告書の中に記載されるようになれば、環境報告書や持続可能性報告書は、企業の環境への取り組みや、社会的責任に対する考え方を対外的にアピールしたものであるから、このGRIのガイドラインにあるような項目に沿って記載内容を分析し、各項目の積和や、売上高や利益などとの比率を測定することによって、提出が義務付けられている財務諸表の分析である財務指標のような形で、企業間における環境性・社会性を比較し、当該企業の持続可能性を評価・判定できるようになるかもしれない。2002年のGRIガイドラインの改訂は、この比較可能性を重視したものであった。

実際、持続可能性報告書の内容を分析することで企業の持続可能性を評価しようという動きは様々な機関で見られるようになってきている。例えば大手コ

表2　2002年度版GRI指標の分野と側面

	分野	側面
経済	直接的な経済的影響	顧客 供給業者 従業員 出資者 公共部門
環境	環境	原材料 エネルギー 水 生物多様性 放出物、排出物および廃棄物 供給業者 製品のサービス 法の遵守 輸送 その他全般
社会	労働慣行	雇用および相応の仕事 労使関係 安全衛生 教育訓練 多様性と機会
社会	人権	戦略とマネジメント 差別対策 組合結成の自由と団体交渉 児童労働 強制的義務的労働 懲罰慣行 保安慣行 先住民の権利 一般的側面
社会	社会	消費者の安全衛生 製品・サービス宣言 広告 プライバシーの尊重 顧客満足 贈収賄と汚職 政治献金 公共政策 競争と価格設定 コーポレートシチズンシップ 地域社会

出典　GRIフォーラムJAPAN　http://www.gri-fj.org/about.html より

ンサルティング会社であるデロイト・トウシュ・トーマツは独自に開発した持続可能性報告書のスコアカードを公表している。このスコアカードを用いることで、第三者は、企業の発行する持続可能性報告書における各項目について、記載内容、情報開示の程度などを点数化し、企業評価を行うことができるとしている[19]。また、持続可能性報告書や環境報告書以外の情報も含めてCSRや持続可能性の観点から独自の企業評価を行っていこうとする機関も多く存在している[20]。

持続可能性による企業評価の考え方

表1の例に見られるように、企業評価には評価主体によってさまざまな目的、項目、手法が存在する。ここで忘れてはならないのは企業の目的と企業評価との整合性である。この点について岡本は、"企業は環境保護団体でもなければ、ましてや慈善団体でもない。企業の目的は環境保護ではない。とすれば、企業を評価するときには環境要因のみでの評価を行うことは非常に偏った一面的評価を生み出してしまう[21]。"と述べている。環境保全活動などの環境性、あるいは社会貢献や社会責任などの社会性でたとえ高い評価を受けたとしても、成長性や収益性といった経済性でよい評価を受けない企業は、やはり"良い"企業であるとはいえない。ここでいう企業の目的とは、企業それ自身の長期維持発展であり、収益性や成長性といった経済性が重要になってくる。すなわち、持続可能性による評価も、経済、社会、環境の3つの領域での成果のバランスを保つことであるといえる。

清水は、企業評価を"何らかの意思決定のために、企業が持っている、長期に維持発展していくための総合的な潜在能力を測定すること"と定義し、その目的として企業行動および企業成長要因の正確な把握を挙げている[22]。

本稿における持続可能性評価も、清水による企業評価の定義に倣って「持続可能性による企業評価とは、企業が長期に維持発展していくための総合的な潜在能力を、経済性、社会性、環境性の3つの観点から捉え、測定すること」と定義したい。

社会性・環境性と企業業績の関係

持続可能性の3つの領域のうち、経済性に関しては業績との関連があるの

は当然である。ここでは、それ以外の社会性・環境性と企業業績との関係について見ていきたい。

　先行研究の結果から、この社会性・環境性と企業業績との間には、なんらかの関係があることが指摘されている。Orlitzky (2003) らは、これまでに行われた企業の社会／環境パフォーマンスと企業業績に関する 52 の実証研究を対象にメタ分析を行い、その結果、社会／環境パフォーマンスと企業業績との間には統計的に有意な相関があり、企業における社会責任と環境責任の遂行は財務的にペイしそうだと結論付けている [23]。岡本は、慶應義塾大学商学部経営学研究グループが 1995 年 2 月に東京証券取引所上場製造業すべてを対象として実施したアンケート結果を基に、従業員の生活向上、地域貢献、社会貢献、地球環境保護の 4 つの要因を考慮して作成（0〜5 点に評点化）した合成指標を社会性として、企業の社会性と財務業績（成長性＋収益性）に関する実証研究を行っている。その結果、社会性と財務業績との間には正の相関があるとの結論を得ている。また同はこのデータを使った、5 年後（2000 年）の時点での調査対象企業の財務業績と比較・分析において、"業績の悪い企業が業績を回復していくとき、社会性が必要であり、社会性が低いと業績低迷の確率は高くなる。"、"全体的に見て、社会性は高業績にとって十分条件とは言えないが、少なくとも必要条件ではある。"と指摘し、"従来の収益性・成長性という企業評価基準に社会性という新しい基準を加えることは、現代企業の社会からの要請を正確に評価することになる。"とし、"企業評価基準に社会性を加える意義は非常に大きい"と結論付けている [24]。

　また、社会性項目の一つである女性の雇用と企業業績との関係について、経済産業省「男女共同参画研究会」から興味深い研究報告が公表されている。経済産業省「企業活動基本調査」の約 26,000 社のデータを用いて、利益率（ROA）と女性比率との関係を分析したところ、「従業員の女性比率が高い企業は利益率が高い（あるいは利益率の高い企業ほど女性比率が高い）」という結果が得られたということである。これは、女性の数を増やせば利益率が上がるという、単純なものではなく、女性の比率が高くなるような企業風土が、高い利益率につながる、ということを表している。この結果に相当する企業には「男女の勤続年数の格差が小さい」「再雇用制度がある」「女性の管理職の比率が高い」「男女の平均勤続年数が短い（年功序列の終身雇用ではない）」といった具体的な

特徴が見られ、これらの項目が利益率と正の相関関係にあるとされる[25]。この結果から、社会性項目の一つである女性の雇用について、意欲と能力のある女性が組織の中で活躍できるように場風土を作っていくことは、企業業績の観点からも重要であり、企業評価項目として有効であることを示唆している。

以上のような先行研究は、社会性および環境性による評価で高評価を得た企業は、経済性による評価や企業業績で見た場合も、高評価である可能性が高いことを示している。この社会性・環境性と業績との関係については、今後もさらなる実証的、論理的な研究が行われなければならないが、少なくとも現代社会からの要請に応えながら、従来の企業評価や企業目的とも整合性をもちうる、という点でも環境性と社会性の観点を企業評価理論に取り入れることは有効であるといえよう。

4. 環境性・社会性評価の現状

環境経営評価の現状

企業の社会性については、SRI の導入に伴いその企業評価が行われ始めているが、その開示情報からいってもいまだ発展途上にあるといえ、現時点では GRI レポートに提示されるような社会性項目を基にした企業評価はほとんど行われていない。ここでは特に環境会計の導入や環境報告書の発行など、社会性に比べてその取り組みが進んでいるといえる環境経営評価の具体的な基準と手法について考察してみたい。

環境経営とは、環境に配慮した経営のことを指すが、単に法令にしたがって環境対策を行ったり、ISO14001 を認証取得したりするだけではない。もはや環境対策を行っていない企業を探すほうが困難なほどであり、既に取得件数が1万件を超えた ISO14001 にしても目新しさがなくなってきている。

環境経営という言葉さえほとんど使われていなかった5年ほど前なら、環境会計を導入しているか？　環境報告書は発行しているか？　ISO14001 を認証取得しているか？　といった項目によって環境経営が評価できたかもしれないが、現在では評価基準としての重要性は薄れてきている。

それは、環境経営評価の対象として重視するべき項目がここ数年で大きく変化したことを意味している。すなわち、環境保全に取り組むことそれ自体が重

要視されていたこれまでの企業経営から、環境保全への取り組みを企業業績や企業戦略へと関連付け、経営の中核として位置付ける経営へと変化し始めていることを意味している。川村は、これを環境経営の量から質への変化、「取組」の定性的評価から「成果」への定量的評価へと変貌を遂げつつある転換期だと表現し、成果の定量的評価に基づく環境経営とは、「環境効率」に代表される定量的な「環境経営指標」により、環境経営のあるべき姿を見定め、現状の到達レベルを計測・評価・改善することである[26]と述べている。

環境効率とは、環境と経済の両面において効率的であることを意味する用語であり、着実に省資源化・廃棄物の排出削減・汚染防止を推進しながら、従来以上に製品やサービスの付加価値を高めていこうとする一連のプロセスを示す。WBCSDをはじめとして環境効率はおおよそ以下の式にあらわされる。

$$環境効率 = \frac{製品・サービスの価値}{環境影響} = \frac{経済価値}{環境負荷}$$

企業活動に伴う環境負荷を最小化しつつ、創出される経済価値を最大化することが、すなわち環境効率の向上を意味する。ここでいう経済価値とは企業財務項目である売上高、利益、付加価値などが当てはまる。ニッセイ基礎研究所では、この環境効率に基づいた環境経営指標であるニッセイ基礎研・環境経営インデックス（NEMI）を公表している。

ニッセイ基礎研・環境インデックス（NEMI）の一般式は、

$$\text{NEMI} = \sum_i^n a_i \frac{EEI_i}{平均EEI_i} = V \sum_i^n \frac{a_i}{L_i \cdot 平均EEI_i}$$

NEMI: NLI-Research Eco-Management Index

EEI：個別環境負荷 i の環境効率指標 $= V / L_i$

V：経済価値（売上高、営業利益、付加価値など任意に設定）

L_i：個別環境負荷 i の量（資源投入量や環境負荷排出量など任意に設定）

i：採用する個別環境負荷の序数（任意数 n に設定）

a_i：個別 EEI 指数（EEI_i / 平均 EEI_i）のウエイト（下の図表 4 参照）

平均 EEI_i：任意の範囲の個別 EEI_i の平均値（業界平均値、地域や国の平均値など）

表3 環境問題の重要度(リスク)のCRAによる重み付け

重要な環境問題	主たる環境劣化現象	環境負荷の代替指標	CRAによる重み付け
地球温暖化	エネルギー枯渇、気候変動	CO2排出量	24%（$a1$）
廃棄物増大	資源枯渇、処分容量不足	廃棄物排出量	19%（$a2$）
水質汚濁	水域環境の劣化	BOD排出量	11%（$a3$）
大気汚染	酸性雨、オゾン層破壊	NOx排出量	16%（$a4$）
土壌汚染	有害化学物質による被害	PRTR対象物質排出移動量	30%（$a5$）

出典　川村雅彦（2002）p.66.より

この一般式を展開すると、たとえば個別環境負荷項目が5項目ある場合は

$$NEMI = a1\frac{EEI(CO2)}{平均EEI(CO2)} + a2\frac{EEI(廃棄物)}{平均EEI(廃棄物)} + a3\frac{EEI(BOD)}{平均EEI(BOD)} + a4\frac{EEI(NOx)}{平均EEI(NOx)} + a5\frac{EEI(PRTR)}{平均EEI(PRTR)}$$

となる。表3はそれぞれの環境負荷項目とウエイト(重み付け)を示している。NEMIでは、アメリカ環境庁が開発したパネル法による地域環境政策の決定手段であるCRA（比較リスク評価法）に基づいて環境負荷項目の重み付けを設定している。

　各環境効率の比率を算定し、それぞれ基準となる係数で重み付けを行うこのNEMIの手法は、ウォールの指数法などで有名な、1920年代のアメリカで、企業財務流動性や安全性を統合的に分析する手法として登場した信用分析法と考え方はほぼ同様である。

　ここで問題となるのは、基準となる比率や重み付け係数をどのように算定するかであり、現在この問題については、LCAやCRA（比較リスク評価法）、あるいは宮崎らによって開発された、環境政策優先度に基づくJEPIX（単一指標による統一的環境影響係数）など、係数の開発と検討が行われている最中である。

　このように環境性の評価は、汚染物質や環境負荷量といった客観的で定量的なデータに基づいた評価を行いうる状況が整いつつあるといえる。

5. 持続可能性側面による企業評価の課題

持続可能性側面による企業評価手法を確立するためには、解決しなければならない多くの課題が指摘されている。

1つは、経済・環境・社会といったそれぞれの領域において異なった単位で算定される各項目をどのような比率で、すなわちどのようなウエイトづけをして、総合的な持続可能性評価に結び付けていくのかという問題である。岡本は、本稿における持続可能性評価に極めて近い企業評価手法として、ソサイアタル・アプローチを挙げ、収益性、成長性、社会性（環境保全活動を含む）の3つの基準指標を用いて、ラプラス原理[28]に基づいてそれぞれ同じ比率で測定している[29]。一方、日本経済新聞社が企業の新しい評価システムとして1994年以降毎年発表している多角的企業評価システム PRISM では、年度により多少の変動はあるが、「優れた会社」への寄与率に基づいて、環境性や社会性を含む評価項目のウエイトを全体の 10% から 30% と推定している[30]。ニッセイ NEMI のように、環境性による評価を、汚染物質や環境負荷量といった客観的で定量的なデータを用いて行うならば、LCA、CRA や JEPIX に基づいたウエイトづけは、「一般に認められた権威」を付与されることになる。しかし同様に社会性をウエイトづけするとなれば、表2の GRI ガイドラインにあるように、持続可能性という概念を構成する各項目は非常に数が多く、また内容も多岐にわたるため、これら項目のうちで重視すべき項目とそうでない項目とを判別することが非常に困難である。そして仮にウエイトづけを行うとすれば、その根拠は恣意的にならざるを得ない。

2つ目は、持続可能性概念の一つである企業の社会性を、一体どのような基準で評価するのかという問題である。持続可能性概念のトリプルボトムの一つである社会性に関しては、文化、慣習、ビジネススタイルの違いといった、国や地域によって微妙に異なる価値観、人々の労働観や企業に対する考え方に関わってくる部分が多分に含まれているといえる。また社会性に含まれると考えられる項目と、対象とするステークホルダーの範囲が幅広く、そもそも統一指標で一義的に評価を下すことがよいことなのかどうか、議論の余地が残されている所である。

以上の2点については、時間と空間を限定した中理論[31]にならざるを得な

いという経営学の学問的特性を少なからず反映したものであるといえる。

そして3つ目としては社会性のような観点で記載される情報そのものは定性的な記述でなされる場合が多く、そのため評価を下すことそれ自体が容易ではない。すなわち情報そのものによってではなく、評価のために行われるデータ加工、定量化のプロセスなどによって評価結果が変わってしまうという定性要因の定量化の問題が生じる可能性がある。これは定性的なデータがしばしば恣意的に解釈される危険性を孕んでいることを意味している。

社会性に関して、2001年から、国際標準化機構であるISOでは、品質に関する国際規格である9000シリーズや環境マネジメントの国際規格である14000シリーズのような形で、企業の社会的責任を規格化しようとする動きを見せている[32]が、実際に国際規格として機能するまでにはまだ多くの時間と議論が必要であろう。

6. まとめ

今日の企業を評価する際には、従来の経済性を中心とした側面でのみ評価することは、必ずしもその企業の総合的な経営力を測定できておらず、それを補うために持続可能性側面による企業評価の可能性を提示した。しかし、持続可能性評価の概念構築や評価手法の構築は、今後の社会にとって益々必要となるのは明白であるが、現時点では未整備の状態にある。

そもそも企業評価の基準と手法は時代と共に常に変化しており、持続可能性の概念自体も変化する可能性がある。そして、企業評価自体が、評価主体・目的・対象によって様々な形があるのと同様、持続可能性側面による企業評価にも評価主体・目的・対象によって多様な形が存在することになる可能性がある。

しかしながら、時代の趨勢としてはこの持続可能性を重視した経営へのトレンドはますます強くなりつつあり、それに対応して、持続可能性側面による企業評価理論の益々の精緻化が図られなければならないだろう。

加賀田和弘

附記　本章は、筆者の既刊論文「持続可能性による企業評価の現状と課題」『KGPS Review』No.3, 2004, March, pp.35-50. の内容を一部修正・加筆したものである。

【注】

1. World Commission on Environmental and Development (WCED) (1987) p.43.
2. 資源経済学、数理生態経済学の用語。詳細については Clark, C.(1976) など。
3. 環境庁 (2000) p.18.
4. Holliday Jr, C. O., *et al.* (2002) p.12.
5. The Natural Step の持続可能性についての考え方は The Natural Step のホームページ
   http://www.naturalstep.org/learn/principles.php を参照。
6. SustainAbility 社の HP http://www.sustainability.com/ 参照。
7. IISD, "Business Strategic for Sustainable Development",
   http://www.bsdglobal.com/pdf/business_strategy.pdf 参照。
8. Dow Jones Sustainability Indexes, "Corporate Sustainability",
   http://www.sustainability-index.com/sustainability/corporate.html　参照。
9. CSRwire については　http://www.csrwire.com/sfarticle.cgi?id=983 参照。
10. グローバル・コンパクトについては http://www.unglobalcompact.org 参照。
11. "The OECD Guidelines for Multinational Enterprises", http://www.oecd.org 参照。
12. 例えば岡本は、社会貢献・地域貢献・従業員の生活向上・地球環境保護などを、収益性・成長性に対して、企業の社会性と定義している。岡本大輔 [2000] p.189. また、「企業の社会的責任」という文脈で考えるならば、厳密には企業の経済的責任もいわゆる「社会」的責任であるといえるが、本稿ではトリプル・ボトムラインを明確にするため、経済的責任は経済性として社会性とは区別している。
13. 企業の環境保全活動はもともと企業社会責任論の一領域をなすものであったが、環境問題の重要性が増すにつれて、社会責任項目から独立した領域と考えられるようになったとされる。ただし一般には、この辺りの区別がそれほど明確になされているわけではない。
14. 環境省 (2002) p.2.
15. 日本興業銀行 (2000) p.5.
16. 田中恒夫 (2000)　p.254.
17. 清水龍瑩 (1981) pp.4-5. 及び岡本大輔 (1996) pp.1-2.
18. 清水龍瑩 (1981) p.6.
19. トーマツ環境品質研究所。http://www.teri.tohmatsu.co.jp/ 参照。
20. 神田泰宏他 (2004)
21. 岡本大輔 (2000) p.57.
22. 清水龍瑩 (1981) p.7.
23. Orlitzky, et al. (2003)
24. 岡本大輔 (2000) pp.72-73.
25. 経済産業省 (2003)
26. 川村雅彦 (2002) p.40.
27. JEPIX についての詳細は、宮崎修行ほか (2003).
28. "複数の基準指標について、どれが重要かという順位づけも、ウエイトづけもできないときは同じように重要と考えざるをえない。このとき"理由なしの理由" (reason of no reason) から、各目標指標に同じウエイトをつけることになる。これをラプラス原理と呼ぶ。"清水龍瑩 (1981) p.32.

29. 岡本大輔 (1996).
30. ちなみに 2002 年度では、合計 33 指標から 4 つの評価因子が測定されている。それぞれウエイトは「優れた会社」への寄与率に基づいて「柔軟性・社会性」10.9％、「収益・成長力」31.9％、「開発・研究」10.2％、「若さ」3.5％で、4 因子で合計（決定係数）56.6％となった。残り43.4％は4因子では説明しきれない誤差。詳細については、日本経済新聞 2003 年 2 月 24 日朝刊を参照のこと。
31. 清水龍瑩 (1990) pp.256-258.
32. ISO の社会的責任規格化の動きについては、
http://www.iso.org/iso/en/commcentre/presentations/wkshps-seminars/copolco/copolco2002/index.list を参照。

【参考文献】

天野明弘（2002）「環境経営から持続可能な経営へ」『季刊ひょうご経済』No.75, pp.2-7.
岡本大輔（1996）『企業評価の視点と手法』中央経済社.
岡本大輔（2000）「企業評価基準としての社会性：Revisited」『三田商学研究』43-5, pp.55-74.
川村雅彦（2002）「「環境経営指標」の時代へ－環境負荷と経済価値のバランスから環境経営を評価－」『ニッセイ基礎研所報』Vol.26, ニッセイ基礎研究所, pp.40-67.
環境庁 企画庁政局調査企画室（2000）『環境白書平成 12 年度版』, ぎょうせい.
環境省（2002）『環境ビジネス研究科報告書』環境省.
神田泰宏他（2004）「環境面を含む企業評価の現状と課題」ディスカッション・ペーパー No.5 IGES 関西研究センター. http://www.iges.or.jp/jp/be/pdf/report13.pdf
経済産業省 男女共同参画研究会（2003）『女性の活躍と企業業績』経済産業省.
清水龍瑩（1981）『現代企業評価論』中央経済社.
清水龍瑩（1990）『大企業の活性化と経営者の役割』.
田中恒夫（2000）『企業評価論』創成社.
日本興業銀行（2000）「レポート 環境面からみた企業評価と経営」『興銀調査 296』日本興業銀行, pp.5-94.
宮崎修行ほか（2003）『環境パフォーマンス評価係数（JEPIX）』科学技術振興事業団.
Clark, C., *Mathematical Biometrics: The optical Management of Renewable Resources*, London: John Wiley & Sons, 1976
GRI, *2002 Sustainability Reporting guidelines*, GRI, 2002
Holliday Jr, C.O., Schmidheiny, S., & Sir Watts, P., *Walking The Talk: The Business Case for Sustainable Development*, KCMG, 2002.
Mark Orlitzky, Frank L. Schmidt,& Sara L., Rynes, "Corporate social and financial performance: A meta-analysis," *Organization Studies*, 24(3), 2003. pp.403-441.
World Commission on Environmental and Development (WCED), *Our Common Future*, Oxford University Press, 1987.
WWF, *Our Living Planet*, WWF, 2002.

第2章 持続可能な社会へ
――富士ゼロックスの環境経営

1. はじめに

　富士ゼロックスは、1962年、普通紙にコピーができる複写機をレンタル方式で提供する会社としてスタートした。このレンタル方式『ものを売るのではなく、オフィスの生産性向上のための効用をお求めいただく』というビジネスモデルは、お客様に最適の商品をご利用いただくための絶えざる技術革新と高い品質の維持、さらにリサイクルやリユースの考え方を当社にもたらした。これらは、当社の環境への取り組みの原点となっている。本章では、富士ゼロックスが、環境問題にどのように取り組んできたか、また、これからどうやって取り組もうとしているのかを紹介したい。

2. 環境問題への企業の取り組み姿勢の変化

　最初に、公害・環境問題に関する世の中の主な出来事と環境問題に対する企業姿勢の変化をまとめ、これに富士ゼロックスの歩みを重ね合わせて振り返りたい。（表1）
　これまでの環境問題に対する企業の姿勢は、意識の面から、①公害防止　②環境保全　③環境経営　④持続可能性経営と分類できるように思われる。

①公害防止：1960年代後半－1980年代後半
　四大公害訴訟の提訴・判決や、典型7公害を対象とした法律が制定された公害国会の前後から、公害問題に対する企業の責任を問う声が強くなった。企業では、法規制対応が進み、公害－環境問題はリスクであり対応はコストとする考えが主流となった。
　富士ゼロックスでは、工場での機器生産開始（1971）に伴い、公害防止委員

会を発足させている。

　　企業では、地球環境問題の顕在化とさまざまな国際条約の成立から、規制の先取りあるいはエンドオブパイプの対策から抜本的な対策へ転換することの優位に気づき、次第に環境保全へと意識が変化し始めた。

②環境保全：1980年代後半－1990年代後半
　オゾン層破壊や有害廃棄物輸出事件、地球温暖化など、地球規模の環境問題が顕在化し、オゾン層保護条約、バーゼル条約、気候変動枠組み条約などの国際条約が相次いで発効した。また、ISO14001による環境マネジメントシステムの導入が広まった。企業では、規制の前倒しでの達成など環境問題への自主的・積極的対応が、コストの削減や企業イメージの向上につながるという認識が増えた。
　富士ゼロックスでは、1990年代初めより、資源循環（リサイクル）に向けた取り組みが本格化している。また、生産事業所では、水質・大気汚染防止に関して、法規制値よりも厳しい自主管理基準値を設定している。（一部工場では1980年から設定）さらに、1988年に『ニューワークウェイ¹』運動を、1992年に『良い会社』構想を発表し、後のCSRにつながるコンセプトを打ち出している。

　　先進企業では、ISO14001でのパフォーマンス向上（紙・ごみ・電気の削減）の停滞から本業での改善へ、環境保全をコストと考えることから利益を生み出すものへ、と考える意識の転換により、環境経営への移行が始まった。

③環境経営：1990年代後半－
　環境効率やファクター4、10のような概念への理解が深まり、それらを企業活動に取り込もうとする先進企業の動きが注目され始めた。京都議定書の採択を受け、自主的にCO_2削減を図る企業は、単なる省エネ活動から利益を生み出すCO_2削減活動への転換を模索し続けている。
　富士ゼロックスでは、環境基本戦略を策定し、エコロジーとエコノミーの両立（環境負荷の連続的な減少と社会的効用の連続的な増加）を図る方針を決定した。

表1　環境に関する主な出来事と富士ゼロックスの歩み

世の中の主な出来事	富士ゼロックスの歩み	
1955　イタイイタイ病公式発見		
1956　熊本水俣病の公式発見		
'60年代初　四日市ぜんそく多発	1962　富士ゼロックス（株）設立	
1965　新潟水俣病発見		
1967　新潟水俣病訴訟提起 　　　四日市ぜんそく訴訟提起		
1968　イタイイタイ病訴訟提起		
1969　熊本水俣病訴訟提起		
1970　公害国会		
1971　イタイイタイ病訴訟判決 　　　環境庁設置 　　　新潟水俣病訴訟判決	1971　岩槻・海老名・竹松工場生産開始	①公害防止
1972　四日市ぜんそく訴訟判決	1972　公害防止委員会設置	
1973　熊本水俣病訴訟判決		
1979　地球温暖化問題警告		
1982　オゾンホール観測		
1985　オゾン層保護条約採択	1985　環境安全会議設置	
1987　モントリオール議定書採択		
1988　オゾン層保護条約発効 　　　IPCC設立	1988　「ニューワークウェイ」運動開始 　　　安全センター環境安全課設置	
1989　バーゼル条約採択 　　　モントリオール議定書発効	1989　フロン対策委員会設置	
1990　IPCC第1次報告書	1990　フェニックス委員会設置	
1991　経団連「地球環境憲章」を発表 　　　ブッパタール研「ファクター10」を提唱 　　　「再生資源利用促進法」	1991　環境基本方針制定	
1992　バーゼル条約発効 　　　リオサミット 　　　気候変動枠組み条約採択	1992　「良い会社」構想発表 　　　リサイクル設計ガイドライン検討会発足	②環境保全
1993　WBCSD「環境効率」を提唱	1993　環境管理監査システム推進連絡会発足	
1994　気候変動枠組み条約発効		
1995　IPCC第2次報告書	1995　環境商品安全部設置	
1996　ISO14001発行	1996　回収パーツの生産ラインへの投入開始	
1997　京都議定書採択	1997　竹松・海老名・岩槻事業所・鈴鹿富士ゼロックスISO14001認証取得	
1999　日本でエコファンド始まる	1999　エコロジー＆セーフティ推進部設置 　　　「エコロジー＆セーフティビジョン」・「基本方針」制定	
2000　循環型社会形成推進基本法 　　　国連グローバルコンパクト発足 　　　日本での環境格付け開始		③環境経営
2001　IPCC第3次報告書	2001　「環境基本戦略」「行動計画」策定	
	2002　国連グローバルコンパクトへ参加	
2003　経済同友会「企業白書」を発表	2003　CSRタスク 　　　環境経営推進部設置 　　　（エコロジー＆セーフティ推進部改称）	

④持続可能性経営

先進企業では、企業活動のグローバル化への国際社会の懸念、格付けなど市場の進化、欧州を中心としたCSR（企業の社会的責任）の規格化の動きなどから、次の段階への進化が始まっている。

④持続可能性経営：2002年頃－
　環境経営が、社会的責任を取り込むあるいは社会的責任と統合する形での、持続可能性経営（CSR経営[2]）へと発展していくと予想される。CSRに関する専任組織を設ける先進企業が現れている。
　富士ゼロックスでは、国連グローバル・コンパクトへの参加を2002年に決定した。また、従来から各担当部門で個別に推進してきた人権・労働環境・社会貢献・環境保全などの活動を、より幅広くかつ一貫した視点で整理するため、「CSRタスク」を設け検討を重ねている。

3. 富士ゼロックスの取り組み

　ここでは、『環境基本戦略・環境行動計画』『資源循環型システム』『環境配慮型商品』『環境経営推進体制』『グローバルコンパクト／CSR』を紹介したい。

環境基本戦略・環境行動計画の策定・展開
1999年に、これまでの環境基本方針（1991制定、1996改定）を改定し、『エコロジー＆セーフティビジョン・基本方針』を策定した。

・エコロジー＆セーフティビジョン
　『富士ゼロックスおよび関連会社は、環境との調和を最大限に尊重した活動を事業のあらゆる側面で展開し、安全で環境にやさしい商品・サービスおよび情報を提供することにより、お客様や社会の環境保全活動に貢献することにおいて世界のトップレベルを実現する。』

・基本方針
　『富士ゼロックスグループは、環境保全と安全確保は企業の存立基盤であるとの認識に基づき、全従業員をあげて、環境負荷の低減およびお客様・市民・従

業員の生命・身体・財産の保護に対する万全の配慮を払った事業活動を営むとともに、その維持向上に最善を尽くす。本方針は、国内外の富士ゼロックスグループ全体が展開するすべての事業活動に適用する。

  1. 法規制・自主基準の順守　　6. 環境マーケティングの実践
  2. 省資源・省エネルギーへの取組　7. 情報の公開
  3. 最新技術の開発・導入　　　8. 不測の事態への対応
  4. 管理システムの改善・強化　　9. 教育・啓発
  5. 社会との調和の向上　　　10. パートナーとの協業　　　』

　富士ゼロックスでは、1994年から環境中期計画に基づき各部門で環境保全活動に取り組み、グリーン商品の開発、資源循環システム、ゼロエミッションなど大きな成果をあげている。しかし、全社の総合的な成果指標が設定されておらず目標値管理が出来ていない、全ライフサイクルを貫く環境経営とはなっていないため会社として環境経営に向けた総合的な体制ができていないなどという課題が出てきた。このため、個別に進められていた活動を全社的に統合すること、ライフサイクルステージでの総合的な環境負荷低減を推進すること、エコロジーとエコノミーの両立を図ることを目的に、2001年、環境基本戦略を策定した。

　・環境基本戦略
　環境基本戦略では、今後10年間で取り組まなければならない地球環境問題の分野を絞り込み、企業としてどのように問題解決を図るか、どのような評価指標を定めるか、数値目標をどのレベルに設定するかを明確にした。

✓　3つの重点分野
  地球温暖化問題　：エネルギー効率の向上を図り、CO_2 排出の削減を進める
  資源枯渇問題　　：資源循環をより推進し、リサイクルからリユースへ、さらにリデュースへと高め、天然資源の新規投入を低減する
  化学物質問題　　：化学物質による環境リスクを限りなく"ゼロ"にする

第2章 持続可能な社会へ

✓ 3つのアプローチ
    A. 徹底した循環型企業グループの実現により、自らの活動による環境負荷の低減を図る
    B. 卓越した環境配慮型商品と環境ソリューションを提供することにより、お客様の環境負荷低減に貢献する
    C. 環境経営を実践するための基盤整備を進める

✓ 戦略実行に向けた指標（環境効率）
環境効率（CO_2排出量と新規資源投入量）のそれぞれに関して、日本国内、アジア・パシフィック地域、中国毎に、環境効率を、2004年に1.3倍（2000年比）、2010年には2倍（2000年比）を目指す。

$$環境効率 = \frac{売上高}{CO_2 排出量} \quad および \quad \frac{売上高}{新規資源投入量}$$

ここで、
CO_2排出量＝事業CO_2排出量－削減対策CO_2量＋お客様使用時CO_2排出量
新規資源投入量＝総資源投入量－再生資源投入量－再利用資源投入量－再生可能自然資源投入量

環境側面でもどれだけ効率的に事業活動を行なっているかを捉えるため、環境配慮と経済性の融合（環境への負荷を減らしながら、持続可能な成長を図る）を計るものさしとして、『環境効率』を採用した。

化学物質に関しては、製品含有有害物質の削減、および、環境中に排出される汚染物質量の削減について、それぞれ目標値を設定している。

・環境行動計画
環境基本戦略に基づき、社内カンパニー・関連会社で個別戦略（3YP・中期計画）を策定し、これらを基に、企画・研究、開発・設計、調達・製造、販売、お客様使用、保守、回収・再資源化に至るライフサイクルステージを見通した機能ごとの調整を行ない、行動計画として展開している。

資源循環型システムの構築
資源循環型システムの始まりは、1990年代初め経営トップがオーストラリアの販売会社の視察で得た考えに遡る。「この販売会社では、機械のオーバーホール

図1　クローズド・ループシステム

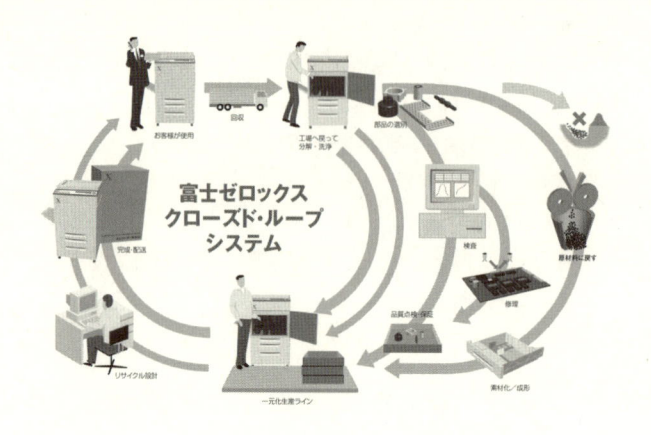

に力を入れていた。これは、オーストラリアでは、すべて新品のパーツで組み立てられた機械よりも、再生されたパーツ、あるいはリユースされたパーツで作られている再生機を希望するお客様が多いためだということを聞き、社会の目がすでにそうなっている、ずいぶん先を進んでいるのだというように感じた。帰国後、生産方式というものを根本的に考え直した。従来の、生産者が商品を作りそれをお客様にお届けするという直線的な関係がある。しかし、(資源の枯渇が危惧される)将来においては、その商品をお使いをいただくお客様が、今度は当社に対する資材の提供者・原材料の提供者になっていただくという考え方、つまり、直線から循環へという考え方に至った。この循環の中では、完全に新品と同様の品質保証をするかわりに、新品と同じ値段で買っていただくことが重要であり、そのキーは新品と同様の品質を保証できる技術を確立することにある。」

　ここから、富士ゼロックスの資源循環型システムの構築が始まり、1995年業界に先駆けて、リユース部品を使用した商品をはじめて市場に投入した。以後、様々なリユース技術を開発し、現在では、年間約3万台の生産を継続的に行なっている。

　当社の資源循環型システムは、使用済み商品を徹底して資源として有効活用させる「クローズド・ループ・システム（図1）」を根幹に、閉じた輪の中で部品を

循環させていくという基本的な考えを実現するため、部品の再利用を前提とし環境負荷の少ない商品作りを目指す「インバース・マニュファクチャリング（逆製造）」と、部品として再利用できない商品を分別し再資源化を行ない再び新しい資源として活用することを目指す「ゼロ・エミッション」という2つの考え方で構成されている。

環境配慮型商品の開発・提供
・省エネルギー商品

富士ゼロックスの商品がお客様の元で消費するエネルギー（電力）は、商品の生産からリサイクルに至るライフサイクル全体の環境負荷の中で、大きな割合を占めている。このため、当社では、様々な機器に対応した省エネ技術を開発し、お客様の環境負荷低減活動に貢献できる商品の提供を行なっている。1999年度から5年連続で、(財)省エネルギーセンター主催の省エネ大賞[3]を受賞している。

・省資源・省エネルギー型消耗品：EAトナー

新製法のEAトナー（Emulsion Aggregation：乳化重合凝集法トナー）を開発し、本格生産が始まっている。このトナーは、製造時のエネルギー消費が従来トナーに比べ35％少なく、また、印刷に必要なトナー使用量も従来に比べて35％低減している。印刷画質の向上など優れた特性を持ちながら、省資源・省エネ型であり、「エコロジーとエコノミーの両立」という課題に対する技術からの解答のひとつとなっている。

・環境配慮型パルプを用いた用紙

関連会社の富士ゼロックスオフィスサプライ（株）を中心に、用紙についても環境配慮を進めている。古紙を活用する『紙のリサイクル』と、植林木や認証林を使用する『森のリサイクル』の両輪による持続可能な循環型利用を目指し、2010年を目標に、すべての「コピー／プリンター用紙」の使用原料を「古紙パルプ」と「植林木パルプ」「認証林[4]パルプ」にする計画を進めている。

環境経営推進体制の整備
・推進体制

社長を議長とする環境経営推進会議が設置されている。「環境基本戦略・環境行動計画」はこの会議において承認され、富士ゼロックスおよび関連会社に展開されている。

・環境マネジメントシステム

環境経営基盤整備の一環として、ISO14001の認証取得を進めている。

2002年度末までに、国内48拠点、海外7拠点の取得が完了し、研究から開発、製造、販売、保守サービスまでの主要な組織すべてに、環境マネジメントシステムが導入されたことになる。2003年度は国内のサービス系関連会社と海外の販売会社での認証取得に取り組んでいる。

・環境会計

環境省ガイドライン準拠した環境会計の結果を、1999年の実績から公表している。集計範囲を順次拡大し、2002年度は海外の4生産事業所の実績まで取り込むところまできた。

国連グローバル・コンパクトへの参加とCSRの取り組み

・グローバル・コンパクト

グローバル・コンパクト（The Global Compact）とは、企業が、それぞれの活動領域において、国際的に認められている人権・労働・環境の3分野9つの原則（表2）を、支持し、実践することを求めた企業行動原則である。狙いは、各企業がそれぞれの事業を遂行する中で、これらの規範を遵守し、実践することを通じて、世界に積極的な変化をもたらすことにある。国連アナン事務総長が1999年に提唱、2000年に発足した制度で、富士ゼロックスは、2002年7月に参加した。

国連広報センターのグローバルコンパクト公式サイト[5]では、グローバル・コンパクトの性格を次のように表現している。

…「グローバル・コンパクト」は、規制の手段でも、法的に拘束力のある行動規範でもありません。各企業の経営方針や実践を管理するためのフォーラムでもありません。しかしその一方で「グローバル・コンパクト」は、各企業が真剣な取り組みを怠るか、結果を示そうとせずに、単に名目上の参加で善しとすることを

表2　グローバル・コンパクトの9つの原則[6]

人権	1. 国際的に宣言されている人権の保護を支持し尊重する。 2. 人権侵害に荷担しない。
労働基準	3. 組合結成の自由と団体交渉権を実効あるものにする。 4. あらゆる種類の強制労働を排除する。 5. 児童労働を実効的に廃止する。 6. 雇用と職業に関する差別を排除する。
環境	7. 環境問題の予防的なアプローチを支持する。 8. 環境に対して一層の責任を担うためのイニシアチブをとる。 9. 環境を守るための技術の開発と普及を促進する。

許すような、都合の良い隠れ家ではありません。「グローバル・コンパクト」は、各企業が責任ある創造的なリーダーシップを発揮することを通じて、社会の良き一員として行動するよう促すと共に、持続可能な成長を実現して行くための世界的な枠組み作りに寄与するという「自発的なイニシアチブ」なのです。

（「グローバル・コンパクトとは」より）

・良い会社構想

　現在のCSRへの取り組みを紹介するには、1988年に発表された『ニューワークウェイ』運動でコンセプト化され、1992年の第5次5ヵ年長期計画に盛り込まれた『良い会社』（図2）構想に遡らねばならない。これは、21世紀に富士ゼロックスはどうありたいかという社内での議論を通じて生まれた構想であり、企業は何のために存在をするのか、企業の価値はいったい何なのかという問いかけに対する答えとなっている。この構想に基づき、それぞれの側面において、様々な制度が導入され、今日に至っている。

・CSRタスク活動

　現在、富士ゼロックスでは、グローバル・コンパクトへの参加や経済同友会の「企業白書：「市場の進化」と社会的責任経営[7]」の発表を契機として、CSRタスク活動が進められている。このタスクの目的は、社外からの要請と当社の社会への対応の現状把握から課題を抽出し、どのような組織的対応をすべきかを明らかに

図2　良い会社構想（強い・やさしい・おもしろい）

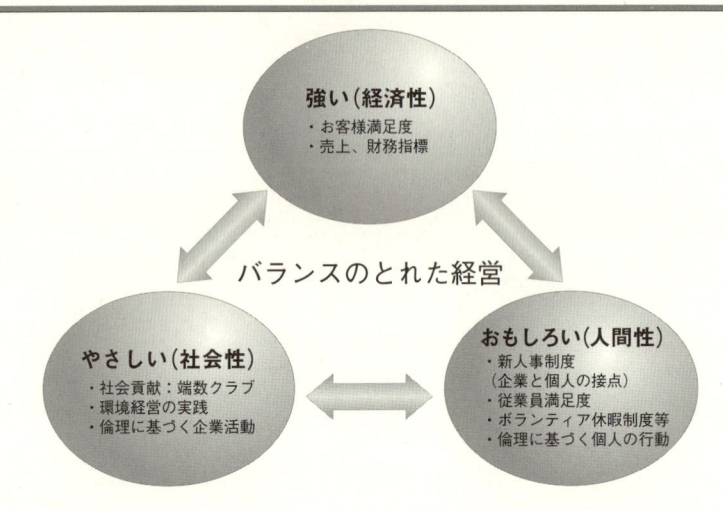

強い(経済性)
・お客様満足度
・売上、財務指標

バランスのとれた経営

やさしい(社会性)
・社会貢献：端数クラブ
・環境経営の実践
・倫理に基づく企業活動

おもしろい(人間性)
・新人事制度
（企業と個人の接点）
・従業員満足度
・ボランティア休暇制度等
・倫理に基づく個人の行動

することにある。

　社外からの要請として、グローバル・コンパクト『9原則』、GRI（Global Reporting Initiative）『サスティナビリティ・レポーティング・ガイドライン2002』、経済同友会『企業評価基準』など5団体の基準を選択し、各要請項目について整理・分析を行なった。これらに、『良い会社』構想以来実践してきた様々な制度や取り組みを対応付け、課題の洗い出しを進めている。

4．今後の展開

　最後に、課題と今後の展開をまとめたい。
　環境経営上の課題のひとつは、海外での環境効率の展開にある。
　海外での環境効率は、中国とアジア・パシフィック地域に分け、それぞれ、2004年に1.3倍、2010年に2倍としている。これは、成長と環境負荷増加を完全には分離できない現状において、地域間の成長率の違いを無視して一律に環境負荷の削減目標を設定すれば、（南北間の）公平性を欠くと考えたためである。一方、グローバル企業として、この考え方でよいのかという疑問もあり、こ

れについてはさらに検討を加えていきたい。

　環境効率の目標値は、『ファクター 10』の基本的な考え方から設定している。当面の目標として 2010 年に 2 倍としているが、これを 4 倍、‥‥ 10 倍へと高めていくことになる。このためには、機能の提供を中心にしたビジネスモデル（サービサイジングもそのひとつ）が必要となる。お客様との強い信頼関係と資源循環型システムを最大限に活用し、効用・機能のみをお客様に提供するビジネスモデルの構築、ある意味では、機能を提供するという富士ゼロックスの原点への回帰（より環境面での配慮を加えたより高次の回帰）に挑戦していきたい。

　今後の展開に関しては、環境経営を、社会的責任を取り込むあるいは社会的責任と統合する形で、持続可能性経営（CSR 経営）へと発展させることになるだろう。この際、CSR をいかに経営の根幹に据え付けるか、理念をいかに行動に結びつけるか（仕組み、方法、評価システムの整備）が重要となる。また、海外における展開においては、多様性の尊重と人類普遍の権利とのバランスを図る上で、様々な視点からの検討が必要となるため、NGO との協業が不可欠となるだろう。

　富士ゼロックスと関連会社が事業活動で排出している CO_2 は約 12 万トンであり、日本全体の排出量約 12 億トンの 0.01％を占めている。言うまでもなくこの 12 万トンを減らしつづけることが重要である。と同時に、持続可能な社会の実現に向けた富士ゼロックスの貢献とは、エコロジーとエコノミーの両立について具体的な成果を出し続けること、CSR を経営の根幹に据え付けること、そして、市場の進化（企業が変わることで市場の目が変化し、さらに企業の変化を促すというよい循環）をリードするためにメッセージを発信し続けることにあるのではないかと考えている。

風間英幸
笹原　彬

【注】

1. ひとりひとりが個性を発揮することで、快適なビジネス環境を創造し、新しい時代に対応できる企業風土を醸成しようという富士ゼロックス社内の運動。
2. CSR(Corporate Social Responsibility) は、「企業の社会的責任」と一般に訳されているが、ここでは「企業の社会に対する責任」として、広く捉えている。
3. 優れた省エネルギー性、省資源性等を有するエネルギー利用機器に与えられる賞で、富士ゼロックスおよび関連会社は、1999年度「資源エネルギー庁長官賞」、2000年度「省エネルギーセンター会長賞」、2001年度「省エネルギーセンター会長賞」、2002年度「資源エネルギー庁長官賞」、2003年度「省エネルギーセンター会長賞」を受賞している。
4. 独立した第三者機関が森林管理をある基準に照らし合わせて、それを満たしているかを評価・認証するものが『森林認証制度』で、持続可能な形で適切に管理された森林であることを証明する。富士ゼロックスオフィスサプライ(株)ではFSC(森林管理協議会)のCoC認証を受けている。
5. 国際連合広報センター(2004)「The Global Compact Gateway Page」http://www.unic.or.jp/globalcomp/index.htm
6. 現在(2004年5月末 時点)、『腐敗防止』に関する原則を10番目に加える活動が進められている。
7. 2003年3月に経済同友会が第15回企業白書として発表。日本企業にとってすぐれて今日的な意味で重要な「企業の社会的責任(CSR)」とは何か、"CSR"をより高いレベルで果たし続けるための哲学と仕組み、すなわち「ガバナンス」はいかにあるべきかをとりあげ、さらに「企業評価基準」を提案している。
「企業評価基準」は、CSRの「市場」「環境」「人間」「社会」の4分野と、ガバナンス(「理念とリーダーシップ」「マネジメント体制」「コンプライアンス」「ディスクロージャーとコミュニケーション」)にわたる110項目から構成されている。

第3章 サービサイジングが普及する条件

1. はじめに

　近い将来の持続可能社会では、資源循環がその社会・経済システムに必ず組み込まれている。この社会に向けて、我が国では、循環型社会形成推進基本法の基でリサイクル制度の整備や自主的な取組み等が展開されている。

　この資源循環は経済活動との関わりが深いことから、アジェンダ21にも示された「持続可能な生産と消費」という捉え方のように、循環機能を経済活動の中へ適切に組み込む考え方が実を結びつつある。

　その一つが、製品提供という経済活動を見直して機能提供を重視するサービサイジング（第4章で説明）の動きである。

　資源循環を容易にするサービサイジングは、持続可能社会での常識として、経営戦略に用いられているであろう。一方、持続可能社会に向かう現時点では、持続可能社会で当然に備わっている常識が未完成である。

　このため、サービサイジングの普及を促進または阻害する社会制度や環境文化といった現在の常識、サービサイジングというビジネスモデルを用いることの経営環境（外部条件）を、改善しなければならない。他方、このような常識の中にあっても、第4章で示すような事例が数多く見受けられることから、経営環境の改善に頼ることなく、経営上での内部条件が整えば、サービサイジングの普及促進が可能であると考える。

　そこで、この章では、外部条件が変化することを視野に置きながら、サービサイジングが普及する可能性を検討し、普及という軌道に乗る経営上の内部条件に何が考えられるかを検討する。

2. 量の拡大・拡散が続く中での可能性

　資源（物質とエネルギー）の供給量が多過ぎ、加えて何10億人という大人口の開発途上国で経済発展が進めば、将来的には埋蔵量の枯渇や環境破壊の現実によって、石油ショック時と同様の市場メカニズムが働くことになる。

　1973年の第1次石油ショック（第4次中東戦争）と1979年の第2次石油ショック（イラン革命）では、OECDが原油価格を一時4倍に値上げしたことに、ショックの発端があるが、石油備蓄が52日分（現在は約170日分）しかなく、中東への石油依存が片寄り過ぎ（約80％）であった我が国は、エネルギー戦略にリスクを考慮していなかったことが露呈した。

　しかしながら、燃料単価の高騰は省エネルギー技術の開発を促進（開発投資も増加）し、結果的には、我が国は世界有数の省エネ大国としての技術立国になった。つまり、量の拡大路線にショック（入手困難性と高価格）が加わると、量（燃料消費量）を拡大しないで生産性を高める工夫が、市場メカニズムの中で行われていたこと（省エネ機器導入での経済性確保と省エネ開発投資への資金シフト）がうかがえる。

　太平洋戦争の戦時下の我が国やソ連崩壊後のキューバなどでも同様に、物資やエネルギーの断絶・窮乏という事態が、物やエネルギーを大切にすることへの価値観のシフトと、新たな価値を見出すことへの工夫を生み出している。

　このようなシフトや工夫は、物質資源やエネルギー資源の多量供給が、ある時に突然閉ざされる場合だけではない。例えば、江戸時代での大江戸（100万都市）では、俗に、循環型社会が築かれていたと言われている。この巨大な人口をまかなう物資やエネルギーの供給量は、現在の100万都市では考えられない少量であったろうと思われるが、それでも世界有数の繁栄はあったようである。

　このように考えれば、直接的な手法としての規制や緩やかで間接的な手法としての環境教育等が、その効果を十分に発揮できなくても[1]、埋蔵資源の枯渇や環境破壊が現実味を帯びると市場メカニズムが働き、いずれは強制的に江戸時代の（供給量が少ない）循環思想に戻ることによって、持続不可能な世界にはならないという理屈もある。

　しかしながら、この理屈や前述の規制等には、市場競争での勝者と敗者の存在が抜け落ちている。我が国が先進国であり続けるためには、市場経済の下でより

早く循環型社会に転換することが、持続可能社会での優位を構築できる唯一の道である。環境省が平成16年度予算要求に掲げている「環境と経済の好循環」という道である。

　この道を歩むには、技術上の課題や制度上の改善もさることながら、サービサイジングにも期待したい。ただし、新たなビジネスモデルを取り入れる場合には、次の二点の理由から、量の拡大・拡散にも対抗しながらその実践が可能な「小型単位」に着目している。

【理由その1】目立たない着実性
　「環境と経済の好循環」への道とは、多量生産・多量消費・多量廃棄が行き詰まる前に、多量の風潮が渦巻いている最中の現時点で見出さなければならない道でもある。すなわち、「多量」が息絶えてから「少量」に生まれ変わるのではなく、「多量」に十分な余力がある内に、つまり、余力という既得権益構造を温存・持続させたまま、利便性の享受など既得権益からの抵抗を受けながら、「少量」へシフトする道である。

　したがって、現在の「多量」システムの全体を一気に急激に変化させる考え方ではなく、全体システムの中にある部位（システムの構成部分＝サブシステム）に着目して、ここに循環という機能を徐々に導入していく、目立たない着実な実践を想定している。

　また、「徐々に」という過程は生ぬるいようでも、サブシステムが循環という機能を順次備えていく考え方であって、資源採取から廃棄に至る流れの節々に、様々な小型単位の循環機能（3Rの実施）が幾重にも組み込まれていく「段階的改善過程」でもある。

　要は、全体システムが一気に循環へと向って持続可能社会に至るのではなく、サブシステムに循環機能が知らず知らずに浸透して、次第に全体システムが様変わりするとしたシナリオである。また、外部条件についてのこのような変化シナリオでは、既得権益構造上で目立たない経営感覚が、現実的な対応としての内部条件を備えることになろう。

【理由その2】小回りが利く柔軟性
　現在の先進国では、機械力と経済力によって、安価で、均質で、多量のバージ

ン原・燃料を、定位置から安定的に入手できる。したがって、この実態で市場メカニズムを働かせれば、物やエネルギーを大切にすることへの価値は、それを見出すことが容易ではない。

　加えて、循環資源や再利用品はバージン原料や純製品に比べて、高価で、不均質で、少量で、不定位置からの不安定供給という問題を持っている。

　サブシステムという小型単位の転換であっても、同様の課題は含まれたままであるが、「情報の結節」に着目すれば課題の克服の可能性は高くなる。また、既得権益構造が保たれた市場経済下であっても、他の権益からの抵抗を弱めて実現する可能性は高いと考える。

　なお、「情報の結節」とは、協働統治が成り立っているクラスター内での意思疎通回路を形成（情報の結節・協働統治・クラスターについては後ほど触れる）するもので、信頼関係を築く橋渡しの役を担っている。これは、小型単位という範囲であるから成り立つもので、柔軟に関係性を模索しながらサービサイジングが創発する場であろうと考えている。

　以上のように、小型単位であるサブシステムという捉え方は、小規模であることの柔軟性やリスク軽減、あるいは多角的宣伝性や提案型試行の対象になりやすいと考える。

　例えば、循環資源のストック（いわゆる都市鉱山など）は、市場効率性（在庫管理）の視点ではロスであり、廃棄物処理法を含む制度上からも問題が多いであろう。しかしながら、それらの問題点を一括して解決するのではなく、ある問題点の克服と他の問題点の回避を提案（付加的なサービス）した情報発信型で、かつ小規模なストック（小型単位）であれば、信頼関係を伴うサービサイジングが成り立ちやすいであろう。

　衣料や自動車や家具や家電や什器等の業界周辺では、情報ネットを活用した部品交換、修理・再生、一時・長期保管、管理の代替サービスなど、単に環境負荷の低減を目的としない多様なサービスが、付加的に環境負荷の低減をもたらす効果も発揮している。

　量の拡大・拡散の現状にあっては、このような副次的効果による環境改善をサービス化することも重要であり、また、社会・経済システムの中のサブシステム（したがって小型単位）に着目した経営感覚、進取の気風を持った経営者の存在は、サービサイジングを普及する条件である。

表1　社会制度と社会インフラの進化

	社会制度（ソフト的基盤）	社会インフラ（ハード的基盤）
構造（存在）	法令体系や文化・慣習・不文律の進化	保管・流通・修理等のインフラ構築やITネットの進展
機能（働き）	CSRも含めた格付け競争や環境価値の自己組織化（創発）	ユビキタス社会や結節点からもたらされる新機能の発現

（注釈）例えば、法令の施行は当然に個々の条文に機能としてのインパクト（基盤になる要素）があり、その観点では構造に合致しないが、ここでは、法令の存在が社会制度としてのインパクトであると捉えておく。

3. 社会制度と社会インフラへの期待

　持続可能社会への途中段階では、当然ながら社会制度と社会インフラも進化していくことになる。また、どちらも経済活動にとっては基盤になるものであることから、これらの進化に伴ってサービサイジングの成り立ちも左右される。
　この「成り立ちが左右される」ということを逆に進取の気風で考えれば、左右されるような基盤の進化の中に、新たなサービサイジングが存在していることになる。
　そこで、この節では、持続可能社会への途中段階にある基盤について、それが進化する様子を検討するために、進化の大まかな区分を表1のように捉えておく。
　まず、社会制度をソフト的基盤（情報が主体）、社会インフラをハード的基盤（施設・機器が主体）とする。また、それぞれには基盤になる主たる要素に、構造上の要素（存在）または機能上の要素（働き）があるとする。
　以上をまとめると表1のマトリクスになるが、単なる区分の概念であるため、参考として進化の代表例を次に掲げておく。
　社会インフラの構造や機能は、主として技術開発や公共投資によって進展し、社会制度の構造や機能は、社会・経済情勢等を反映した社会的ニーズや国情・風土等からの影響を受けながら進展するものと考える。
　また一方で、構造に類する流通の革新（ハード）は商慣習（ソフト）を変化させ、法令の改廃（ソフト）は社会インフラ（ハード）の構造改革を進め、他方では、機能に類するユビキタス社会も、ICタグの技術開発・普及（ハード）は物

財管理への新しい価値（ソフト）を生み出すとともに、顧客嗜好に合致させるビジネスモデル（ソフト）は、新規のサービス提供拠点（ハード）が機能する技術の開発促進に働くであろう。

このように、表1の4つの断面は、相互に影響を与え合いながら進化すると考えた場合、この進化の中に、サービサイジングが含まれていることは容易に想定できる。

例えば、医療現場ではCTスキャナー（断層写真）は検査の常識にもなっているが、我が国が特異的に発展・普及させた過程は、我が国の技術力もさることながら、米国や独国の予想に反して、医療報酬制度が好影響を与えてしまったことによる。また、自動車公害対策においても、自動車交通の安全を目的とした車検体制の充実（法令や各種協会という社会制度と整備工場や監視カメラという社会インフラのソフト基盤やハード基盤）が、その目的とは別に環境対策にも流用されたことで、他の国では真似できない展開になっている。同様にETC（有料道路自動料金収受システム）も、近未来にはユビキタスによって高速道路料金所に限らないブレークスルーが生じると、新たな環境対策（移動体の都市流入賦課金と最適移動の選択誘導の組み合わせなど）へのサービスが付加されると考えている。

あるいは、その対策の目的自体が環境上の改善である地球温暖化対策の場合でも、様々な進化が考えられる。京都議定書が1997年のCOP3で締結されてから、最近になって排出権取引のシステムが先進各国（附属書I国）で日の目を見ようとしている。また、我が国では温暖化対策税が衆目の下で検討される時代になった。さらには、大幅な温室効果ガスの削減が必要な我が国は、京都メカニズムのCDM/JIについても、そこに潜んでいる経済的価値（我が国の国益）を意識して、その取り組みを強化している。

これらの動向については、それ自体が環境を目的とした社会制度であるため、環境教育的効果（環境配慮への意識・関心を高める効果）を現わしながら、例えば排出権取引が温室効果ガス以外の環境側面（大気汚染や水質汚濁等の排出負荷）に波及することや、温暖化対策税の税収投入による技術開発投資マインドの高揚、CDM/JIでのCERやERUを獲得する過程での環境影響評価の浸透など、多様な関係性（後述）を創出するであろうことが想起できよう。

以上のようなことは筆者の想像であるが、いずれにしても、経済活動の基盤である社会制度や社会インフラは、相互影響を与えながら複雑に変化することが思

い描ける。そこで、社会制度や社会インフラの一部（これもサブシステム）を流用・転用し、この変化の際に新たなサービス、副次的に環境負荷の低減を加味すれば、サービサイジングのビジネスモデルになることも考えられる。

　一方、現在のサービサイジングは、それ自体が現実の社会制度・社会インフラで機能している市場内で観察できるため、着目もしくは発見されていると考える。このように捉えると、例えばユビキタスが進展するなど、今後とも経済活動の基盤が進化すれば、あるいは、他に開かれた市場、例えば市民生活レベルでの回収運動など大衆の中にも（後述するクライアントが対象）新たなビジネスモデルがあるとすれば、その存在を発見されていないサービサイジングが埋もれていると考えられる。

　要は、サービサイジングにおいても、世界の流れをどのように読むかという戦略的発想が必要である。社会制度と社会インフラが進化することへの、サービサイジングの可能性は多様にあると考えている。

4. サービスのパートナー（受け手）

　サービサイジングでは、その製品が持っている機能の提供を重視することになるが、この機能提供に焦点を当てると、製品は、機能というサービスを運ぶ単なる架台、機能を包んでいる梱包に過ぎなくなる。

　そうすると、架台や梱包は引き取り・回収の対象になることから、そのための3R（リデュース・リユース・リサイクル）を適切にしてくれる状態もサービスになる。つまり、サービスの受け手には製品の機能だけを提供し、製品という環境負荷を与えそうな資源の管理から開放する、製品のライフサイクルを統合したサービス業ということになる。

　このように、サービサイジングは拡大製品責任の考え方であり、拡大生産者責任に代替する（架台・梱包の回収について、前者は自主的で後者は義務的）サービス化もある。同じように製造・販売される製品であっても、サービスに値する機能を拡充して副次的に環境負荷の低減を図れば、異なったサービスになる。

　そのため、サービスとは何かを整理しておく必要がある。また、このようなサービスを受けてくれる相手（受け手）が存在するとしても、どのような状態であれば受け手になるかについても、整理しておく必要がある。

表 2-1　サービスの送り手（供給側）

	主体的・能動的なサービス	客体的・受動的なサービス
環境負荷の低減を伴う	①他の製品よりもグリーン購入しやすいように売る。	②得意先からの指定で有害物質の回避を満足させる。
環境負荷は低減しない	③市場で売れるから売れる商品を売る。	④制度上で決められたことを淡々と実行する。

表 2-2　サービスの受け手（需要側）

	主体的・能動的なサービス	客体的・受動的なサービス
環境負荷の低減を伴う	⑤環境上の影響軽減もサービスであるとして得る。	⑥グリーン購入がコンビニ的であるから気軽に得る。
環境負荷は低減しない	⑦環境性能よりも他の性能が優れていることで得る。	⑧サービスの選択に労力を割かないで何気なくサービスを得る。

サービスの内容について

　サービスには、ギフトセットでの過剰包装やお仕着せの行政サービスなどがあるため、ここでは、サービサイジングに該当するサービスを検討するために、表2のような区分をしておく。

　現状では、製品機能の提供というサービスと不用化した製品の処分というサービスは、それぞれがマーケティング・リサーチの対象になっている。しかも、その製品に対する価値は販売前後で全く異なった質に変化するため、前後を一括した価値としては扱えない。

　一方、サービサイジングのサービスは、前後の価値を統合して扱うことになる。つまり、サービサイジングでは、3Rを（したがって静脈産業も）含むサービスが対象になり、製品を販売した後の市場、静脈産業での市場を見据えていなければならない。

　また、いわゆるアフターサービスもサービサイジングに類するが、このサービスに関する現時点でのマーケティング・リサーチは、旧来の動脈産業スタイルであ

ると思われる。例えば、アフターサービスは販路の確立を助けることが考えられ、生産・販売の立場から市場を見ているように思われる。

一方、逆工場で言われる「逆」を出発点にする発想は、静脈産業も包含した経済活動全体（環境上での外部不経済は無い）の適正化を対象とするため、この考え方はサービサイジングでの市場に通じると言えよう。

このように考えると、製品と機能の両方を捉えた需給の多様な関係性は、その販売前後を通じて複雑に変化する様として把握する必要がある。逆工場の視点（廃棄物を処理する視点ではない）からのサービス、特に、表2の①や②ではなく⑤や⑥を見出すマーケティング・リサーチは、サービスの受け手側の視点が不可欠であると考える。

一般に、顧客優先サービスと言われる受け手側のニーズを見る従来の調査では、⑤が顕在化していない結論を得て、そのままで終わるであろう。しかしながら、現実の市場対応、上記の過剰包装や行政サービスという極端な例示（サービスの送り手側の③と④に該当）でも、例えば過剰包装の③のようなサービスは、ゴミ問題への消費者行動⑤によって②へ、行政サービスの④は自治体の格付け比較などで主体的・能動的なサービスに近付く流れが見受けられる。つまり、顧客を見る目が、公衆トイレから自宅のトイレ（パートナー）に変化していると言えよう。

ここでの⑤や⑥に芽生える新たな価値（したがって現在はまだ見えない）へのサービス内容が、サービサイジングの対象になる。そして、対象にするための適切なサービス内容は、送り手側の立場である足元の変化と受け手側が置かれている立場・状況の変化、つまり実態と流れというニーズ分析を行うことで、はじめて見出されるものであると考える。

サービスの受け手について

サービスの受け手も製品が単なる架台・梱包であることを理解して、架台・梱包の資源管理をサービスと考えてくれるかどうか、この点での考え方、価値観が、サービスの送り手ではなく受け手で成り立たなければならない。

特に、3Rを包含したサービサイジングでは、受け手から送り手への不用化した製品（機能の架台・梱包）の戻しも含まれているため、このサービスに対する価値観は両者で共有されていて、あたかもパートナーのように振舞う間柄になっている。

このパートナーである受け手が、コンシューマのような一般大衆が相手（以下「コンシューマ」と称しておく）であれば、そこには余りにも多様なニーズが混在しているため、その需給関係に明確なパートナーシップを築けないであろう。通常、この需要を満たす製品供給の市場競争では、消費者ニーズの（動脈産業の流れを汲む）マーケティング・リサーチを適切に行うことによって、「多量」に販売できる優秀な製品開発と販路を築き、市場競争での優位性を保つことになろう。
　ところで、コンシューマを特定して、製品供給の相手を顧客（以下「カスタマー」と称しておく）のように確定すると、需給関係でのニーズ動向は把握しやすくなり、送り手とカスタマーとはパートナーのように振舞う関係で、市場競争での優位性を築くであろう。
　さらに顧客の特定が進んで、カスタマーが得意先（以下「クライアント」と称しておく）のようになると、その個別要望にも応えるという需給関係には、明らかにパートナーシップが存在していると言える。例えば塗料の販売において、クライアントへの塗料は、その塗装上の課題解決を共に行う塗装ソリューション（得意先の塗布部材に応じた色合い・風合い・強度等について、品質と作業性の向上を塗装装置の改良も含めながら塗料開発をすること）が有効に働き、そして、このことがパートナー関係を強固にするサービスになる。
　また、クライアントの場合、その相手は確実に市場（後述するクラスターに該当）内に居るため、この関係で循環機能を働かせると、環境負荷が市場（クラスター）の外部に出されない（外部不経済が生じない）サブシステム（3Rを連結する結節点）を備えたことになる。現在のサービサイジングのBtoBは、このような関係性で成り立っているとも考えられる。
　このように、コンシューマが相手の場合の市場と、クライアント（＝パートナー）が相手の場合の市場では、明らかに受け手との意思疎通（信頼関係）の密度が異なり、サービサイジングは後者の市場そのものを探索することになると考える。

5. パートナーの探索

　サービサイジングが普及する経営環境（外部条件）を検討した結果、パートナーが存在するという経営上での内部条件が整えば、サービサイジングが成り立つと考えた。

そこで、パートナーはどこに存在するかについて、まず、自社系列内での関係性に着目した検討を行う。
　自社系列内では、ゼロエミッションを推進する場合、当然、廃棄する状態までを視野に置いたプロセス改善がなされる。一般的に、生産の効率や不用物の処理だけに着目するのではなく、原・燃料から廃棄までの過程を協働統治的に（環境ガバナンスとして）見直し、廃棄量の削減や廃棄後の再利用に適した生産など、総合的な取り組みがなされよう。
　その結果、部分的に（系列内のサブシステムで）不採算な状態に陥っても、系列全体での総合経済性を関係者（パートナー）は喜んで受け入れることになろう。
　地域経済も、元々は巨大な総合企業系列であったと仮定して、その自社系列内にあったサービス部門がアウトソーシングされた結果、このサービスは外部から受けるサービスに変質してしまったとする。そうすると、アウトソーシングされたサービス部門は、当然にクラスター（一房の中での一粒の関係性）内の一粒として存在し、このクラスター内での意思疎通は、系列内でのそれに等しいパートナーシップ（規律・規範も含め）が備わっていて、協働統治の（環境ガバナンスが機能している）場になっていると想定できる。
　例えば、ユビキタス社会では、単に、情報への付加価値を高めるだけではなく、「情報の結節」という「つながりの作用」を持って、クラスター内があたかも自社系列内のようにパートナーを構築するであろう。特に、ICタグを介した統治（サブシステムの創発）は協働化を可能にして、表2の⑧が大きく変化して、ゼロエミッションを推進する企業系列のように、循環機能を付加した環境協働統治（環境ガバナンス）のクラスターを形成するものと考えている。
　また、コンシューマ自体の変化要因、例えば回収運動などの地域活動であっても、サブシステムとしての特定化（カスタマーやクライアント）が進めば、『コミュニティ的契約』や『エコマネー的価値の共有』など（これらもサブシステム）を新たな「情報の結節」にして、これをビジネスモデルに取り入れたサービサイジングも可能にするであろう。
　ところで、持続可能社会への途中段階では、1で述べたように、既得権益構造からの阻害圧力を避けながらサービサイジングが発展すると想定しており、また、2で述べたように、経済活動の基盤（社会制度と社会インフラ）が進化する流れを活用して、様々なサブシステムでサービサイジングの取り組みが創発すると想

図1　クラスターとサブシステムの関係

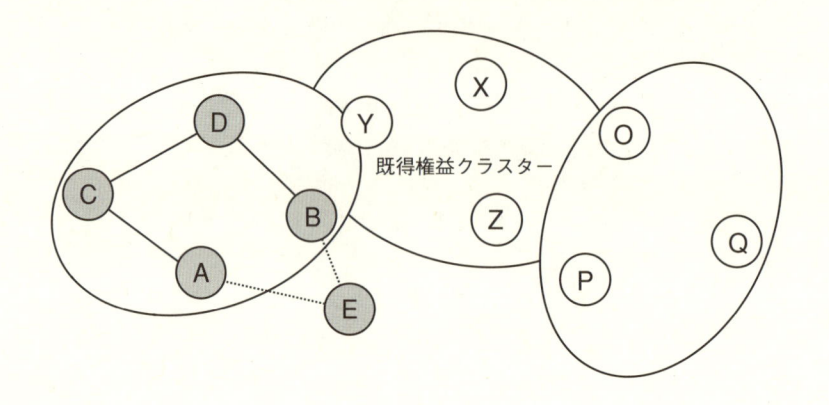

定した。

　これは、クラスターの現実的な範囲・規模というものは、人々の意識の中で作用可能な範囲内にあって、システム全体を掌握したものではないという考えとも一致する。つまり、「人々の様々な価値判断は、その人の目が届く（気が付く）範囲での安全・安心・安定を元になされている[2]」と考えるからである。

　自社系列を拡張した捉え方によって、パートナーには、ある種の「情報の結節」が必要であることが理解されたとしても、サービサイジングのマーケットに該当するクラスターは何で、その中の粒と粒の関係はどのようであるかなど、情報の結節、つながり方の探索（関係性の市場調査）は、小型単位の捉え方だけで解決するものではない。

　このような概念を図で説明すると、図1では、A〜Eや他の○はサブシステム（粒）であるとして、その連関または関係を示しているとする。

　今、AとBの関係ではCとDが結節点になる。

　ここにEという結節点ができると新たな関係性が創発し、AEBというクラスターになる。

　その結果、CやDというサブシステムやACDBのクラスターは、消滅することもあり得る。

サービサイジングのような新規のサービス価値については、社会・経済システムが持続可能社会へと進化する過程で、多元・多様な形態（あらゆるシステム次元での新規需給関係の発生による相互影響を伴った様々な形態）で創発してくると考える。また、進化するクラスターでは、既得権益構造にも対抗しながら次々と新たなサブシステム（粒）との関係性を築き、1.5次産業や2.5次産業のような隙間産業の業態も含めた新たなクラスターが形成されるであろう。
　このため、この動きを知るための市場調査が重要になる。
　論理的な説明ではないが、循環機能を保有できるクライアント（クラスターの形成パートナーになりそうなサブシステムやその構成員）が必ず居るとして、そのクライアントを探索することが出発点になる。クライアントが居るとした市場を調査するのではなく、どの市場であればクライアントが居るかを見定める探索、戦略的なリサーチ・リテラシーも必要になる。
　例えば、使い捨てカメラは画像入手がサービスであるため、コンシューマはむしろクライアントにまで変化して、市場（クラスター）から逃げることなく協働統治が可能な状態、自社系列内（コンシューマも含め）での環境経営に協力するパートナーになっている。一方、使い捨てライターは着火済みになると不用品であるため、協働統治を可能にする誘引（例えばデポジット制度など）が無ければ、サービサイジングのクライアントとしては協働して（パートナーになって）くれない。
　協働統治への誘引という機能やクライアントという集団も、社会・経済システムでのサブシステムであるが、これらの多様なサブシステムの関係性の発見が、サービサイジングの市場調査では必須になる。
　関係性の発見は、相関の大小（市場等の大小）を見る調査ではなく、相関関係そのものの変化を見る探索である。前者は従来の市場調査であるが、後者は、因果関係や信頼関係の発見（つながりの作用を探索すること）であるため、新しい調査手法が開発されなければならない。
　例えば、SOM（自己組織化マップ）のような考え方を用いた手法もその一つである。また、自社系列内からのアウトソーシングが地域活動であると仮定することで、新しい調査手法への理解を助けるであろう。アウトソーシング前の「情報の結節」、自社系列内である場合の部門間での情報伝達・加工が、ある結節でどのように変化するかという関係性の探索になる。
　さらには、表1の構造（存在）や機能（働き）の変化に着目することも重要である。

「情報の結節」の探索（リサーチ・リテラシー）には、製品やその付帯サービスといった送り手側のみならず、受け手側（ステークホルダー）自体の活動等の比較・格付けや情報開示なども含まれ、探索という作業によっては、新たな「情報の結節」が創り出される作用もある。

　いずれにしても、この市場調査は、逆工場の発想（設計にまで遡る戦略的なリサーチ・リテラシー）と同質の、試行錯誤的な積み重ねを強いることになる。したがつて、「小型単位」による着実で柔軟なビジネスモデル、パートナーの確保が、サービサイジングを普及する条件になると考える。

吉田誠宏

【注】

1. 平成15年8月に環境省が実施したパブリック・コメントの『温暖化対策税に関する意見』資料でも、「社会経済構造の変革が必要であり、このような厳しい変革を成し遂げるに当たって、規制や自主的取組のような現行の施策だけでは限界があるのではないか」と述べられている。
2. 吉田誠宏（2003），「複雑な環境」新風舎．

第4章 持続可能性経営とサービサイジング
——モノから機能を売る（製品からサービスを売る）時代

1. はじめに

　モノから機能を売る時代へ変化が始まっている。「サービサイジング」はその例である。
　サービサイジングとは聞きなれない言葉である。何かをサービス化するという意味で使われている、造語である。アメリカのテラス研究所がこの言葉を使い始めた。つまりこれまで製品として売っていたものを、サービス化して提供する。新しい経営戦略の一つである、と同時に結果的に環境負荷の低減につながるという、また、消費者にとっても生産者にとっても、一石二鳥の新しい環境ビジネスとして捉えられる。

2. サービサイジングとは何か

サービサイジングとは？

　サービサイジングとは、市場で売られる製品とサービスが組み合わさったものであり、製品とサービスが一緒になって使用者のニーズを満たす、という製品・サービス・システムの一類型である。
　①製品を販売せず、製品の提供する機能（サービス）を販売する。例えば、コピー機を売らずにコピーするという機能を売るなどである。
　②製品の所有権が使用者に移転しない。
　製品を所有すること自体に喜びや価値を感じる場合もあるが、その機能だけ使えばいいという場合もある。所有価値と機能価値があるとすれば、機能により価値が発生することが多くなり、製品自体の所有価値は相対的に減少する。
　たとえば、洗濯機はメーカー所有にする。そして使用者は洗濯した分だけお金を払うなどである。

③製品の提供するサービスに対する対価を得る。そして、洗濯機はメーカーの所有物だから、④製品のメンテナンスや修理、使用済み後の処理などは、製品所有者の責任としてすべて無料である。

サービサイジングの意味

サービサイジングは、製品が使用者・消費者に対して、機能やサービスを提供する仕方を変えることで、新たな付加価値を生み出し、市場ニーズに貢献しようとする経営戦略である。

つまり、製品をサービス化することで、製品のかたちは残るが、そのサービス提供面が強化される。また、製品のサービス機能を提供する方法を変えることで、利便性や伸縮性、迅速性（スピード）を付加できれば、伝統的な製品の市場拡大を通じて、あるいは製品にとって変わる新しいビジネスになる。

たとえば、高額な製品を買っても、次々と新しい機能が付け加わったり、使い方が便利に、早くなったとすると、新品へ変えるということである。

3. 多様なサービサイジングの事例

では具体的にどのようなサービサイジングの事例と類型があるだろうか。消費者に対してと、企業に対して分けて見てみよう。

消費者に対してのサービサイジング事例（1）

消費者に対してのサービサイジングの事例として、デュポン社のカーペット・サービスがある。家庭向けにカーペット・リースし、メンテナンスやクリーニングサービスをしている。使用後は同社が引き取り、リサイクルする。

インターフェイス社のカーペットのリース、引き取り計画もある。総合的フローリング・サービスの一環として、カーペットのリースを含むサービスを提供している。

後で詳しく述べるように、日本のダスキン社はマットやモップ等でリースをしているのがその例である。

幼児向けのおもちゃや教育材料を会員制で貸し出し、その選択や年齢適正や利用方法などのアドバイスをして、消費者の要望に応じて種類や範囲を拡大して

いる、ユーレカおもちゃ図書館の例もある。

消費者に対してのサービサイジングの事例（2）

スウェーデンのエレクトロラックス社は後で述べるように、クリーニング機器のサービス化を行っている。洗濯機などの機器類のレンタル、リースや、コンサルティング、機器使用のスタッフトレーニング、消耗資材の供給、機器のメンテナンス、使用済み機器の更新や引き取りである。

ランピ・ディ・スタンパ社は、書店を通じた読者からの注文で電子出版をしており、売れ残りや絶版に対応している。

コダック社は、使いきりカメラを引き取り、リサイクル計画をしている。使い捨てという環境負荷の増大のイメージを消し、マーケッティング上の利益を得ている。

企業に対してのサービサイジングの事例

企業に対するサービサイジングは、使用量が一般消費者と異なり大量になるため、その効果が大きいものとなる。

デュポン社とフォード UK 社との車両塗装契約は、デュポン社がフォード社に塗料を売る代わりに、一台いくらで塗装の契約をする。塗料会社にとっては塗料の使用量を減らし、廃棄物を減らすことによるメリットが発生する。

キャストロール工業社は工業用潤滑剤を製造しているが、金属加工、高性能工業用潤滑剤、自動車・航空機・原子力発電、ロボット・冷凍工業などの潤滑剤の使用に関するサービス化を行っている。工場内の化学システム管理を行うことで、固定料金と費用引き下げ利益を按分している。

企業のオフィスに対してもサービサイジングの例がある。

ゼロックス社は、いわばサービサイジングの経営戦略の草分けといえる。事務用機器の引き取り・リサイクル計画で残存価値の多くを回収して再利用し、製品設計の変更に生かして大幅な利益の増加を図っている。

ハーマンミラー社の子会社のコロ社は、家具管理をサービス化し、オフィスやヘルスケア施設など大量の家具を使用する所で、家具の移動・管理サービス、大企業のオフィスやスタッフの移動、家具の保管・移動、配置変更に伴う総合サービスを提供している。

4. サービサイジングと環境問題

環境負荷の低減と拡大生産者責任

このようなサービサイジングという生産者の行動は、自然と拡大生産者責任、拡大生産物責任を果たす結果となることである。拡大生産者責任は、製品の使用後の責任まで生産者に持たせるという環境政策の考え方であり、廃棄物管理費用を生産者に支払わせる。すると、製品の設計段階から廃棄後の処理を考え、また初期原料の使用量や、エネルギー使用量を減らし、リサイクルの新たな技術開発をうながすことになる。

アメリカの拡大生産物責任は、責任は消費者、政府、製品チェーンにかかわる全産業で分担すべきものと考えられている。また物理的、金銭的のほか、消費者教育などの果たし方もある。

EC 委員会は 2001 年に総合生産物政策を発表し、環境負荷の低減のための製品設計の改善、消費選択のための情報提供、環境費用の内部化を上げている。

サービサイジングが有用な場合

ではサービサイジングが有用なのはどのような場合だろうか。これまで環境負荷はコストではない（外部費用）と理解されていたものを、自発的にコストとみなして削減の対象とするのが有利なとき。次に使用済み製品が使用者にとってコスト要因、生産者にとって利益要因となる場合。使用済み製品が使用者にとって廃棄物処理費用を負担させ、使用済み製品の残存価値が生産者にとって高い場合。第三に、製品供給が費用要因化する場合。つまり製品がサービス供給のインプットとなる場合である。

環境負荷低減の潜在力をもつ

このサービサイジングは、環境負荷を低減する潜在力を持っている。製品をサービス化する場合、製品の長期の保証、維持・修理サービス、補給品の供給、一定期間後のアップグレード保証、特定サービス購入に伴う製品の大幅な割引、使用済み製品の無償引取りなどが行われる。すると生産者は製品のライフサイクルの多くに関与するようになる。そのことによって、製品の設計段階から廃棄後の処理までを考え、初期原料の使用量やエネルギー使用量を減らし、リサイクルの新

たな技術開発を行い、環境負荷を低減することにつながると考えられる。

製品と関連サービスの関係

製品とサービスとの関係では、これまでは製品の保証やメンテナンス・サービスをして、製品のサービス提供機能の劣化を補正する形態であった。しかし、それにとどまらず新しい形態として、化学品管理サービス、書類作成サービス、家具移動・保管サービスなど、製品の提供するサービスを関連する別のサービスで補強するという方向に進化している。

イノベーションを引き出す動きに

このような事例から、サービサイジングと拡大生産者責任の意味を考えると、天野明弘氏は次の3点を指摘している。第一に製品の寿命に関する環境負荷の認識を変える等、企業・消費者の文化を変化させる可能性があること、第二にイノベーションを引き出す生産者・顧客・消費者の協力関係を生み出す市場形態への動きが出ること、第三に利益を上げることが企業の唯一の社会的責任であるという考え方の修正がされること、である。

5. 具体的な企業での取り組み事例

モノ（製品）を売ることから機能を売る、というサービサイジングの考え方は、意図しない場合でも、海外事例だけでなく日本の事業活動でもすでに始まっている。そこで海外事例から類推される日本の企業でサービサイジングの先進的な事例を紹介しよう。

そこで、日本の生産者でサービサイジングに関係すると考えられる企業と、スウェーデンの企業等を訪問し、製品のサービス化の内容や、環境保全効果、経済的効果、等を聞いた。その中から、さまざまな分野でのサービサイジングの可能性を次に紹介しよう。

日本の事例として、コピー機として富士ゼロックス、レンズ付フィルムカメラとして富士写真フィルム、塗料として日本ペイント、電気機器として松下電器産業、文房具・家具としてコクヨ、環境衛生の用具としてダスキンの各社を、スウェーデンではエレクトロラックス社とイェーテボリ・エネルギー社を紹介する。

企業等のヒアリング調査から、その事業の発想、製品の所有者、サービスの内容、サービス期間、リサイクルシステムの特徴、処理システム（技術とコスト）、回収サイクル、生産物流と静脈物流、廃棄物発生率と投入資材の有効利用、商品開発のしくみとシステムの発展要因、課題点などを教示してもらい、こちらで整理したものである。

スウェーデンのエレクトロラックス社
～洗濯回数や重量に応じて料金をE社に払う「Pay Per Wash」

スウェーデンのエレクトロラックス社（以下E社）は、消費者が洗濯機を買わずに、洗濯回数や重量に応じて、料金をエレクトロラックス社に料金を支払う「Pay Per Wash」の事業を、「スマートホーム」の第一弾として1999年11月に始めた。

このシステムの特徴は、E社が各世帯に無料で洗濯機を貸し出し、消費者は一回洗濯するごとに一定の金額を加算し、月末に請求する。E社と消費者を結んでいるのは、電力供給会社のヴァッテンファル社である。ヴァッテンファル社は「スマート・エネルギー・メーター」を提供している。各洗濯機のメーターと企業側データベースは、インターネットで結ばれている。それによって消費者は料金をE社に支払うが、家賃の中に含めて払うこともでき、柔軟なシステムである。

実際に、バルト海の人口5万8000人のゴットランド島で、住民約7000世帯を対象に始められた。

洗濯機はE社が所有し、点検や修理をする。回収サイクルは、回数であれば1000回の洗濯の後、一般家庭なら4～5年後に、洗濯機はE社によって取り替えられるか、アップグレードされる。

顧客先で洗濯機のニーズがなくなれば、同社が回収して、整備して再使用するか、解体後に部品を補修用にリユースしたり、マテリアルリサイクルをする。

開発の発想としくみは、どのようなところから来ているのだろうか。E社は世界最大の家電メーカーであり、ノンフロンの冷蔵庫を開発した最初の企業である。フロンが禁止される1年前にノンフロンに切り替えている。それは、フロンは有害なので、禁止されるかどうか関係なく、ノンフロンにするべきだという考えであった。

そして1996年に「製品を売るのではなく、サービスを売る」という変化を試みた。その理由は、消費者のニーズをどのように満たすかというシステムをつくることの

表1　エレクトロラックス社

	ユーザー	エレクトロラックス社
変化	効率よく洗濯するようになる	機器の使用そのものを商品として販売
経済性・	水道代、電気代の節約	家庭のネットワークにつながる家電製品を洗濯機以外にも展開していく
環境保全性	水やエネルギーの使用量の削減	洗濯機をリユースすることによる資源の節約

方が、技術を開発して製品を売ることよりも環境に影響を及ばさない持続可能な方向にいくと考えたためである。

　E社の考え方は、次のとおりである。E社が顧客に機器を導入する時は、技術の話はせず、機能の話、つまりニーズにあっているかどうかの話をする。例えば、スポーツグッズを売る企業は、直接消費者とコミュニケーションをする。あるスポーツをする人と、他の人とでは靴は全く異なる。その人に合うものを作って売っている。家電メーカーも同じように考えるべきだというのである。

　また、E社は新製品を販売する時、前の製品より完璧でなくても、よりリサイクルしやすいものになるようにしている。

　そのため、現在、E社から製品を買う企業は、値段の交渉をしなくなっている。というのも、一つにはE社の製品が、機能や質などの面でよく問題解決されて作られているため、E社の製品を買う人は会社を信頼しているという。

　二つ目は消費者の意識である。E社と他社の2種類の同じ機能の製品があり、E社の製品は少し高いものの引き取ってリサイクルしたり、またメンテナンス・サービスをする。しかし値段の交渉は受け付けない。他社の製品はE社のものより少し安いが、リサイクルはしてくれない。そういう場合、消費者はどちらを選ぶか、ということである。

　評価として、ユーザーとE社の両方を変化、経済性、環境保全性から見よう。（表1）ユーザーは、効率よく洗濯する、水道代や電気代の節約、水やエネルギーの使用量の削減につながった。一方、E社は機器の使用そのものを商品として販売、

家庭のネットワークにつながる家電製品を洗濯機以外にも展開でき、また洗濯機をリユースすることによる資源の節約ができた。

　課題は主として規模にあった。2001年、E社はこのプロジェクトを打ち切った。評価は、規模が小さかった、そのため事業としての採算がとれなかったからである。またコミュニケーションが足りなかったこともある。しかし、電話回線を使って利用状況を遠隔監視し、料金を課す技術は完成し、すでに業務用に商品化している。今後は地域を変えて実験し、サービスの事業化を目指すという。

　同社がこの事業に取り組む理由の一つにリユースの拡大がある。家電販売店や修理店から製造5年以内の使用済み家電を引き取って、点検、修理、洗浄し、新品と同じ耐久テストで合格したものをメーカー保証付中古家電として認定シールを貼って販売している。新品に比べて25～50%の割引率の価格で一般の家電販売店で売られている。

ダスキン　～化学ぞうきんのレンタルからメンテナンスサービスの草分け

　ダスキンは1963年に、繰り返し使用できる化学ぞうきん・モップをレンタルすることから始まった。ぞうきんは家庭のものではなく、ダスキンの所有である。現在レンタル商品を中心に生活環境を快適にする「訪問販売サービス事業」を要に、家庭、店舗、事業所施設へ「ケアサービス事業」「フードサービス事業」「レントサービス事業」など多角的なサービスのフランチャイズビジネスを展開している。

　サービスの内容は、レンタル品とレンタル品を補佐する什器、備品、機器類を、本体のメンテナンスサービスと同時に行っている。たとえば、空気清浄機本体装置は、顧客先に設置されているので、フィルター交換時に、これらの本体のメンテナンスサービスも同時に実施する。また、顧客ができない複雑なメンテナンスなどは、再生工場に依頼して、分解、洗浄、部品交換などを行うメンテナンスサービスの体制を整えている。

　最後まで使い切ることを事業の主眼としてスタートさせ、ぞうきんという"物"を貸すのではなく、"機能"を代行するという点で、サービサイジングの典型的な事例であり、草分けといえる。

　毎日の家の清掃やぞうきんがけの重労働を軽減したり、新しい機能を付加した環境衛生用具を貸すことで、顧客先でのメンテナンス、つまり洗濯、再加工、修理、保管、廃棄が不要になる。またレンタル品は資源を私物化せず共有化することで、

図1　ダスキンの循環システムフロー図

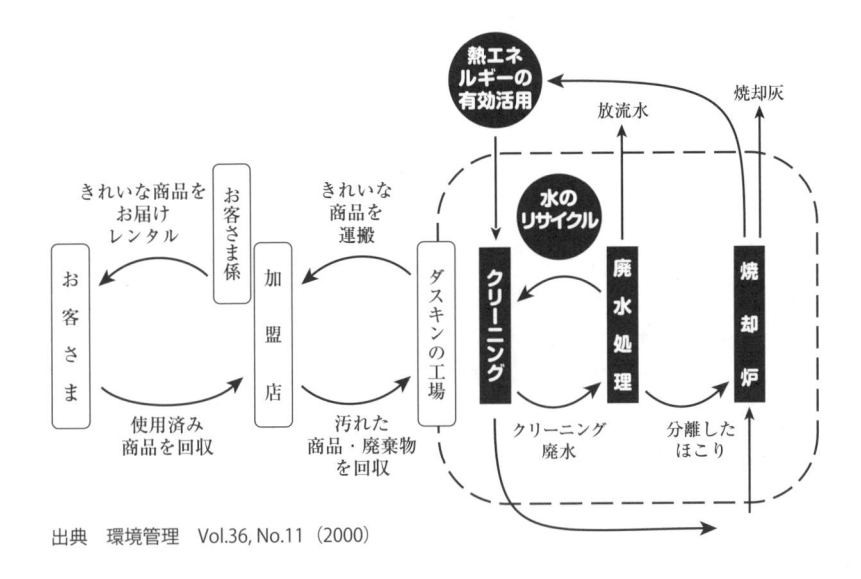

出典　環境管理　Vol.36, No.11（2000）

　さらに投入資材の有効活用をしており、長期使用で資源の無駄使いを防ぐことにある。
　このシステムの特徴は、生産、販売、使用（消費）、そして回収、再生、再利用を何回も繰り返し、製品寿命を使い切ることにある。（図1）
　契約の顧客先へ定期的に訪問して、使用済みの汚れた商品と再生商品を交換する。そのため、顧客先での廃棄は発生しない。
　回収サイクルは毎週（物によって毎月）である。レンタル料は、再生・サービス費用そのものである。ぞうきんという物そのものに価値があるのではなく、ふき取るという機能をレンタル料として利用者は支払っているのである。
　では再生加工するための処理技術とコストが最も重要な要素になる。洗浄工程で排出される排水は排水処理されて下水道や河川に排出されるが、第一はこの処理水を洗浄水として再使用する低コストの処理技術を導入していること。第二に、排水処理で発生する無機性汚泥を焼却炉で原料化したり、セメント原材料や軽骨

材として、再利用、再資源化を進めている。しかし、排水処理の管理・維持のランニングコストは累計 1200 億円もかかる。そのため、排水処理施設を広くクリーニング業界に開放してコストを低減している。

廃棄物の発生率と投入資材の有効利用では、資材の高速回転が特徴で、20 分の 1 ～ 40 分の 1 ですんでいる。モップやマットのくり返し再生、再利用している平均回数は、それぞれ 20 回、40 回になる。つまり売り切り・使い捨ての清掃用具に比べて、資材投入が 20 分の 1 ～ 40 分の 1 で、商品廃棄物発生量も 20 分の 1 ～ 40 分の 1 になる。

物流のしくみは、加盟店と工場でのサイクルは、夜間を中心に再生商品の供給と使用済み商品の回収を行っている。資材の高速回転を図る目的で毎日配送している。高速回転させながら、いかに投入した資材を長持ちさせるかがキーポイントになる。それには、物流の再構築が必要になる。そのため、350 億円以上の再投資になったが、流通チャネルの短縮でコストと負荷の削減をしている。

つまり、家庭 1000 万軒、事業所 250 万への販売と回収は、2500 点の加盟店が実施している。加盟店への供給、回収は 34 箇所の配送センターが行い、配送センターは製品カテゴリー別に、89 箇所の専用再生工場に再生依頼、出荷依頼をしてきた。それを、商圏 72 社に分割して 49 箇所の配送センター併設の汎用再生工場を建設することで、流通チャネルの短縮を図った。また、ダスキン独自の往復物流を利用して、商品の空容器・包装等の事業系廃棄物の回収システムも 1995 年から実施している。

商品開発のしくみとシステムの発展要因は、本部社員はすべて開発マンであるという考え方、環境教育の重視、独自の回収再生システムと技術、汚染負荷の高い廃水処理システムにある。本部社員はすべて商品開発やサービス方法の"開発マン"であり、開発マンがどれだけ環境マインドを持って開発するかがおおきなポイントである、と同社は考えている。

そのため、社員への環境教育を重視している。レンタルシステムが循環そのものであるなら、それを支える生産（再生）、物流のしくみ、構成するレンタル商品群とそのしくみを補佐する現場で消費者と直結するお客さま係り（販売担当者）の環境マンインドを養成している。

課題として、①効率の良い収集や回収、廃棄物などの復路の物流システムの構築、②小口・多頻度配送と資源（店内在庫）との調和のとれた物流システム

の見直しなどグリーン物流の構築、③再資源化技術の進化、④排出者や再利用者の意識改革、⑤トータルな視点とコスト、⑥「廃棄物の処理および清掃に関する法律」にかかわる廃棄物の収集運搬の改善、などが課題である。

富士ゼロックス　～複写機のリースから部品のリユースへ

富士ゼロックス社の複写機は、機器を利用者が買わずに、機能を買う、つまり所有することなくサービスを利用するという典型的な事例である。複写機は富士ゼロックス社が所有している。

サービスの内容は、複写機はレンタルで、月間最低使用料金とメーターチャージという二つの料金体系でスタートした。メーターチャージには、保守契約、消耗品交換も含まれている。毎月ユーザーがはがきでメータの数字を報告してもらい、それに基づいて課金していた。このメーターチャージにより、顧客データの管理がされていた。

このビジネスモデルは、50年前にアメリカのシンクタンクのバテル記念研究所でゼロックス社の複写機のために開発されたものである。非常に高額な複写機を、レンタルで安くして、メーターチャージ方式で課金するという考え方である。

複写機ははじめから会社の所有であり、機器自体を売ることはなかった。しかし売り切り価格はなかったが、独占禁止法違反という判決により、25年前から売り切り価格をもつようになった。その時に、それまでメーターチャージ方式だったものが、保守契約と消耗品とで料金を分けるよう指示を受けた。しかし、現在でも98％はレンタルである。

リサイクルシステムの特徴は、リユース部品を新造品に組み込んでいることである。リユース部品の品質保証は新造品とまったく同じで、商品自体もリサイクル品とは言わない。

発想として、複写機自体の所有はゼロックス社であり、資産を抱えていたことである。毎年10％ずつの償却、あるタイミングで除去しなければならないのはもったいない、何とか新製品に活用できないかという発想から、リユース部品を同じ製品に組み込み始めた。

回収サイクルは3年から5年以内である。

処理システムは、リユースするために3つの設計の工夫をしている。第一に機種間、世代間の機種に使用できる「共通設計」、2世代、3世代と使える「ワン

モアライフ設計」をしている。第二に「長寿命化設計」、第三にリユース部品を取り出しやすいように、ゴムの部分の易分解をめざした「易分解・分離設計」である。これらにより再利用部品の点数を増やしている。

また洗浄はドライアイスを使用したり、超音波は水も使っている。

物流、リサイクル拠点は8箇所ある。リサイクル・リユース本格稼動時に、各地で分解をしてくれるパートナーを探して、手分解をアウトソーシングして、分解された部品を戻してもらっている。物流は、物流事業者に任せることはできないと自社管理である。すべてゼロックスで管理していることにより、機械の信頼性を保っている。業界としての回収センターは全国にあり、回収センターまで他社の複写機を運ぶという場合はある。

では廃棄物の発生率と投入資材の有効利用とコストはどうだろうか。毎年10％ずつ償却するとして、上記の上下流コストのうち、経済効果は部品の売上費用は81億円にもなり、再資源化の意味では採算は取れているが、費用96億円がかかるため厳しい。それは物流コストの20～30億円に起因している。そのため、物流の効率化が最大の課題である。

その他として、複写機はメーターチャージ方式そのものがサービサイジングといえる。しかし、メーターチャージ方式がペイするのは、最低でも毎月1000枚以上コピーする企業である。家庭用では使われ方が頻繁でなく、しかも機器は壊れない。もし故障やトラブルがあったとしても、複写機は緊急性がないので、使う方としてもメンテナンス料金を支払うというのは抵抗感がある。そのため、家庭用は売り切りで、かつメーターチャージ方式では採算は合わない。そのため、家庭用は回収、リユースできないことになる。

この家庭用の複写機をどうするか。また、リユースのための回収の物流の効率化をどのようにするかが最大の課題である。

資源循環型システムについては、2002年度でほぼとんとん、若干の赤字という段階であるが、2003年度はわずかながら黒字化しそうな状況にある。

また、本当にレンタルやリースが環境に良いのかという疑問は残る。流行のあるものを、リースという契約の長いものに向かないし、メーカーとしてそれをレンタルにすることは現実的ではない。環境負荷をライフサイクル全体のコストとして検討する必要があり、ユーティリティコスト、紙、管理するためのコスト（ドラム等消耗品費も含む）とともに、その機械を使うための人のコスト（機械のオペレー

図2 RWBシステム ─ 回収装置と塗装経済効率

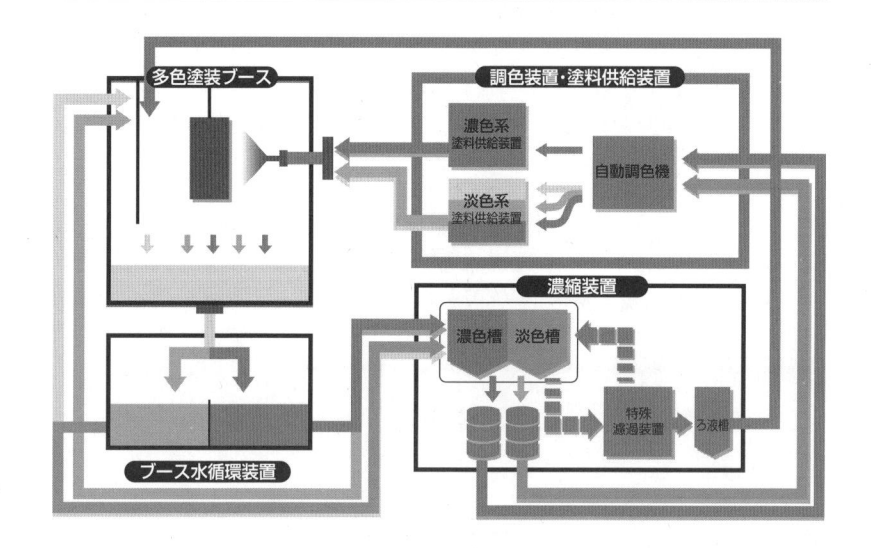

ショナルコスト）も考慮に入れる必要がある、と考えられている。

　日本ペイント　〜水性リサイクル塗装（RWB）システム－回収装置と塗装経済効率
　日本ペイントでは、「水性リサイクル塗装システム」を他社に先駆けて早く実用化に成功し、市場導入を進めてきた。発想は、塗装工程の廃棄物を抑制したいこと、また大気・水質の汚染をなくしたいことであった。
　水性リサイクル塗装システムは、廃棄物抑制に着目し、スプレーの際に、塗着せずオーバースプレーした塗料を回収し、再利用するものである。省資源と廃棄物抑制に寄与する。この技術は自動車ボディの中塗りなど工業塗装にも採用できるものと期待されている。
　RWB多色システムは、回収、再利用できるよう設計された水性塗料と塗装システムで構成されている。多色塗装ブースでオーバースプレーされた塗料をブース水循環装置に受け、濃縮装置で濃色槽と淡色槽に分離し、調色装置・塗料供給装置で自動調色機から再び塗料供給装置から多色塗装ブースで再利用される。つ

図3　RWBシステム　コスト構成比

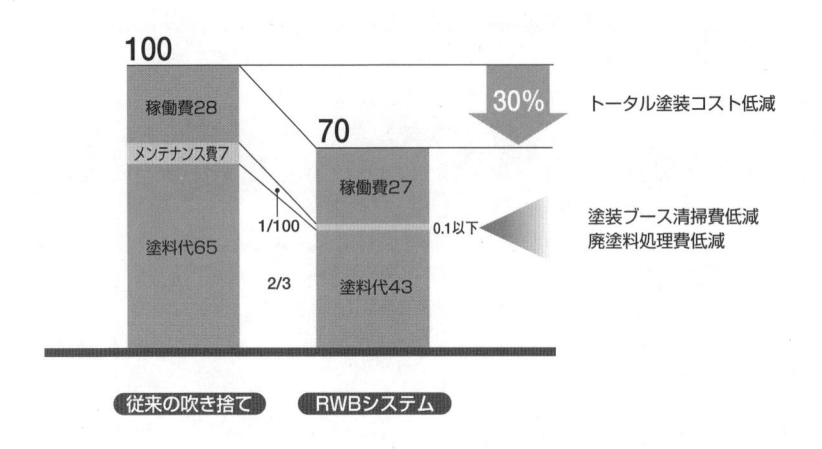

従来の吹き捨て：稼働費28、メンテナンス費7、塗料代65（計100）
RWBシステム：稼働費27、塗料代43（計70）
メンテナンス費1/100、塗料代2/3
トータル塗装コスト低減30%
塗装ブース清掃費低減、廃塗料処理費低減　0.1以下

まり使われなかった塗料を回収して色別に分離してまた使えるようにする装置である。

　コスト構成比で見ると、従来の吹き捨てでは稼動費28、メンテナンス費7、塗料代65であったのが、RWBシステムでは稼動費27、メンテナンス費0.1以下、塗料代43になる。塗装ブースの清掃費低減と廃塗料処理費低減でメンテナンス費が100分の1以下になり、また塗料代が回収されて再利用されるために3分の2に減る。そしてトータル塗装コストでは30％の低減になっている。（図3）

　しかし、設備を使うにはRWBシステムのメンテナンスが必要である。またこのシステムの設備が規模によって異なるが数100万円～数1000万円かかり、設備投資の償還が購入者にとって大きな負担になることである。

　システムが広がりにくいのは、設備が高額であることと、システムの技術的管理が購入者にとって手間がかかるためである。現在は設備の所有者は購入者である。そのため、設備を売った後の購入者へのトレーニングと技術力アップのサポートが必要である。

　しかし、この設備を塗料会社が所有し、メンテナンスやトレーニングを付けることも可能であろう。まさにサービサイジングの考え方としては、高額な設備を塗料

会社が所有し、メンテナンスサービスや技術的トレーニングを提供する。このことにより、同じ会社の塗料を継続的に使用してもらうことが、メーカーとして消費者を囲い込むことにつながるのである。

もう一つの課題は、メーカーとユーザーの間に特約店があり、塗料の販売と維持管理をしている現状から、メーカーが直接ユーザーと結びつく関係を難しいものとしていると考えられる。

コクヨ
～「オフィスサプライズセンター」製品の提供するサービスを関連する別のサービスで補強～

コクヨは消耗品文具をはじめ家具などオフィスで使用する商品を提供している。文具や家具など各事業所での時間、場所、手間のロスをなくすこと、また大きな理由として物を売ることの限界から、製品の提供するサービスを関連する別のサービスで補強する、という発想から始まった。

サービスの内容は、「ネットコクヨ」と呼ばれる環境対応型商品のシステムの提案、文具消耗品管理システム「オフィスサプライズセンター」、単品の販売ではなく、売るものを使ってどう効率化するかという提案、家具の移動などである。

例えばオフィスサプライズセンター（OSC）。これは事業所の文具消耗品を集中管理して、過剰在庫や在庫による場所、伝票整理などの人件費を削減する。例えば、OSCを導入しているある企業の中では、環境保全活動のシンボルとしてだけでなく、①定期的に商品の見直しを行い、会社の独自基準に適合した商品を選定して運用する、②リユースコーナーを充実させ、消耗品だけでなく書籍等も管理する、③有人型OSCとして専従者を設け、リユース部品の管理や遠隔オフィスへの商品出荷も行う、④パネル展示等も行い、社内に向けての様々な環境関連情報の発信基地とする、など独自の運用を行っている。

OSCによるスペースと人件費のコスト削減効果試算値は次のようである。例えば、ある会社が使っているキャビネットの合計占有面積分は18坪で、賃料坪当たり1.5万円で12ヶ月とすれば、1年間で324万円の費用がかかる。人件費は記入申請時間や伝票受付、受注、在庫管理の労力を1632時間消費し、人件費が時給単価2500円では、年間408万円となる。スペース占有費用と人件費の合計で年間732万円のコストがかかっている。これがOSC導入後は7坪のスペー

図4 OSCによる在庫圧縮メリット

組織活動を行なう上で在庫0(ゼロ)ですませられますか？

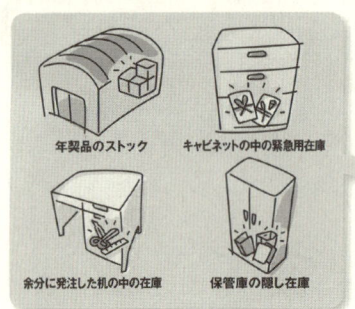

- 年契品のストック
- キャビネットの中の緊急用在庫
- 余分に発注した机の中の在庫
- 保管庫の隠し在庫

0(ゼロ)にできなくてもOSCを導入すれば大幅な在庫圧縮ができます。

■在庫
5万×100 + 100万 = 600万円
（各セクション）（セクション費）（書庫在庫）

OSC1ケ所で管理すると約150万円の在庫に圧縮できます。

〈OSCで一元管理〉

スに設置すると、人件費が5分の1になるとして、年間207.5万円になり、コストも年間524.5万円削減されるという試算である。（図4）

「ネットコクヨ」は、文具消耗品のエコ比率がわかる情報管理システムである。それぞれの文具にはCO_2等が計算されており、事業者が文具を消耗した分だけそのCO_2排出量を計算できるシステムになっている。これはグリーン購入を促すことにつながっている。

家具の移動や移設は、家具を捨てないで移動させることで機能を活かす。ただし家具の所有者は各事業所であり、コクヨは家具のレンタルはしていない。

リサイクルのシステムの特徴は、家具は回収が15年と長いことである。そこでオフィス家具関係はリペア、修理、メンテナンスをしている。またクリーニングやパーツの交換、オフィスの床の張替えなどをする。

投入資源の有効利用では、修理やメンテナンスレベルでは1億5000万円、クリーニングでは500万円しかない。家具の移動、移設により機能を復活させ、移動費用をもらうという方法である。

マニュフェストで管理しており、耐久消費財やオフィス家具は下取り行為を行い、再販と分別廃棄をしている。オフィスから出る紙の再生は、シュレッダーメーカー

と製紙会社とコクヨの3社共同で「MSリサイクルシステム」を構築している。

商品開発について、製品のバージョンアップができるように、10年後に求められる製品を埋め込む、パーツごとに組み合わせるという考え方が重要になる。商品を売るというより、商品を購入する時に、効率的に購入しませんかという、"売るものを使ってどう効率化するかの提案"を売ると同社では考えている。販売店がなくなる中で、メーカーと消費者の接点を作り、補うことが求められている、と言う。

課題としては、トータルに売り上げ、利益に貢献しないと意味がないこと、また商品は一般家庭にも入るので、オフィスと家庭の2つのルートをどうコーディネートするかが重要である。しかし、家庭への対応は一メーカーではもう限界であり、行政、企業、国民も同じテーブルに載る必要があると考えている。往復物流で、「廃棄物の処理及び清掃に関する法律（廃棄物処理法）」により産業廃棄物の収集運搬行の資格がないと引き取れないのでネックになっている。

イェーテボリ・エネルギー　～消費者は電力会社と室内温度で契約

スウェーデンのイェーテボリ・エネルギー会社は、"電力量"を売るのではなく、"室内温度"を売るなど、新しい経営戦略を始めている。

イェーテボリ市のエネルギー供給は、20年前は、ほとんど原油が占めていたが、徐々に減ってきた。その代わりに、天然ガスやごみ焼却時の廃熱利用や、シェル等による石油精製時の廃熱利用が増えてきている。

イェーテボリ・エネルギー会社はイェーテボリ市最大のエネルギー供給会社で、組織は第三セクターである。エネルギー供給の設備は会社自体は所有せず、廃熱利用のような多様なエネルギーを買って事業を行っている。サービス内容は、エネルギー・サービス、FM（Facility Management）サービス、ブロードバンド、インテリジェント・ハウスなどエネルギーに関する多様なサービスを展開している。

特にファシリティ・マネジメント・サービスは、電力使用量に応じて料金を受け取るという、従来の電力を売ることから、温度を売るというサービスへ転換する注目すべきサービスである。

FMサービスは、エネルギーの節約が投資額を賄うというPFC（Performance Contracting）と、決まった温度を決まった料金で支払うというFIX（Fixed climate, fixed price）、そしてサービス、ハード、ソフト、双方向のオンライン・コミュニケー

ションで、「お金の節約」「よりよい室内温度」「お金のあまりかからない投資」「簡単な調節と管理」を可能にする RECO（Real estate control）ができあがるというサービスである。

　例えば、これまで室内温度を 21 度に保つには、21 度以上のエネルギーとメンテナンス費用がかかった。これを、「80 スウェーデン・クローネで年間 1 平方メートル当たり 21 度に保つ」という 10 年契約をする。この契約を実行するため、エネルギー会社が家庭に断熱材や壁の構造や太陽熱の空気の流れなど考慮して家に設備工事をする。するとエネルギー会社は数年間は投資額（減価償却費）が負担になるが、供給するエネルギー使用量は 18℃ですみ、エネルギー会社は 3 度分の利益を得ることになる。数年後からは減価償却費の負担はなくなり、3 度分のエネルギー使用量がそっくり会社の利益になるという具合である。

　室温を 21 度に保つという契約であって、KWh という単価の契約ではないところがポイントである。そのためには、家の建築物に対しての設備や温度のコントロール・システムの設置、双方向のオンライン・コミュニケーションが必要になる。つまり、各家庭へのあまりお金のかからない投資で、消費者はこれまで 21 度以上の料金を払っていたのが 21 度分の料金支払いですみ、また企業もエネルギー供給量を少なくできる。結果的にはエネルギー消費量を減らして省資源化し、温暖化への負荷を減らすことになる、いわば一石三鳥のサービスである。

　この FM サービスの目的は、契約者との長期間の収入確保や信頼できるパートナーの確保にある。つまり、使用者を会社が囲い込むことになるからである。

　その背景は、イェーテボリ・エネルギー会社の経営環境の大きな変動にある。規制緩和により、スウェーデンに 1996 年に 250 社あったエネルギー会社は、2006 年には 10 社になる。またエネルギー市場に、銀行や生命保険会社、製造業などが新規参入してきている。そのため、エネルギーそのもの、たとえば電力を Kwh の単価で売ることから、消費者が求める、電力に付帯した機能をサービスとして提供することで、消費者を長期的に囲い込むことができると考えている。経営戦略が環境負荷低減を達成できるのである。

松下電器産業　～蛍光灯を売らずにあかりを提供する「あかり安心サービス」

　松下電器産業が、蛍光灯を売らずに「あかり」を提供する「あかり安心サービス」を 2002 年 4 月から始めた。

このシステムの特徴は、工場やオフィスを対象に、蛍光灯というモノを売らずにあかりという機能を売る点である。顧客は蛍光灯を所有せず、「あかり」という機能だけを利用して、毎月定額の料金を支払う。松下側は蛍光灯の補充、使用済み蛍光灯の回収・再資源化を一体的に固定料金でサービスする。蛍光灯の所有権は基本的に松下の販売代理店であるサービス会社がもっている。

どのようにあかりを提供するのだろうか。まず企業など顧客の蛍光灯の使用状況を調査する。蛍光灯の本数などに基づいて月額の定額の料金を決めて、あかりをサービスする一定期間の契約を結ぶ。

サービス開始後、寿命に達した蛍光灯を、企業の倉庫にある新品と顧客企業の社員が交換する。使用済みの蛍光灯はサービス会社が自己回収・自己倉庫に保管。サービス会社が委託した廃棄物回収事業者が定期的に倉庫から回収し、再資源化ルートに乗せる。新品の蛍光灯は松下電器の販売代理店（サービス会社）が補充する。

松下電器が特定する「あかり安心サービス会社」が収集運搬会社に回収・運搬を運搬委託契約し、中間処理会社に再資源化を処理契約する。中間処理会社からガラス会社などに行き材料として再利用される。

コストからみると、たとえば、蛍光灯を5000本持っている事業所が一斉交換メニューにて3年間契約を結ぶとすれば、平均的な月額サービス料は4万5000円～5万円になる。事業所にとっては5000本の蛍光灯の初期投資は大きい。この初期コストを分散化、平準化できるメリットがある。

またこのあかりサービスの特徴は、蛍光灯の所有権は販売代理店（サービス会社）にあるため、使用済み蛍光灯の排出責任者は販売代理店（サービス会社）にあり、顧客である事業所はマニフェストの管理業務が不要になる点である。事業所にとっては、この廃棄費用を含めれば15～20％の経費削減効果があると考えられる。

開発のしくみと発想は、「ハード（機器）単体のビジネスモデルは、20世紀で終わった」と考えたことである。蛍光灯は技術革新の余地が少なく、他社との差別化が難しい上、価格競争では収益性が低下する一方であった。そのためモノではなく機能を提供する形に転換する。それによって顧客を囲い込むことができ、また事業所にとって手間である廃棄の部分を取り込むことで、顧客ニーズを確実に取り込める、と考えられたからである。

課題は、顧客の規模など範囲が限定されること、契約の途中解除による残存価値の回収の難しさである。顧客では大量の蛍光灯を使用すること、経費削減効果がでるのは一定の費用をかけて使用済みの蛍光灯を無害化処理している事業所に限られる。また、途中解約では残った中古蛍光灯は原則としてリユースしていない。「レンタル」と呼んでいないのは、常に新品を設置するためである。倒産や工場やオフィスの移転で契約が中断すれば、蛍光灯の残存価値を回収するのが難しい。そのため不良資産になることがある。当初、リユースも考えられたが、再設置した場合の性能保証がなかなか難しく、現在鋭意検討をしている。

富士フィルム ～「写ルンです」のインバース・マニュファクチャリング

富士フィルムは1986年、世界で最初のレンズ付フィルム「写ルンです」を発売し、爆発的なヒット商品になった。ネガフィルムの上にレンズを付けるという発想で需要創出から考えられた。レンズ付フィルムは、全体の2割としても、4億本の2割でも8000万本が国内に出回る。フィルムの出し入れに苦手な人やお年寄り向け、簡単に使えるなど需要の延びが期待された。

しかし「写ルンです」は使い捨てカメラの典型であった。急激な市場拡大に、現像所に持ち込まれるそれは、量が多い。産業廃棄物というよりは量が多く悲鳴が上がった。そこで社内で議論し、「使い捨て」を変える、イメージを変えることになった。

リサイクルシステムの特徴は、「インバース・マニュファクチャリング」にある。1998年に「写ルンです」循環生産自動化工場の稼動を世界に先駆けて開始している。インバース・マニュファクチャリングとは、逆工程の生産システムである。従来の製品は生産→使用→廃棄というライフサイクルをたどるが、資源を循環させ有効に活用するには使用済みの製品を起点とした回収→分解・検査→再生産という生産システムの確立が必要であり、前者を順工程とすれば、後者を逆（インバース）工程といえる。逆工程の考えに基づけば、製品設計の段階からリデュース、リユース、リサイクルを考えた生産システムがインバース・マニュファクチャリングである。

処理システムの技術の特徴は、ペレタイズ方式、部品のユニット化・共通化・材料統一にある。また回収されたものは残存価値がコストを上回っているため、循環生産のための設備投資は何年後かに回収可能であることだ。またペレタイズ

図5　写ルンです環境負荷低減の推移

標準タイプのレンズ付きフィルム
ライフサイクルトータルの環境負荷低減推移（CO_2排出量）

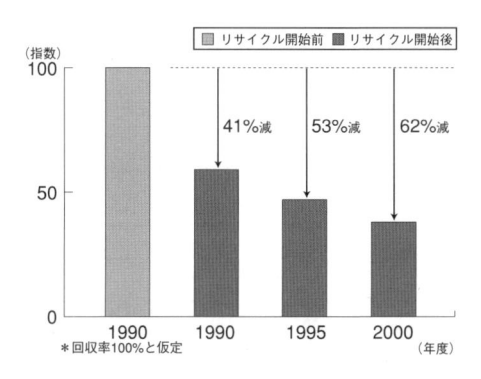

（グラフ：リサイクル開始前／リサイクル開始後
1990年（リサイクル開始前）＝100（指数）
1990年 41%減
1995年 53%減
2000年 62%減
＊回収率100%と仮定）

上記データにはフィルム製造の環境負荷も含まれていますが、現像・プリントは対象外としています。

方式という循環生産の新技術導入している。

　部品のユニット化・共通化・材料統一により、リユース・リサイクル性の向上と製造工程の改善で、1990年にリサイクルを開始して以来、環境負荷が低減されている。1990年に比較して2000年には62％の環境負荷（CO_2）が低減している。（図5）

　またペレタイズ方式では、それまで破砕後、熱溶融してからペレット化していたが、破砕した樹脂から異物を除去し、温水気泡洗浄することでそのまま成形材料として使用することを可能にした。分解、樹脂再生から成形までを循環生産工場内で一貫して行っている。

　「写ルンです」のリユース・リサイクルプロセスは、図6のとおりである。分解して、本体ユニット、レンズB、ストロボユニット、電池はリユースに。部品F、部品Gはリサイクルに。ラベルは系外に再資源化される。

　回収サイクルは、製品が出荷されてから戻ってくるまで、約半年がかかる。しかし7～8割が回収されている。

　廃棄物の発生率は、樹脂再生の効率化により、環境負荷（CO_2排出量で）は、

図6 「写ルンですスーパー Eye 800 Flash」循環生産プロセスフロー

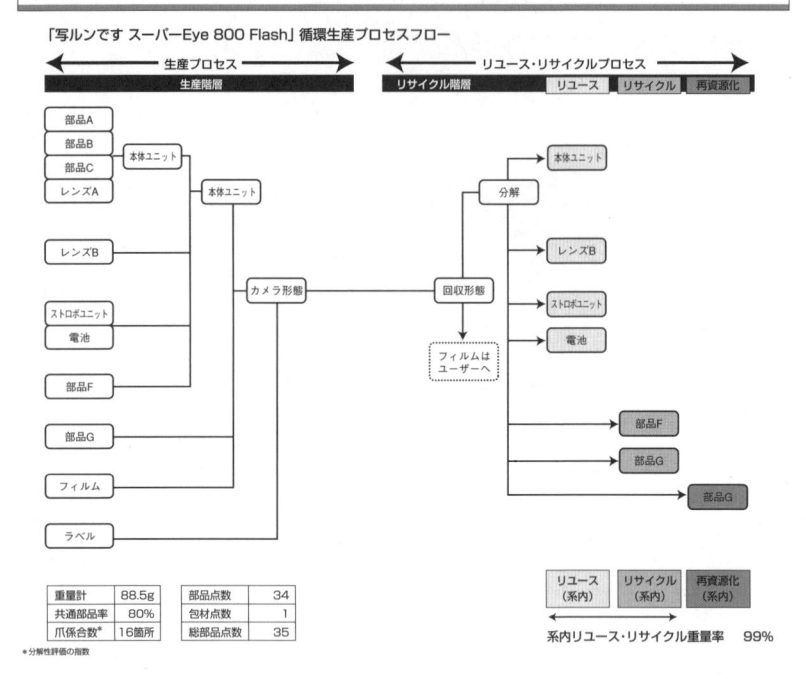

バージン材に比べペレタイズ方式により90％低減されている。系内リユース、リサイクル率は重量比で99％である。年間約300万本、1日10万本分解しているとすれば、その割合が推測できる。

投入資材の有効利用では、ストロボを中心とした部品は5回リユースされている。

物流は、回収はユーザーが現像のために町の写真店に必ず持ってきてくれるため、ミニラボから各地区総合ラボ、そして再生工場へと回収できる。製品配送のバック便を活用して循環生産工場へ輸送している。しかし、同工場は神奈川県南足柄市にあり、全国から輸送するにはコストがかかる。

商品開発のしくみとシステムの発展要因は、「使い捨て」商品のイメージ払拭と

リサイクルを前提とした新製品開発にある。

　課題としては、リサイクルだけではプラスにならないこと、また機能が急勾配で変化するケース（たとえば携帯電話のようなもの）では、困難である。しかし、見た目勝負のものは基盤が別のものに応用できないか、基盤自体の再利用を考える必要があると考えている。

6. サービサイジングの事例からの特徴と課題

モノを売る限界からの発想

　企業の多くが、すでに物を売ることの限界から、機能や付帯したサービスを売るという、新しい経営戦略として発想されている。「物を売ることの限界から、製品の提供するサービスを関連する別のサービスで補強する」、「商品を売るというより、商品を購入するときに、効率的に購入しませんか、という"売るものを使ってどう効率化するかの提案"を売ると考えている」とか、「ハード（機器）単体のビジネスモデルはもう終わった」と考えていることである。

・顧客の囲い込み（信頼できるパートナーと長期間の収入確保）

　それによって、直接的には顧客の囲い込みと顧客のデータ情報管理が生まれている。

　契約の顧客先へ定期的に訪問して、使用済みの汚れた商品と再生商品を交換する、メーターチャージには保守契約や消耗品交換も含まれている、とか、イェーテボリ・エネルギー社のように家庭に断熱材などの設備工事をすることで契約により長期間の収入が確保される、というように、顧客の囲い込みができ、長期間の収入が確保されるメリットがある。

・顧客のデータ情報管理とオンデマンド、そして総合化へ

　メーターチャージ方式では、使用量に基づいて課金したり、エレクトロラックス社の洗濯回数や重量に応じた支払いが、電力供給会社が消費者と同社を結び洗濯機のメーターとインターネットで企業側データベースで結ばれているとか、消耗文具の消費量と在庫管理と文具のエコ比率（CO_2換算排出量）がデータ管理されることで使用による炭酸ガス排出量がわかるなど、データ情報管理がされていることが特徴である。E社は洗濯機以外にも家庭のネットワークにつながる家電製品を展開しているなど、このオンデマンドの顧客のデータ管理とネットワークによ

るサービスの総合化への方向が見られる。

商品開発のしくみと発展要因
・消費者のニーズから発想、消費者のニーズを満たす

　商品開発のしくみと発展要因として、もちろん新しい経営戦略として考えられたのであるが、消費者に受け入れられなければ発展しない。その点で、消費者のニーズにあった商品サービス、消費者のニーズを満たすという発想から生まれている。フィルムを入れなくても写真が取れる、でも使い捨てはもったいない、掃除はするけれど自分で洗わなくても再生されたぞうきんが来る、洗濯には水を少なく電気代も少なくしたい、オフィスの家具の移動やメンテナンスは大変である、できるだけ在庫や伝票の整理や人件費を減らしたい、事業所として排出量を減らしたい等々、消費者のニーズを満たすという発想から開発されたものである。E 社は顧客に機器を導入する時は技術的な話はせず、機能の話しをして、消費者のニーズに合っているかどうか、直接コミュニケーションしている。

　そのため、「本部社員はすべて商品開発やサービス方法の開発マンであり、開発マンがどれだけ環境マインドを持っているかが大きなポイントである」といっているように、消費者と直接関わることで消費者の本当のニーズから開発していくことに発展要因がある。

・社員への環境教育の重視

　そのため、各社では環境教育を重視している点も特徴である。社内広報活動のツールを利用して環境情報の発信や、毎月の壁新聞、組織が巨大化すれば集合教育は難しくなるため、ダスキンのように CS テレビ放送で環境番組を毎週放映しているところもある。

多様なケース
・商品の所有権が企業にある場合、ユーザーにある場合も

　サービサイジングの事例から見ると、製品の所有権が企業にある場合と、ユーザーにある場合があることがわかる。洗濯機や複写機、ぞうきん・モップ、蛍光管などはメーカー・企業に物の所有権があるケースである。オフィス家具や塗装回収装置などはユーザーの所有である。ユーザーの所有から、メーカーに所有権を移すことで新たな展開が可能かもしれない。商品の寿命の長さによって、サー

ビサイジングの展開の仕方が変わってくると考えられる。
・高額で初期投資の大きいもの
　複写機や大量の蛍光灯、家屋の断熱設備、塗料回収装置などは高額で、初期投資が大きく、消費者には負担になる。そのような場合リースやレンタルで機能だけを利用するサービサイジングが適している。初期投資が大きい場合、この初期コストを分散化、平準化できるというメリットが消費者にある。
・規模（使用頻度や使用量）によって範囲が限定される場合もある
　サービサイジングは規模や使用頻度によって適用できる場合とできない場合がある。例えば、複写機などは事業所で毎月数千枚以上コピーされ、メンテナンスも緊急性が高いが、家庭用では使われ方が少なく緊急性が低いとか、蛍光灯のあかりサービスも量が多くないとサービス料金や回収が困難なものがある。
・企業向きと家庭向きがある
　一方で、洗濯機や、ぞうきんやモップのレンタル、室内温度の契約など、一般消費者の家庭を対象とするサービサイジングが成立している。商品によって使用規模が大きくないと成立が難しいものがあるが、各消費者や家庭の消費量は小さくても、全体の使用量が多い場合は、サービサイジングが成立すると考えられる。ぞうきんやモップ、フィルム付きカメラ、室内温度の契約などである。エレクトロラックス社の洗濯回数や重量に応じて支払うというしくみは、島の人口・世帯が少なかったために、事業としての採算が取れなかったといわれている。
　企業と企業の間で成立するものと、企業と一般消費者の間で成立するサービサイジングの条件がみられる。

これからの方向
・リユースの促進と未来を組み込んだ設計の工夫
　各社とも回収と同時にリユースを促進しているのが特徴である。ダスキンのモップやマットの繰り返し再生、再利用で 20 回から 40 回になり、資材投入量と廃棄物発生量も 20 分の 1 から、40 分の 1 になるのが典型事例である。フィルム付きカメラも「使い捨て」というイメージを払拭して、部品のリユースがされている。
　複写機の部品のリユースや、オフィス家具など、試用期間の長いものは、商品開発において、製品のバージョンアップができるように、10 年後求められる製品を埋め込むとか、パーツごとに組み合わせるという考え方を取り入れている。複

写機では機種間や世代間の機種に使用できる共通設計や長寿化設計、分解しやすい易分解・分離設計がされている。

・技術開発して製品を売るよりも環境に影響を及ぼさない持続可能な方向に行く

このような考え方で企業活動することによって、結果として、資源消費を抑え、廃棄物を少なくする、つまり環境に負荷を少なくする持続可能な方向に進んでいるといえる。

課題とまとめ

しかし、サービサイジングを進めるには課題も多いことが事例からわかった。

課題として多くあげられたのは次の点である。効率の良い収集や、廃棄物など復路の物流システムの構築、小口頻度配送と資源との調和のとれた物流システムの見直しなどグリーン物流の構築がその一つである。回収の物流の効率化やコストがリユースを促進する時のポイントになる。また「廃棄物の処理および清掃に関する法律」に係る廃棄物の収集運搬の改善が求められている。

再資源化技術のさらなる開発や、トータルな視点とコストを考えることが重要であり、ライフサイクル・アセスメントを重視しながら、ライフサイクル・コストも今後検討する必要がある。

またサービサイジングを進めるためには、一つの要素として販売店や特約店との関係の改善がある。販売店や特約店からメーカーと消費者の直接の関係へと、いった点がうまく再編成されることも重要である。これまでメーカーは特約店や販売店を通して消費者に商品を届けていたが、サービサイジングでは、メーカーと消費者が直接の関係を持つことで推進される場合が多いからである。生産者と消費者が製品とサービスの伝統的な関係にとらわれずに、必要な関係を創っていくことが求められている。

製品の購入者や排出者や再利用者の意識改革もある。これまで消費者はもっと多くの物を、もっと新しい物を買い、使い捨てるという考え方であった。この路線から、製品（物）から必要なサービス（機能）を買う、使う、循環利用するという考え方に変えることが求められている。

このような点から、サービサイジングは、製品の設計から生産工程は逆工程から考えること、素材供給会社やメーカー、動脈静脈物流会社、使用者、消費者などの関係の再編成が必要になり、企業や消費者の新たな文化を生み出す動きに

なるだろう。経済の活性化と環境負荷の低減の同時達成の可能性があるサービサイジングは、もうすでに始まっている。

槇村久子

【参考文献】

Allen L.White ,Mark Stoughton, Linda Feng(1999), "Servicizing:The Quiet Transition to Extended Product Responsibility" ,Submitted to: U.S.Environmental Protection Agency Office of Solid Waste, Tellus Institute.
Bette K. Fishbein,Lorraine S.McGarry,and Patricia S.Dillon（2000），"Leasing:A Step Toward Producer Responsibility", INFORM.
Bette.K.Fishbein,JohnR.Ehrenfeld,and,John.E.Young(2000)," ExtendedProducerResponsibility：A Material Policy for the 21st Century," INFORM.
天野明弘（2003),「モノとサービスの関係を問い直す〜サービサイジング・イノベーションの時代」『サービサイジング・シンポジウム 21 世紀のエコ生活』地球環境関西フォーラム，pp.4－13．
コクヨ株式会社（2001),「コクヨ環境報告書 2001」．
株式会社ダスキン（2001),「グリーンレポート」．
松下電器グループ（2001),「National／Panasonic2001 年度環境報告書」．
松下電器産業株式会社電材営業本部（2002),「あかり安心サービス」．
日本ペイント株式会社（2001),「Environmental Report 環境報告書 2001」．
富士ゼロックス株式会社（2001),「環境報告書 2001 年版」．
富士フィルム株式会社足柄工場（2001),「富士フィルム足柄工場環境レポート 2001 年版」．
富士写真フィルム株式会社（2001),「富士フィルム環境レポート／2001 年版」．
落合修（2000),「ダスキンのレンタルサービスと循環型社会」『環境管理』（社）産業環境管理協会, Vol.36, No.11, pp.20－25．
金子憲治（2002),「特集欧州企業の真髄」『日経エコロジー』12 月号．

第3部

新たな環境経営手法への取組み

第5章 わが国における環境報告・環境会計をめぐる動向

1. はじめに

わが国では、1990年代に入って、ISO14001にみられる環境マネジメントシステムを構築する企業が急増し、環境活動が体系的かつ継続的に実施されるようになった。そのような中で、企業が行っている環境活動の内容や成果を、各企業が「環境報告書」として冊子にまとめ、一般に公表するという動きがみられるようになった。1990年代後半には、環境報告書を作成して公表する企業の数は急速に増加した。

環境報告書の増加に伴って、環境活動が企業にどのような財務的インパクトを与えているのかに企業内外の関心が寄せられるようになった。そして1999年頃から、環境活動の財務的側面を明らかにするために、環境活動に要したコストとそれによって得られた費用削減額等のベネフィットを対比させ、それを環境会計として環境報告書上で公表する企業が現れるようになった。この背景には、伝統的な財務会計では、環境活動の費用の側面ばかりが認識され、その結果得られた便益が明らかにされず、結果的に環境活動の促進を阻害することにもなりかねない、といった危機感があった。そこで、環境活動が企業経営にどのように貢献しているかを明らかにしようとする環境会計が新たな会計領域として注目されてきたのである。

以下本章では、わが国における環境報告と環境会計をめぐるガイドライン等の制定の動きや、企業による情報開示の動向、さらに国際的な取り組み等について概観する。

2. 環境報告書・環境会計に関するガイドライン

環境報告書ガイドライン

わが国で環境報告が盛んになってきた背景として、環境省によるガイドライン作成等の取り組みが重要な役割を果たしてきた。

環境省がはじめて環境報告に関するガイドラインを公表したのが、1997年の「環境報告書作成ガイドライン」である。2001年2月には、より質の高い環境報告書を作成するための実務的なガイドラインとして「環境報告書ガイドライン（2000年度版）〜環境報告書作成のための手引き〜」（環境省、2001）を公表し、環境報告の普及を図ってきた。その後、2004年3月には「環境報告書ガイドライン（2003年度版）」（環境省、2004a）が公表された。

この環境報告書ガイドライン2003年度版では、環境報告書が備えるべき一般的報告原則として、目的適合性、信頼性、理解容易性、比較可能性、検証可能性の5つがあげられている。そして、環境報告書は環境コミュニケーションの重要なツールであるとともに、社会に対して自らが発生させた環境負荷についての説明責任を果たすものであるとして、環境報告書に記載することが必要な項目や内容を示している。その内容とは、大きく、基本的項目、環境配慮の方針・目標および実績等の総括、環境マネジメントの状況、環境負荷及びその低減に向けた取組の状況、社会的取り組みの状況の5つであり、それぞれについてさらに詳細な内容が合計25項目あげられている。

なお、環境省のガイドラインとは別に、経済産業省から2001年に「ステークホルダー重視による環境レポーティングガイドライン2001」（経済産業省、2001）も公表されている。

環境会計ガイドライン

わが国における環境会計の発展の契機となったのは、環境省が1999年に公表した「環境保全コストの把握及び公表に関するガイドライン（中間とりまとめ）」である。以後、環境会計理論や実務の進展に合わせてガイドラインは適宜改訂され、内容の拡充が行われてきた。最新のものは2002年3月に「環境会計ガイドライン2002年版」（環境省、2002a）として公表されている。これはあくまでガイドラインであって強制ではないが、わが国における環境会計の普及とレベルアップにこのガイドラインが果たした役割は大きい。

この環境会計ガイドラインによる環境会計の定義によれば、「環境会計とは、企

図1　環境保全コストとベネフィットの対応関係

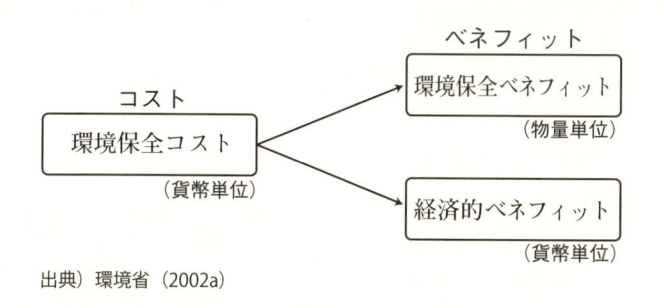

```
            ベネフィット
            ┌─────────────┐
            │環境保全ベネフィット│
   コスト    └─────────────┘
┌─────────┐ ↗     （物量単位）
│環境保全コスト│
└─────────┘ ↘ ┌─────────────┐
 （貨幣単位）   │経済的ベネフィット│
              └─────────────┘
                 （貨幣単位）
```

出典）環境省（2002a）

業等が、持続可能な発展を目指して、社会との良好な関係を保ちつつ、環境保全への取組を効率的かつ効果的に推進していくことを目的として、事業活動における環境保全のためのコストとその活動により得られた効果を認識し、可能な限り定量的（貨幣単位又は物量単位）に測定し伝達する仕組み」とされる。この環境会計は、図1に示すように、環境保全コストと環境ベネフィットを対応させる形式になっており、企業の環境対策の効率性を評価するのに役立つようになっている。なお、環境ベネフィットについては、基本的には物量単位による環境負荷削減量を開示し、同時に、経済的ベネフィットもあわせて開示することとしている。

環境会計ガイドラインでは、各コスト・ベネフィット項目の内容や策定方法を規定し、それを公表するためのフォーマットを提示している。表1は、最も包括的なフォーマットであり、多くの企業がこのフォーマットに基づいて環境会計情報を開示している。実際に、環境会計を開示している企業の90％以上が環境省のガイドラインを参考にしており、これはわが国における環境会計実務の大きな特徴となっている（梨岡，2003，184ページ）。ただし、ガイドラインに各社様々な創意工夫を加えて、独自に環境ベネフィット等を算定・表示する動きも広がっている。

さらに、環境省では、環境会計の普及と促進の一環として、「環境会計支援システム」を構築している。「環境会計支援システム」とは、企業等が環境会計を導入・公表しやすくするために、無料で環境会計ソフトウェア（図2）を提供し、また、情報の受け手側にとっても、様々な企業の環境会計情報を検索し閲覧でき

134　第3部　新たな環境経営手法への取組み

表1　環境会計公表用フォーマット

環境保全効果対比型フォーマット（公表用C案）

集計範囲：（　　　　　　　　）
対象期間：　年　月　日～　年　月　日
単　位：（　　）円

環　境　保　全　コ　ス　ト

分類	主な取組の内容	投資額	費用額
(1) 事業エリア内コスト			
内訳 (1)-1 公害防止コスト			
(1)-2 地球環境保全コスト			
(1)-3 資源循環コスト			
(2) 上・下流コスト			
(3) 管理活動コスト			
(4) 研究開発コスト			
(5) 社会活動コスト			
(6) 環境損傷対応コスト			

○上記(1)～(6)に当てはまらないコストではあるが環境保全に関連するコストがあり、それをその他のコストとして記載する場合には、範囲が不明確にならないように内容や理由について開示します。

項　目	内　容　等	金　額
当該期間の投資額の総額		
当該期間の研究開発費の総額		

環境保全効果

効果の内容	環境保全効果を表す指標	
	指標の分類	指標の値[*2]
(1) 事業エリア内コストに対応する効果	①事業活動に投入する資源に関する効果[*1]	エネルギーの投入
		水の投入
		各種資源の投入
	②事業活動から排出する環境負荷及び環境物に関する効果	大気、主要への排出
		水域、土壌等への排出
		廃棄物等の排出
	その他	
(2) 上・下流コストに対応する効果	③事業活動から産出する財・サービスに関する効果[*3]	
	④輸送その他に関する効果	
	その他	
(3) その他の環境保全効果		

[*1] 環境保全効果を、環境保全コストの各分類に対応させて集計することが困難な場合は、環境保全効果を、上表の(1)～(3)に分けなくても構いません。

[*2] 量で表す指標については、基準期間と当期間で環境負荷の総量を指標として記載します。なお、原単位を比較した差を併記することも可能です。

[*3] 事業活動から産出する財・サービスの使用時、廃棄時の環境保全効果の算定には、仮定が多く含まれるので、他の効果と判別できるようにします。

環境保全対策に伴う経済効果 ―実質的効果―

効果の内容	金　額
収益	主たる事業活動で生じた廃棄物のリサイクル又は使用済み製品等のリサイクルによる事業収入
費用節減	省エネルギーによるエネルギー費の削減
	省資源又はリサイクルに伴う廃棄物処理費の削減

出典　環境省（2002a）

第5章　わが国における環境報告・環境会計をめぐる動向　135

図2　環境省の環境会計支援ソフトウェア

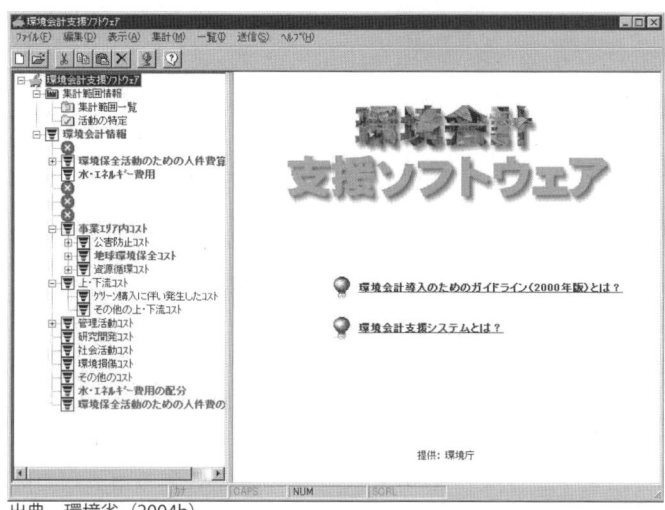

出典　環境省（2004b）

るようにしたものである。環境会計支援システムの解説の入手および環境会計支援ソフトウェアのダウンロードは、環境省のホームページから可能である。

環境報告書・環境会計・環境パフォーマンス指標の相互関係

環境省では、環境会計ガイドラインと、既に述べた環境報告書ガイドラインに加えて、企業活動が環境に与える影響や環境への負荷、環境対策の効果を把握・評価するために「事業者の環境パフォーマンス指標ガイドライン」も公表している。そして、この3つのガイドラインの相互関係を図3のように示している。

3. 環境報告書・環境会計公表をめぐる実務動向

環境報告書公表企業数の推移

環境省の「平成14年度　環境にやさしい企業行動調査」（環境省、2003a）[1]

136　第3部　新たな環境経営手法への取組み

図3　環境報告書・環境会計・環境パフォーマンス指標の相互関係

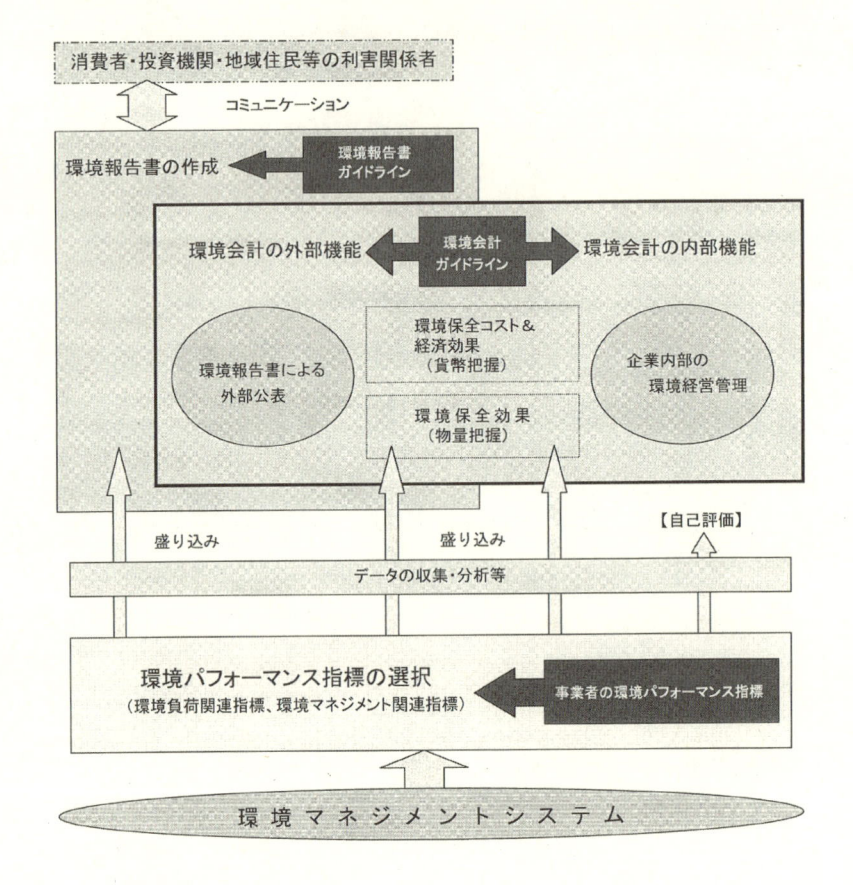

出典　環境省（2004c、4ページ）

図4　環境報告書・環境会計公表企業数の推移

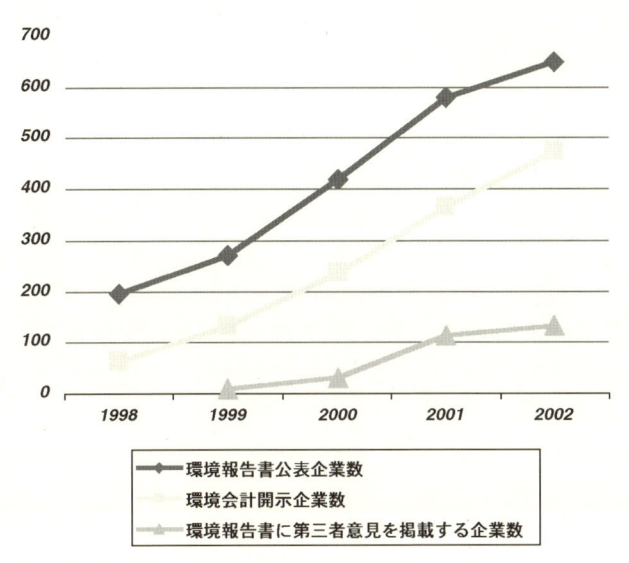

[グラフ: 1998年から2002年までの推移]
- 環境報告書公表企業数: 1998年約200社 → 2002年約650社
- 環境会計開示企業数: 1999年頃から増加 → 2002年約470社
- 環境報告書に第三者意見を掲載する企業数: 2002年約130社

出典　環境省（2003a, 79, 82, 98ページ）より作成

によれば、2002年に環境報告書を作成し公表した企業の数は、650社にのぼっている（うち、上場企業数は450社、非上場企業数は200社）。その数は、わずか5年前（1997年）には169社であったことと比べると、4倍近い伸びをみせている（図4）。また、上場企業に占める環境報告書発行企業の割合は23％であり、今後ますます増加するものとみられる。なお、環境報告書は、各企業に直接請求して入手することができ、また、企業のホームページからも閲覧することができる。

なお、環境報告書を公表する企業はどのような目的で環境情報の開示を行っているのだろうか。環境省の同調査（環境省、2003a、91ページ）によると、回答数の多い順に「社会的に説明責任を果たすため」、「自社における環境に関する取り組みのPRのため」、「利害関係者とのコミュニケーションのため」、「社員等へ

の環境に関する教育のため」といった目的があげられている。

また、企業が環境報告書をどのような利害関係者に対して配付しているのかについて、最も多い回答は「要求に応じて配付」というものであるが、それを除いた配布先は、取引先等（63％）、行政機関（56％）、株主等（54％）、社員等（52％）、消費者等（43％）、環境NGO等（40％）、近隣住民（29％）の順となっている（複数回答）（環境省、2003a、91ページ）。

環境会計情報公表企業数の推移

環境報告書において環境会計情報を開示する企業数は、図4に示すように増加の一途を辿っており、2002年には474社の企業が環境会計情報を開示している。この他に、開示はしていなくとも環境会計を既に導入している企業も合わせた数は573社にのぼっている。環境会計がこれほど多くの企業で導入されている国は他にはみられない。

なお、この573社を業種別にみてみると、製造業が約3／4を占め、次いで運輸・通信業、建設業、小売・飲食業、サービス業となっている。

環境報告書の第三者レビュー

環境報告書は、各企業が環境省のガイドライン等に沿って自主的に作成・公表しているものであり、法的に提出を義務づけられているものではない。そのため、環境報告書の監査も求められていない。これは、有価証券報告書等に含まれる財務会計情報が公認会計士の法定監査を受けることによって社会的な信頼を得なければならないのとは対照的である。

現状では、企業によって環境報告書の内容や質にばらつきがみられることから、自社の環境報告書の信頼性を確保するために、自主的に第三者機関による検証や第三者レビューを受ける企業も増えている。図4に示すように、2002年には、環境報告書作成企業650社のうち、131社（20.2％）が第三者レビューを受けて、その結果を環境報告書上に掲載している。この他に、今後受けることを検討している企業数は190社（29.2％）にのぼっている。

これらの第三者レビューの内容としては、多い順に、環境活動の取り組み全般についての意見・感想等の記述、情報の正確性のレビュー、取り組みの妥当性のレビュー、所定のガイドライン等への準拠性のレビュー、となっている。このように、

ひとくちに第三者レビューといってもその内容は多様であるため、読者が混乱しかねない。そこで、環境報告書の第三者レビューの仕組みの整備に必要となる基準として、環境省は 2004 年 3 月に「環境報告書審査基準委員会報告書」を公表している。第三者レビューに関しては、日本公認会計士協会から「環境報告書保証業務指針（中間報告）」も公表されている。

なお、企業が第三者レビューを依頼している組織（者）については、監査法人（44％）、学者・研究者（11％）、環境コンサルタント（11％）、環境 NGO／NPO（9％）、技術コンサルタント（1％）、その他（15％）の順となっている（環境省、2002b、65 ページ）。

環境報告書データベース

環境省は、環境報告書データベースを作成し、2002 年の 9 月から公開している。このデータベースでは、各企業の環境報告書について、環境報告書ガイドラインの記載必要項目の記載があれば○、記載がなければ△、記載はあるが十分ではないものを×と表示している（図 5）。この環境報告書データベースには、環境省の「事業者の環境パフォーマンス指標（2000 年度版）」に基づく、各社の主要な環境パフォーマンスデータも掲載されている。

4．環境報告・環境会計導入のインセンティブ

わが国で環境報告が盛んになってきた要因としては、環境省等がガイドラインを公表したことの他に、企業にとって様々なインセンティブが存在する。

例えば、わが国には、2 つの環境報告書表彰制度が存在する。1 つは、環境省の後援のもとで地球・人間環境フォーラム・全国環境保全推進連合会が実施している「環境レポート大賞」であり、もう 1 つは、東洋経済新報社とグリーンリポーティング・フォーラムが共催する「環境報告書賞（グリーン・リポーティング・アウォード）」である。

また、環境経営格付機構をはじめとする複数の環境格付が存在しており、環境情報開示が格付け評価のひとつとして取り上げられている。

この他に、社会的責任投資（SRI）の一種であるエコファンドが、わが国では 1999 年に発売されて以来、現在では 11 の金融機関が取扱い、純資産額は約

140　第3部　新たな環境経営手法への取組み

図5　環境省環境報告書データベースのサンプル

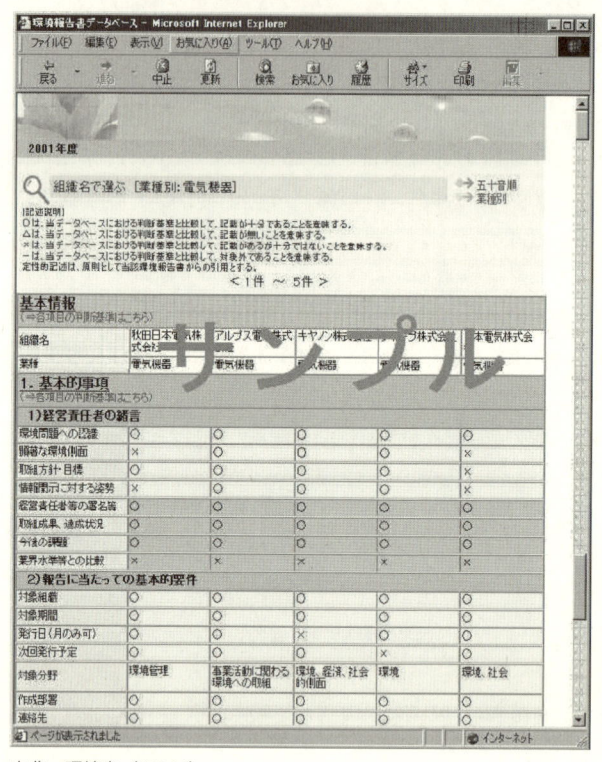

出典　環境省（2004d）

700億円（2003年2月現在）となっている。エコファンドでは、企業の環境報告書等で開示された情報を利用して、投資対象銘柄の選定を行っている。

　これらのしくみは、環境対策や活動を積極的に推進する企業を評価し、企業のイメージアップや株価の上昇に寄与すると同時に、環境対策に消極的あるいは環境活動を実施していない企業に対して結果的にペナルティを課すこととなる。企業が環境対策の実施とその情報開示に消極的であり続けるならば、企業活動の様々な側面で不利な影響を受けることにもなりかねない。また、企業の環境情報

図6　環境管理会計ツールの位置づけ

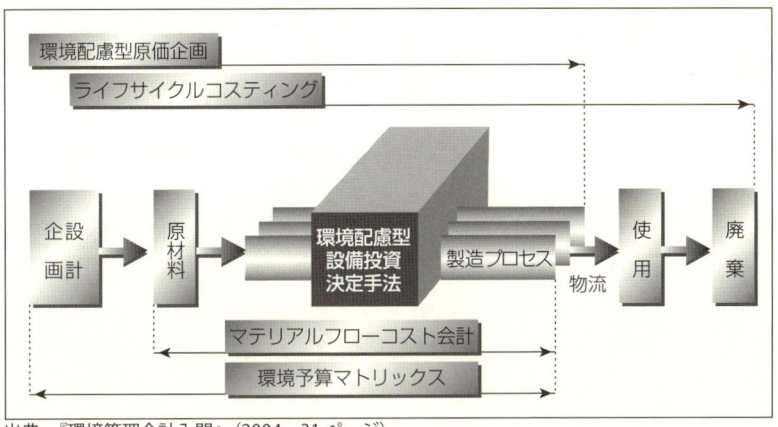

[図：環境配慮型原価企画、ライフサイクルコスティング、企画設計→原材料→環境配慮型設備投資決定手法→製造プロセス→物流→使用→廃棄、マテリアルフローコスト会計、環境予算マトリックス]

出典　『環境管理会計入門』（2004、31ページ）

開示が株価にプラスに寄与することを示す実証研究も出てきており、この研究結果は、企業の環境報告をさらに後押しするものになると思われる（石川・向山、2002）。

5. 環境管理会計の進展
　　—— 経済産業省の環境管理会計プロジェクト

　環境省の環境会計ガイドラインに基づく環境会計は、情報開示の側面に焦点があてられているが、環境会計の普及とともに、これを情報開示のためだけではなく、効果的で効率的な環境活動を実現するための経営管理ツールとして役立てようとする動きがでてきた。このような環境会計は、環境管理会計とよばれている。環境管理会計では、企業のニーズによって様々な利用方法が考えられるが、そのベンチマークを確立するために、経済産業省（当時、通商産業省）の主導によって、1999年から3年間にわたって環境管理会計のプロジェクトが行われた。
　このプロジェクトでは、環境配慮型設備投資決定、環境予算マトリックス、環境

配慮型原価企画、マテリアルフローコスト会計、ライフサイクルコスティング、環境配慮型業績評価の6つの手法が開発され、企業での試験的導入が行われた。この6つの手法は、図6のように位置づけられている。

　環境配慮型設備投資決定とは、環境設備投資を評価するための会計情報（環境コストおよび設備投資額）に環境負荷情報等を加味し、意思決定に役立てるための手法である。企業が、環境対策のための設備投資プロジェクトを企画する際、または、複数の設備投資プロジェクトから実行すべきものを選択する際に用いられる。

　環境予算マトリックスとは、品質原価計算におけるコスト分類に準じて環境コストを分類し（環境保全コスト、環境評価コスト、内部負担環境ロス、外部負担環境ロス）、各コストの対応関係を評価することで環境改善活動に投下された経営資源の有効活用を支援する手法である。企業の環境負荷と関連する支出を、視覚的にも理解しやすい形で経営管理者に効果的に伝達するものである。

　環境配慮型原価企画とは、環境配慮製品の設計・開発段階において、リサイクル容易性や廃棄物減量化、省エネルギー、省資源化といった環境保全性の評価の視点を取り込むための手法である。

　マテリアルフローコスト会計とは、製造プロセスを原材料（マテリアル）のフローとストックとしてとらえ、物量センターとよばれる測定ポイントごとに、マテリアルの素材別に物量情報と金額情報で追跡するシステムである。そうすることによって、伝統的な原価計算では把握されない廃棄物の原価を適切に評価し、製造工程における非効率や改善点を明らかにするのである。

　ライフサイクルコスティングとは、製品の環境影響評価手法であるライフサイクルアセスメント（LCA）に、経済的視点を付加した手法である。循環型社会の構築にあたっては、企業内で行われる活動だけではなく、原材料の調達や製品の使用・廃棄段階をも含めた、ライフサイクル全体における環境負荷と環境コストを考慮することが重要となっているからである。

　環境配慮型業績評価とは、業績評価システムに環境パフォーマンス情報を組み込んだものである。企業活動と環境保全活動を統合するためには、経営システムの根幹をなす業績評価システムに環境パフォーマンスを連携させることで、環境保全活動が企業の目的とリンクされて、全社的かつ継続的な活動として認知されることができるのである。

なお、このプロジェクトの成果は、「環境管理会計手法ワークブック」(経済産業省、2002)として公表されている。

6. 国際的ネットワーク

以上、わが国における環境報告と環境会計の動向について述べたが、環境報告や環境会計はその発展の初期の段階から国際的な連携のもとで研究や普及活動が行われてきた。

環境報告に関しては、最近、環境情報開示に加えて、社会面・経済面の情報開示を含めた持続可能性(サステナビリティ)報告が注目・実践されてきている。この持続可能性報告は、グローバル・リポーティング・イニシアティブ(Global Reporting Initiative, GRI)が中心となってガイドラインを作成し、わが国においてもこのガイドラインに沿ってサステナビリティ報告書を公表する企業が増加してきている。持続可能性報告は、今後の環境報告のあり方を見極める上で重要な概念となってきている(持続可能性報告についての記述は第7章を参照のこと)。

また、環境会計に関しては、主要な国際的ネットワークとして、欧州環境管理会計ネットワーク(Environmental Management Accounting Network-Europe: EMAN-Europe)、アジア太平洋環境管理会計ネットワーク(Environmental Management Accounting Network-Asia Pacific: EMAN-AP)、また、アメリカを中心とした環境管理会計研究情報センター(Environmental Management Accounting Research and Information Center: EMARIC)が存在する[2]。

EMAN-Europe は、欧州委員会(European Commission: EC)が 1996 ～ 1998 年にかけて実施した ECOMAC プロジェクト(Eco-Management Accounting as a Tool of Environmental Management)が基となって 1999 年に創設されたものである。EMAN-AP は、アジア太平洋地域における環境会計の発展のために 2001 年に創設された。いずれも、環境会計の発展と国際的調和化にむけて、ウェブサイトでの情報発信や情報交換、会合の開催等を行っている。なお、現在、EMAN-America の創設に向けた動きが進行中である。

EMARIC は、アメリカ環境保護庁(US EPA)の資金援助を得て、US EPA の環境会計プロジェクトの研究を引き継いで 2001 年に設立された。テラス研究所(Tellus Institute)がウェブサイトの管理等を行い、国連持続可能開発部(UNDSD)

やイギリス勅許会計士協会（ACCA）も協力している。EMARIC は、環境管理会計の研究・実践・教育・情報提供等を目的として、データベースの作成、ガイダンスやソフトウェア・教材等の提供、既存の会計情報システムの統合化等に取り組んでいる。EMARIC のウェブサイト（本章注 4 参照）は、環境会計の包括的な情報源となっており、膨大な報告書、資料、ケーススタディ等を閲覧・入手することができる[3]。

また、国連持続可能開発部（United Nations Division for Sustainable Development: UNDSD）は、1999 年から、環境管理会計の普及・促進に向けたプロジェクトを開始している。具体的には、環境管理会計に関する各国の政府機関・専門家・企業間の国際会議の開催、情報交換や情報のフィードバック等の支援を行っている[4]。

わが国における環境報告・環境会計は、政府の取り組みが原動力となって、既に多くの企業に取り入れられてきた。今後は、普及の段階を越えて、持続可能な社会の構築に向けて、あるべき企業活動を導くような環境報告・環境会計がどうあるべきかをという視点から、国際的な動向をも見据えた上での研究・実務面のさらなる取り組みが求められよう。

阪　智香

【注】

1. 本調査の有効回答企業数は、上場企業 1323 社、非上場企業 1644 社、合計 2967 社である。
2. 欧州環境管理会計ネットワーク（EMAN-Europe）
   http://www.eman-eu.net/
   アジア太平洋環境管理会計ネットワーク（EMAN-AP）
   http://www.eman-ap.net/jp/index.html
3. 環境管理会計研究情報センター（EMARIC）http://www.emawebsite.org/
4. 国連持続可能開発部（UNDSD）
   http://www.un.org/esa/sustdev/sdissues/technology/estema1.htm

【参考文献】

環境省（2001）「環境報告書ガイドライン（2000 年度版）～環境報告書作成のための手引き～」http://www.env.go.jp/policy/report/h12-02/index.html
環境省（2002a）「環境会計ガイドライン 2002 年版」
　　　http://www.env.go.jp/policy/kaikei/guide2002.html
環境省（2002b）「平成 13 年度　環境にやさしい企業行動調査」
　　　http://www.env.go.jp/policy/j-hiroba/kigyo/h13/
環境省（2003a）「平成 14 年度　環境にやさしい企業行動調査」
　　　http://www.env.go.jp/policy/j-hiroba/kigyo/h14/
環境省（2003b）「事業者の環境パフォーマンス指標ガイドライン（2002 年版）」
　　　http://www.env.go.jp/policy/report/h15-01/index.html
環境省（2004a）「環境報告書ガイドライン（2003 年度版）」
　　　http://www.env.go.jp/policy/report/h15-05/index.html
環境省（2004b）「環境会計支援システム」http://env-ac1.eic.or.jp/
環境省（2004c）「環境会計の理解のために」
　　　http://www.env.go.jp/policy/kaikei/pamph/index.html
環境省（2004d）「環境報告書データベース」http://www.kankyohokoku.jp/
経済産業省（2001）「ステークホルダー重視による環境レポーティングガイドライン 2001」http://www.meti.go.jp/policy/eco_business/
経済産業省（2002）「環境管理会計手法ワークブック」
　　　http://www.meti.go.jp/policy/eco_business/
國部克彦編・経済産業省産業技術環境局監修（2004）『環境管理会計入門――理論と実践』産業環境管理協会。
梨岡英理子（2003）「日本企業の環境会計情報開示の現状と課題」、國部克彦・梨岡英理子監修, 地球環境戦略研究機関（IGES）関西研究センター編『環境会計最前線――企業と社会のための実践的なツールを目指して』省エネルギーセンター、175-196。
石川博行・向山敦夫（2002）「環境情報と企業評価」『會計』第 163 巻第 1 号、56-71。

第6章 企業の社会的責任について

1. はじめに

　21世紀に入り、企業の社会的責任（CSR[1]）に関する国際的な取組みが大きく進んだ。OECD（経済協力開発機構）は、2001年に多国籍企業に関する企業責任のガイドライン（OECD（2001））を作成し、欧州連合理事会も同年企業の社会的責任に関するグリーンペーパー（Commission of the European Communities（2001））を発表した。このような流れを受けて、国際標準機構（ISO）はISOが企業の社会的責任に関する国際規格を作成するのが適当かどうかを検討し、検討の開始を妥当とする報告書（ISO（2002））に基づいて組織の社会的責任（OSR[2]）に関する国際規格づくりの検討を進めている（ISO（2003a, 2003b））。
　本章では、企業が社会的責任を果たすべき課題としてどのようなものが議論の対象とされているのか、その課題について、どのような取組みがなされようとしているのか、そして、企業の社会的責任の問題が、それ自体の重要性とともに、環境問題と平行して論じられることが多いのはなぜかといった問題について検討する。

2. 2つのアンケート調査

　企業の社会的責任に関する議論に入る前に、2つの興味深いアンケート調査の結果を見ておきたい。いずれも米国で行われたもので、1つはビジネスウイーク誌1996年2月、1999年12月、2000年6月、2000年8月と4回にわたり、それぞれ約1,000名の成人を対象にして米国企業の評価に関する世論調査[3]を行ったもの（BusinessWeek Online（2000））、もう1つはプライスウオーターハウスクーパーズ社が2002年および2003年に企業の社長に対して行ったアンケート調査（PricewaterhouseCoopers（2002, 2003））である。

まず、ビジネスウイーク誌の調査は、米国経済が長期の経済的繁栄を謳歌していた時期に行われたものであり、「米国のビジネス界は、1990年代の繁栄に多大の貢献をしたか」という問いには、68％がそう思う、または強くそう思うと回答して、人々が市場経済の成果に高い評価を与えていることが示されている。しかし、それと同時に「企業がアメリカ人の生活に対して過度の力を振るったり、余りにも多くの側面に影響し過ぎたりしていると思うか？」という質問に対しては、82％（6月調査）および72％（8月調査）がそう思う、または強くそう思うと答えている。世論調査の最後の問いは、次の2つの考え方、すなわち

・「米国の企業は、ただ一つの目的—株主のために最大の利潤をあげること—を追求すべきであり、そうすることが長期的にみてアメリカにとって最善のことであろう。」また、

・「米国の企業は、1つよりも多くの目的をもつべきである。企業は従業員や操業地のコミュニティーにも負うところがあるものであり、ときには利潤の一部を割いて従業員やコミュニティーの状況をよくするために用いるべきである。」

という考え方のどちらに強く共鳴するかを選ばせるものである。その回答は、1999年も2000年も、95％という圧倒的多数が後者に賛同する結果となっている。1999年には5％が前者を選び、2000年には4％が前者、1％が不明（もしくは無回答）であった。

それでは、企業の側ではどのように考えているのであろうか。2002年1月に発表されたプライスウオーターハウスクーパーズ社の第5次グローバルCEOサーベイ（PricewaterhouseCoopers（2002））では、「持続可能性とは、概ね広報・渉外などの対社会的関係の問題であると思うか」という問いに対して、そう思わない（32％）、強くそう思わない（35％）と否定的な見解が3分の2を占め、「持続可能性はどの企業にとっても収益性を決める重要問題であると思うか」という問いに、そう思う（38％）、強くそう思う（41％）と肯定的な見解が8割を占める結果となった。

表1は、同社が翌年に行った同様なアンケート調査（PricewaterhouseCoopers（2003））の中で、持続可能性へのアプローチに関連して、企業が現在取り組んでいる課題について、回答の多かった順位を示したものである。あらためて、行動綱領や経営倫理の見直しを行っていることとともに、自社の活動、サプライチェーン、製品ライフサイクルなどの面での環境負荷低減や、雇用の機会均等、従業

表1　重要な取組み項目

現在取り組んでいる項目（取組み企業の割合）	%
1. 価値、倫理、行動綱領	87
2. 雇用の機会均等と多様化	76
3. 経営活動の環境影響	71
4. サプライチェーンの持続可能性パフォーマンス	64
5. 仕事と生活のバランス	55
6. 製品のライフサイクルを通した環境負荷	51
7. 環境訴訟	49
8. 人権問題（児童労働を含む）	48
9. 温室効果ガス排出削減	40

出典　PricewaterhouseCoopers (2003), Exhibit 13.

表2　持続可能性へのアプローチに重要な影響を及ぼす要因

持続可能性アプローチへの影響 （著しい影響＋かなりの影響の割合）	%
1．名声、ブランド	79
2．社員にとっての魅力	69
3．原価管理／原価削減	66
4．リスク管理	64
5．株主価値の増大	63
6．政府の規制	62
7．取締役会の影響	61
8．投資家の圧力（社会的責任投資を含む）	39
9．外部の圧力団体	26

出典　PricewaterhouseCoopers (2003), Exhibit 14.

表3　会社の名声に重要な影響を及ぼす要因

会社の社会的名声に影響を及ぼす要因 （回答企業の割合）	%
1. 健康で安全な職場環境の提供	96
2. 法的要件の有無にかかわらず全ステークホルダーに責任ある対応をすること	84
3. 株主価値の創造	74
4. 良好な環境パフォーマンス	71
5. コミュニティー事業の支援	71
6. 慈善事業への寄付	54
7. 外部の認定	51

出典　PricewaterhouseCoopers (2002), Exhibit 6.

員の生活面での時間的余裕などに配慮した取組みが行われていることがわかる。しかし、人権問題や温暖化対策が相対的に低い位置にあるなど、米国社会の一端を示している面もある。

　表2は、同じアンケート調査から、企業の持続可能性へのアプローチに強い影響を及ぼす要因の順位を示したものである。第3位から第7位までの要因が企業の収益性に影響する実体的要因であるのに対して、自社の名声、ブランドと、社員・従業員の評価といった要因は、ステークホルダーによる企業の総合的評価を示す要因であり、環境問題や社会的問題への経営のアプローチが新たなボトムラインとして加えられるようになった背景を如実に示している。なお表3は、2002年の第5次アンケート調査から、会社の社会的名声に影響を及ぼすと考えられている要因を参考までに掲げたものである。社員・従業員を含むステークホルダーへの責任ある対応が伝統的な株主価値の創造に勝る要因として認識されていることが確認できる。

3. 企業の社会的責任とは

　企業、とくに大企業に対する社会の信頼度が今日ほど低下したことはなく、そ

れを回復することが緊急の課題であることは、国際的な共通認識となっている（たとえば、IISD-ISO（2003）参照）。しかし、企業の社会的責任がどういうものかを定義するのは、簡単ではない。企業が置かれている文化的・社会的・経済的諸条件によって、ステークホルダーの範囲や関係は異なり、したがってそれらとの関係でみた企業の責任の内容も異なり得るからである。

　一例として、欧州委員会は、「企業の社会的責任とは、企業が自主的にその社会的、環境的関心を自らの活動に統合化するとともに、ステークホルダーとの相互関係の中にも統合化することである」と定義している。そして、社会的責任を果たすということは、単に法的な要請を満たすだけではなく、遵守を超える目標を掲げ、その達成のため、人的資源、環境、およびステークホルダーとの関係に投資することであって、環境面で責任ある技術や経営実践への投資は企業の競争力向上に繋がり、労働環境や職場の健康・安全への投資は生産性を高めることがこれまでの経験から知られていると述べている（Commission of the European Communities（2001）, pp. 6-7.）。

　国際標準化機構（ISO）は、企業の社会的責任に関する国際規格をISOが作成するのが適当かどうかを検討する委員会の報告書の中で、持続可能な発展に関する世界経営協議会（WBCSD[4]）や社会的責任経営（BSR[5]）を含むいくつかの定義を検討している。

　　WBCSD：企業の社会的責任とは、企業が、従業員、かれらの家族、地域コミュニティー、社会一般とともに働き、彼らの生活の質を改善する目的をもって持続可能な経済発展に貢献するコミットメントである。

　　BSR：企業の社会的責任とは、社会が企業に対して抱いている倫理的、法的、商業的、公共的な期待を満たし、さらにそれを超えて企業活動を行うことである。先導的な企業から見れば、CSRとは個別の実践や職業的ジェスチュア、あるいはマーケティング、広報、その他の企業利益のための活動の寄せ集めではなく、トップマネジメントが支持し奨励する経営活動ならびに意思決定過程全般を通して統合化された政策、実践、プログラムの包括的な集合体である。

　そして、企業の社会的責任の定義が多くの場合トリプル・ボトムラインと呼ばれ

る経済的、社会的、環境的側面での企業のパフォーマンスを測定し報告する枠組概念と重なっていることを指摘し、とりわけ次の 5 つの点が重要視されつつあると述べている。第 1 に、製品やサービス自体と同様に、それらを生産し、提供する過程が重要であること、第 2 に、顧客、従業員、かれらの家族から、供給業者、より広いコミュニティー、環境、投資家、株主、および政府に及ぶサプライチェーンを通して企業に関連するすべてのステークホルダーから企業はかなりの恩義を受けていること、第 3 に、法の文言と精神を遵守することは必須であるが、企業の社会的責任はまた企業に対して法に規定されていない問題にも対処することを求めるものであること、第 4 に、透明性、説明責任、一般への開示、株主の実質的関与とそれへの報告などが基本的重要項目であること、そして第 5 に、過程とパフォーマンスに対する統合的、整合的、包括的で首尾一貫したアプローチが必須であることなどである（ISO（2002），pp. 4-5.）。

4. 企業の社会的責任に関する問題項目とその重要度

OECD は、2001 年に多国籍企業の責任に関する包括的なガイドラインを策定したが（OECD（2001a））、その際、企業の責任を定めた他のいくつかの文書と比較検討している。中でも、これらの文書がどのような問題領域を取り上げているかを比較しているので、共通性の高い問題が何かを知ることができる。比較に取り上げられた文書は、(1) コー経営原則[6]（Caux Roundtable（1986））、(2) グローバル・レポーティング・イニシアティブ[7]（GRI（2002））、(3) グローバル・サリバン原則[8]（Mallenbaker.net（1999））、(4) OECD 多国籍企業ガイドライン[9]（OECD（2001a））、(5) ベンチマークス・グローバル企業責任原則[10]（Global Principles Network（2003））、(6) 社会的責任 8000（SA 8000[11]）（Social Accountability International（2001））、(7) 国連グローバル・コンパクト[12]（United Nations（2003））の 7 つである。

OECD の委嘱を受けて BSR はこれらの文書で取り上げられている問題を、(1) 説明責任、(2) 企業行動、(3) 地域コミュニティーへの関与、(4) 企業統治、(5) 環境、(6) 人権、(7) 市場・消費者、および (8) 職場・雇用の 8 つの範疇に分けている。

BSR は、これらの 8 つの範疇をさらに 54 の項目に細分化しており、それらを

見れば企業の社会的責任の中でどのような範囲の問題が問われているかが分かる。以下は、その項目で、かっこ内の細項目も含めて総数が54である。
(1) 説明責任：透明性、ステークホルダーの関与、報告（業績報告、環境成果、人権問題）、モニタリング・検証（業績報告、環境成果、人権問題）、基準の適用（当該企業、提携企業）－10項目
(2) 企業行動：一般的責任、法の遵守、価格固定・談合・独占行為等の競争行動、汚職、政治活動、特許権・知的財産権、不正の告発、利害対立－8項目
(3) 地域社会への貢献：一般的事項、地域経済経営への関与、地域従業員・地域の雇用促進、事前活動－4項目
(4) 企業統治：一般的事項、株主の権利－2項目
(5) 環境：一般的事項、予防原則、製品ライフサイクル、企業の環境問題に関するステークホルダーの関与、環境教育、環境管理システム、公共的環境改善－7項目
(6) 人権：一般的事項、健康と安全、児童労働、強制労働、結社の自由、賃金・各種給付、先住民の権利、人権教育、規律、保安要員、労働時間・超過勤務－11項目
(7) 市場・消費者：一般的事項、マーケティング・広告、製品の品質・安全、消費者のプライバシー、欠陥製品の回収－5項目
(8) 職場・雇用：一般的事項、差別の撤廃、訓練、人員削減・レイオフ、ハラスメント・職権乱用、子供・高齢者問題、産休・育休－7項目

OECDのものも含めた7つのガイドラインで、すべてのものが取り上げた項目は、説明責任と人権の2項目であり、その他の項目の取り上げ方については、かなりのばらつきがある。もっとも包括的なものはBenchmarksで、54項目中の44項目を取り上げている。OECDのガイドラインがこれに次いで38項目を扱っている。いずれも8つの範疇すべてをカバーしているが、同様に8つの範疇について何らかの言及をしているのは、コー原則（27項目）とGRI（27項目）である。残りの3つは企業統治と市場・消費者の2つの範疇を含まないサリバン原則（19項目）およびグローバル・コンパクト（12項目）と、逆に説明責任、企業統治、人権、職場・雇用の4つの範疇のみに限定された、社会的責任8000（20項目）で、特定の問題領域に集中した原則とか、一般的な枠組みに関する原則を示そう

としたものといえる。

　8つの範疇の諸項目で、これら7つのグローバル諸原則に取り上げられた総数は、説明責任44、人権29、企業行動25、職場・雇用21、環境20、地域社会への貢献14、市場・消費者13、企業統治6などとなっており、分野ごとの項目数当たりの割合（各分野で取り上げられた総数を当該分野で用意された項目総数で除した比率）で見れば、説明責任0.63、地域社会への貢献0.50、企業行動0.45、企業統治および職場・雇用0.43、環境0.41、人権0.38、市場・消費者0.37となっている。取り上げられた総数という意味では、説明責任、人権、企業行動、職場・雇用などの面での企業の社会的責任への関心が高いが、グローバルな原則としての取り上げ方（設定された項目の中で実際に取り上げられたもの）という意味では、説明責任、地域社会への貢献、企業行動、企業統治・職場と雇用などの優先度が高い。説明責任、企業行動、職場と雇用などはどちらの観点からも高い優先度を示しているが、人権と地域社会への貢献がかなり違った位置づけをされているのは、理念と実践の食い違いを表しているようで、興味深い。地域社会への貢献は、項目数は少ないが、どの原則にも比較的まんべんなくあげられているのにたいして、人権は、少数の原則に詳しく取り上げられているものの、他の多くの原則ではそれほど関心が払われていないことが示されているからである。

5. 社会的責任への対応が企業にもたらす利益

　前2節で述べた原則や考え方は、かなりの企業（とくに多国籍企業や大企業）に受け入れられつつあり、社会的責任原則の確立と実施は、企業の収益性に対立するものではなく、むしろ両立するものであるとの認識が広まってきている。環境保全あるいは企業の社会的責任の遂行が企業の財務的業績とどんな関係にあるかについては、理論的には、企業価値のステークホルダー理論により、多数のステークホルダーのニーズを調整し、全体的に対応を図るような経営管理の適応が長期の企業業績に貢献することが示されている。もっとも、実証研究によって明確な検証がなされたかという点については、これまでのところ必ずしも意見の一致が見られているとはいえない。しかし、Orlitzky（2003）は、これまでになされた52の実証分析（全サンプル数33,878）を対象に綿密なメタ解析を施し、

企業の社会的・環境的責任パフォーマンスと財務的パフォーマンスとの間に統計的に有意な相関が認められるという結果を得ている。

事実、社会的責任活動、より一般的には持続可能性経営により、企業の名声が向上し、あるいは不名誉な結果をもたらす活動が減少する効果は大きいようである。先進国、発展途上国を含む世界 15 カ国 131 社を対象に ISO14001 の認証取得の動機や効果についてのアンケート調査を行った Rains（2002）によれば、認証取得の目的としてもっとも多くあげられたものは、ステークホルダーとの良好な関係の構築・維持と、自らが属する産業部門におけるリーダーシップの発揮であった。経費削減、効率性向上等の経済的目的も多かったが、先の 2 つに比べれば優先度は低かったと報告されている。規制主体や、操業地における地域住民、また広く市民一般との良好な関係の構築などは、企業の社会的責任活動の目的であると同時に手段でもあることから、両者の相互促進的作用が働くのであろう。

もっとも、環境保全や職場の安全・健康管理等の実施により、経営の資源・エネルギー効率や労働生産性の向上から経費削減が実現される面も無視できない。また、経営者のリスクに対する感受性が高まり、リスク管理手法向上への努力が強められるとか、会社のイメージ向上によって、社員の採用面への好影響、組織内定着率の上昇、倫理観の向上、能力開発への取組みの進展など、人事面でもプラスの影響が見られる。

6. ISO による社会的責任規格の検討

企業の社会的責任に関する関心の高まりを反映して、国際標準化機構（ISO）も企業その他の組織が社会的責任を果たすのを支援する管理システムツールの必要性を認めるようになった。2002 年 6 月に開催された ISO（国際標準化機構）の消費者政策委員会（COPOLCO）の年次会合で、「企業の社会的責任（CSR）に関するマネジメントシステム規格を策定することは、消費者の観点から望ましく、かつ実現可能であり、ISO でさらに検討を進めるに値する問題である」との結論に到達した。「グローバル市場における消費者保護」作業グループが作成した「ISO CSR 規格の望ましさと実現可能性に関する報告書」および 2002 年 6 月 10 日のワークショップ「CSR：概念と解決策」の結果に鑑み、COPOLCO は ISO 評議会がこの問題をさらに検討するためのステークホルダー会合を設立するよう勧告し

た。報告書の作成およびワークショップは、ISO 評議会がこの分野における ISO 基準の実現性を探るために 2001 年に COPOLCO に要請したことから行われたものである。

提案されているステークホルダー会合は、"ISO CSR MSSs"（ISO 企業の社会的責任マネジメントシステム基準）あるいはそれに代わる ISO 文書（ガイダンス文書）の可能性を検討し、この量息での新たな作業項目について勧告することになろう。これと平行して COPOLCO のグローバル市場作業グループは、新しい ISO の MSSs のための技術的作業が始まる前に経営からの強力な推進理由を示す研究を行う予定とされている。

COPOLCO の視点からは、ISO CSR MSSs は、既存の ISO9000 および ISO14000 シリーズの基準の上に構築されるものと考えられる。これらの基準と同様、ISO CSR MSSs も、大企業や中小企業、先進国や発展途上国などでどんな製品やサービスに関しても伸縮的に利用可能なものとなる必要がある。また、これらの先例と同様に、ISO CSR MSSs は、CSR コミットメントの組織による管理プロセスを示すものではあるが、そのパフォーマンスの水準を規定するものではないものとなろう。その点では、ISO CSR MSSs は、CSR 問題の一部だけに応えるものであり、法的要件や国連、国際労働機構、OECD 等の国際的規準と共同で行われるべきものと COPOLCO は述べている。

7. 持続可能性とトリプル・ボトムライン

企業の社会的責任は、持続可能性の概念と密接な関係をもって議論されてきており、この概念はまた、トリプル・ボトムライン（経済、社会、環境）という表現とほぼ相互交換的に（つまり同義に）用いられることも多い。もっとも、前者を目標、後者を目標実現への行動を開始させる指標と見ることもできる。いずれにせよ、これらの概念は、企業の個々の行動に制約を課すものとしてではなく、企業行動に関して一般的な方向付けを明らかにする概念であり、企業にそのための一般的義務を課す性格のものといえよう。

そのような意味での一般的義務は、どのようにすれば履行が確保されるのであろうか。米国の「知る権利法」に基づいて、民間当事者あるいは一般市民からの訴訟により履行確保を図るのは、1 つの方法である。たとえば、米国の大気浄

化法では、誰でもこの法の履行確保が行われていないと思えば、訴訟を起こすことができる旨、規定されている。また、最近いわゆる環境民主主義を敷衍するための国際条約であるオルフス条約の議定書として PRTR に関する議定書が締結され、各国の批准を待っているが、これも情報開示に対する締約国の一般市民の権利を拡大する可能性をもっている。

　しかし、当面のところこのような形で一般的な企業の社会的責任の履行確保を図る法律はそれほど多くはない。むしろ、民間の活動がそれに近い働きをしている傾向のほうが先行しているように見える。たとえば、消費者に近い製品のメーカーは、会社の反社会的活動に関するメディアの報道や市民の反対運動によって大きな損害を被る可能性がある。また、それらの企業に融資をしている金融機関に対する反対運動もある。具体的な法律がなくても、公共の利益にそぐわない事業活動が社会的に制約される例は少なくない。このような動向を、会社の取締役や経営者がどう理解するかは、会社により異なるであろう。現行法の規定より進んだ形で公共の利益を守る企業活動を行うことが、現在ならびに将来の利益につながる（もしそのような法律が存在するようになれば、当然そうなる）との判断が正しくなされるかどうかが、成功・失敗の分かれ道になる。

　具体的な形で述べられた公共の利益を守るという条項が立法化された状況を予想し、まだそれが実現されていない状況の下で考えると、公共の利益を守るために必要な遵守費用は、現時点では必要とされないが、立法化された状況では必要になる。これは、環境破壊を低減する際の費用と同様である。公共の利益を守る費用が払われずに企業活動が継続されているとき、実際に「公共の不利益」は誰かの負担となっている。これは、経済学でいう外部費用である。したがって、公共の利益を守る条項を立法化することは、その外部費用を内部化することにほかならない。

　このように見てくれば、環境問題と社会問題との類似性は明らかである。環境と経済の統合という考え方がトリプル・ボトムラインという概念を生み出したのは、その意味で自然な拡張であったといえよう。広範な経済活動を行い、経済システムの面ではもちろんのこと、生態系と社会システムのそれぞれの面で公共の利益にそぐわない活動部分に対して企業の責任を問うためのメカニズムが存在しなければならないという発想であり、その責任を遵守するための費用を経済システムの中に組み込むという点では、環境問題も社会的責任も共通点をもっている。また、

どちらの場合についても、そのメカニズムがもっぱら何らかの公的な立法化や規制による場合も、民間の活動ルールとして半ば自発的に制度化される場合もあり得る点も共通している。もちろん、2つの方法が混合している場合もあり、実際にはこの形が多いといえよう。資本主義的経済制度の進化の過程で見られた会計制度、労働制度、独占禁止制度などさまざまな制度的発展の延長上に、持続可能性という視点からこれまで軽視されてきた環境を含む企業の社会的責任の問題が見直され、新たな制度化に向けた長い道のりをたどり始めたと考えるべきであろう。

天野明弘

【注】

1. Corporate Social Responsibility
2. Organizational Social Responsibility
3. Harris Poll
4. World Business Council for Sustainable Development
5. Business for Social Responsibility
6. Caux Principles for Business
7. Global Reporting Initiative
8. Global Sullivan Principles
9. OECD Guidelines for Multinational Enterprises
10. Principles for Global Corporate Responsibility-Benchmarks
11. Social Accountability 8000
12. United Nations Global Compact

【参考文献】

BusinessWeek Online (2000). "Business Week/ Harris Poll: How Business Rates: By Numbers," September 11.

Caux Roundtable (1986). "Principles for Business," University of Minnesota Human Rights Library. http://www1.umn.edu/humanrts/instree/cauxrndtbl.htm

Commission of the European Communities (2001). "Green Paper: Promoting a European Framework for Corporate Social Responsibility," COM(2001)366 final, Brussels, July.

Commission of the European Communities (2002). "Corporate Social Responsibility: A business contribution to Sustainable Development," COM(2002)347 final,

Brussels, July.
Global Principles Network (2003). The Steering Group of the Global Principles Network, "Principles for Global Corporate Responsibility: Bench Marks for Measuring Business Performance," third edition. http://www.benchmarks.org/downloads/Bench%20Marks%20-%20full.pdf
Global Reporting Initiative (GRI) (2002). "Sustainability Reporting Guidelines." http://www.globalreporting.org/guidelines/2002/gri_2002_guidelines.pdf
Gordon, Kathryn (2001). "The OECD Guidelines and Other Corporate Responsibility Instruments: A Comparison," OECD Working Papers on International Investment, Number 2001/5.
Hinkley, Robert (2002). "28 Words to Redefine Corporate Duties: The Proposal for a Code for Corporate Citizenship," Multinational Monitor, Vol. 23, No. 7&8, July/August.
IISD-ISO (2003). "A Background Paper to the International Organization for Standardization's (ISO) Strategic Advisory Group on Corporate Social Responsibility," IISD-ISO CSR Briefing #1, January.
ISO (2002). "The Desirability and Feasibility of ISO Corporate Social Responsibility Standards," Final Report, May.
ISO (2003a). "Report of the First Meeting of the ISO Strategic Advisory Group on CSR," January.
ISO (2003b). "ISO/TMB Advisory Group on CSR (Corporate Social Responsi-bility) Recommendations to TMB," ISO/TMB AG CSR N9, February.
ISO (no date). "Preliminary Working Definition of Organizational Social Responsibility," ISO/TMB AGCSR N4.
ISO (no date). "Social Responsibility-Preliminary Issues," ISO/TMB AGCSR N4Rev.
Mallenbaker.net (1999). "Global Sullivan Principles." http://www.mallenbaker.net/csr/CSRfiles/gsprinciples.html
OECD (2001a). "OECD Guidelines for Multinational Enterprises 2001," Annual Report 2001, OECD, Paris. http://www.oecd.org/document/28/0,2340,en_2649_34889_ 2397532_1_1_1_1,00.html
OECD (2001b). "Promoting a European Framework for Corporate Social Responsibility: Green Paper," COM(2001) 366 final, July.
OECD (2002). "Communication from the Commission concerning Corporate Social Responsibility: A Business Contribution to Sustainable Development," COM(2002) 347 final, July.
PricewaterhouseCoopers (2002). 5th Annual Global CEO Survey.
PricewaterhouseCoopers (2003). 6th Annual Global CEO Survey.
Social Accountability International (2001). "Social Accountability 8000." http://www.cepaa.org/Document%20Center/2001StdEnglishFinal.doc
United Nations (2003). "The Global Compact: Corporate Citizenship in the World Economy." http://www.unglobalcompact.org/irj/servlet/prt/portal/prtroot/com. sapportals.km.docs/documents/Public_Documents/gc_brochure.pdf

第7章 持続可能性報告書とGRIガイドライン

1. はじめに

　近年、企業の不祥事の多発などから企業活動の透明性ある情報開示への要求が強まってきている。その中身も環境の側面だけにとどまらず、企業と社会に関わる経済性、社会性をも含む報告へと拡大している[1]。企業活動の環境、経済、社会という三つの側面のアカウンタビリティ[2]として持続可能性報告書を発行する企業が増えてきている。その一つの要因は、Global Reporting Initiative（以下、GRI）が組織の持続可能性報告（Sustainability Report、持続可能性報告書をサステナビリティレポートと称する方が一般的であるので本章では以下サステナビリティレポートとする）の国際標準を目指そうとガイドライン（Sustainability Reporting Guidelines 2002）を公表し、普及していることが考えられる。

　本章では、今、なぜGRIガイドラインが求められているのか、その背景を述べ、次にGRIガイドラインの概要について紹介する。また、GRIガイドラインを用いた報告書の事例と日本企業の普及状況を取り上げる。

2. グローバルレポーティングのフレームワークの必要性

企業とステークホルダーの関係

　現代の企業は地球規模の資本市場と情報技術の進展から、企業が社会との間で与え、与えられる影響は格段に大きくなった。企業が直接的および間接的に影響する利害関係者、いわゆる「ステークホルダー」とは、従業員、地域社会、消費者、株式市場、行政機関、NPO、NGO、サプライヤー、さらには将来世代、生態系などである（図2参照）。企業側からステークホルダーをどのように捉えているか示している例として図3のbhp billiton社をあげる。同社は、ステークホルダーへのアカウンタビリティを重要と認識し、透明性あるコミュニケーションを追求して

図1　GRIガイドラインを参照している企業数[3] －現状と目標

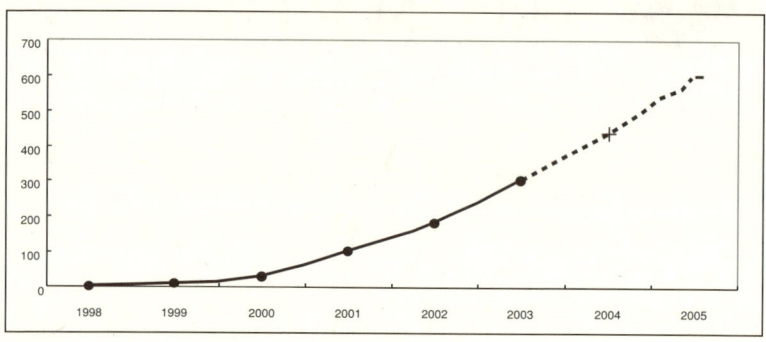

出典　GRI（2003），"BUSINESS PLAN 2003-2005", p.10.

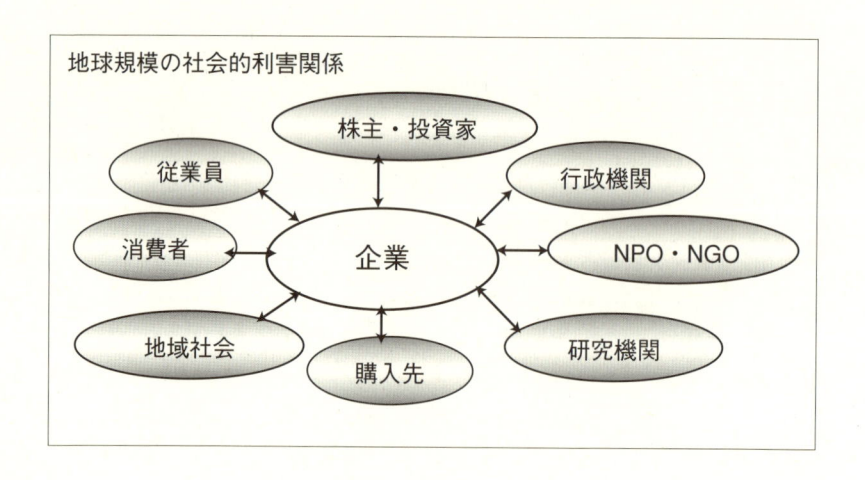

図2　企業を取り巻くさまざまなステークホルダー

第 7 章 持続可能性報告書と GRI ガイドライン　161

図3　企業側から捉えたステークホルダーとの関わり

bhp billiton 社のステークホルダー

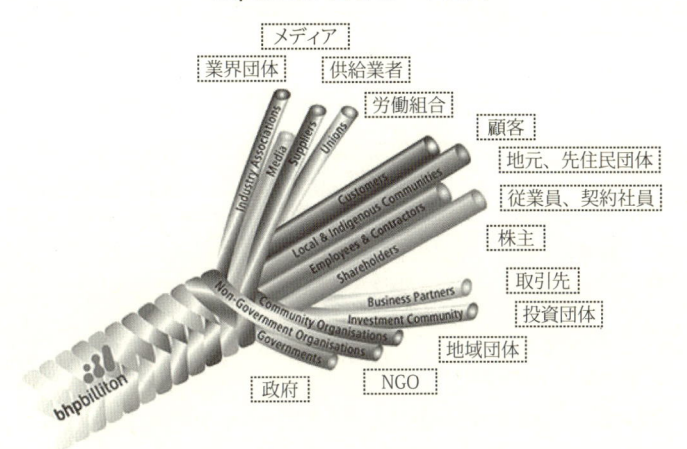

- メディア
- 業界団体
- 供給業者
- 労働組合
- 顧客
- 地元、先住民団体
- 従業員、契約社員
- 株主
- 取引先
- 投資団体
- 地域団体
- NGO
- 政府

出典　BHP BILLITON(2003), "HEALTH SAFETY ENVIRONMENT AND COMMUNITY REPORT 2003",p.17.

いる。

ステークホルダーとのコミュニケーション

　従来の経済的な側面のステークホルダーだけではなく、より広い社会的な関わりからステークホルダーを認識する契機となったシェルの事例を取り上げる。
　91年、英国のエネルギー産業ロイヤル・ダッチ・シェルグループは北海油田の老朽化した巨大な係留貯油タンクを、政府許可を得て深海底への投棄を決定した。しかし、グリーンピースが残存有害物質有害物質を理由に反対し、シェルガソリンの不買運動は欧米全土に広がった。シェルは、多国籍企業の変わりつつある責任を理解することを目的として行った世界中のステークホルダーとの話し合いを行った。そして、コミュニケーションの重要性を認識し、財務面だけではなく、ステークホルダーが要求する環境面、社会面の情報開示を積極的におこなうよう

図4 ロイヤル・ダッチ・シェルグループの変遷

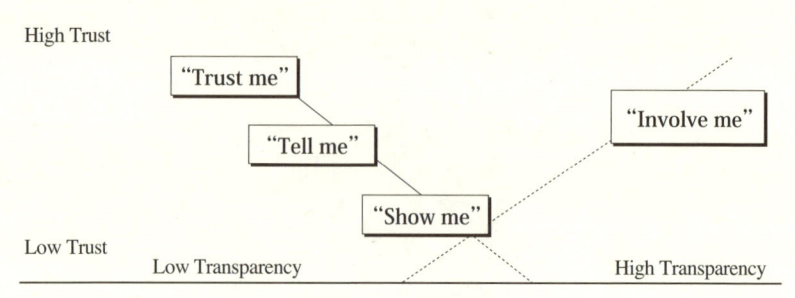

High Trust

"Trust me"

"Tell me"

"Involve me"

"Show me"

Low Trust

Low Transparency　　　　　　　　　　　　High Transparency

出典　UNEP／SustainAbility Ltd.(2002),"Trust Us",p.11.

表1　企業経営を取り巻くステークホルダーへの対応

	主なステークホルダー	対応課題
社内	従業員	コンプライアンス、適正な労働環境、機会均等、労使関係、安全・衛生、教育研修・能力開発
社外	仕入先・ビジネス・パートナー	サプライチェーンを通じた社会性配慮、トレーサビリティの確保
	顧客(消費者)	製品・サービスの責任、顧客サービス対応、適正な広告
	株主	アカウンタビリティ、倫理体制
	地域、社会	製品・サービスを通したか課題解決、海外での社会性配慮、児童労働の問題
	環境NGO・今日の世代、将来世代	環境経営の推進、環境負荷の低減、ディスクロージャーとパートナーシップ

出所　CSR倶楽部（2003）をもとに作成　http://www.sotech.co.jp

になった。

　図3は、シェルとステークホルダーとの関わりを「透明性」の観点から、透明性がない信頼関係を"Trust me"、ステークホルダーとの歩み寄りを"Tell me"、情報開示によるステークホルダーとのコミュニケーションを"Show me"と段階的に位置づけている。そして、ステークホルダーを巻き込む段階の"Involve me"により高い透明性が保たれることを示している。

　また、企業はそれぞれのステークホルダーに対してその対応課題に応じることが必要である（表1参照）。

企業の持続可能性（サステナビリティ）

　企業のサステナビリティとは何か。サステナビリティ社のジョン・エルキントン氏は「トリプルボトムライン」を提唱している。トリプルボトムラインとは、財務パフォーマンスのみを評価軸とするのではなく、企業活動の環境的側面、社会的側面、経済的側面の3つの側面で経営が重要だという考え方である。ちなみに、ボトムラインとは、もともと決算書の最後の行に純利益または純損失があらわれることからきた「最も重要な要点」を意味する表現である。

　次節で詳細に取り上げるGRIでもこの考えを受け、組織の持続可能な発展のためには環境の報告だけでは不十分で、環境と密接に結びついた社会・経済的側面も含めたサステナビリティレポートを推進することを使命としている。ただ、企業のサステナビリティという概念は、まだ明確に定義されているわけではなく、GRIでも、「持続可能性（サスビリティ報告）」という用語を、シチズンシップ報告、社会性報告、トリプルボトムライン報告、組織のパフォーマンスの経済・環境・社会的側面を網羅する名称の同義語として使っている[4]。図4に示すのは、GRIガイドラインの考えるサステナビリティの範囲である。

3. GRIガイドライン

GRI（Global Reporting Initiative）とは

　GRIは、企業の環境保全の取り組みだけではなく、世界的な合意に基づく経済・環境・社会面を含めたサステナビリティレポートのガイドライン確立を目指す国際的な独立機関で、アメリカのCERESと国連環境計画（UNEP）が中心となっ

図5　GRIの考えるサステナビリティ概念

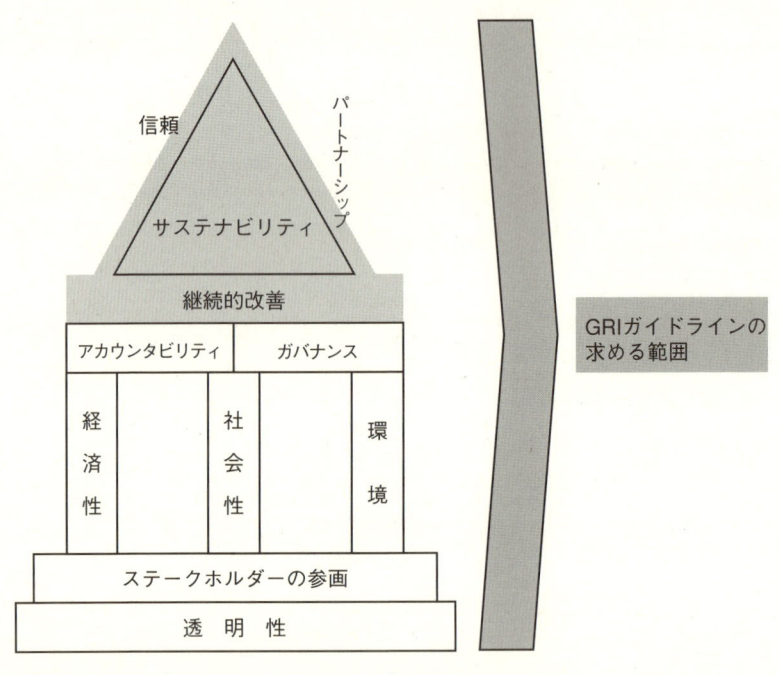

（図中ラベル：信頼、パートナーシップ、サステナビリティ、継続的改善、アカウンタビリティ、ガバナンス、経済性、社会性、環境、ステークホルダーの参画、透明性、GRIガイドラインの求める範囲）

出典　GRI(2003), "BUSINESS PLAN 2003-2005" (2003), p.4.

て1997年に設立された。現在は常設機関としてアムステルダムに本部を置き、UNEPのコラボレーションセンターとしても認定されている。サステナビリティ分野の各国の専門家、NPO・NGO、そして一般の市民が協力して、特に積極的な活動を推進している。GRIは1999年に公開草案を公表し、それへの意見等を取り込んで2000年にガイドラインを発行した。それをもとにさらに世界中のマルチステークホルダー（専門機関・団体、NPO・NGO、報告書作成企業の担当者、一般市民）の意見を募集し、議論を重ね2002年の8月には改訂版を発行している。ガイドラインの目的は、企業をはじめとする様々な組織が、それぞれの環境、経済、社会面における考え方、取り組み、実績について全世界で通用する情報公

第7章 持続可能性報告書とGRIガイドライン 165

図6　GRIの報告原則の構成

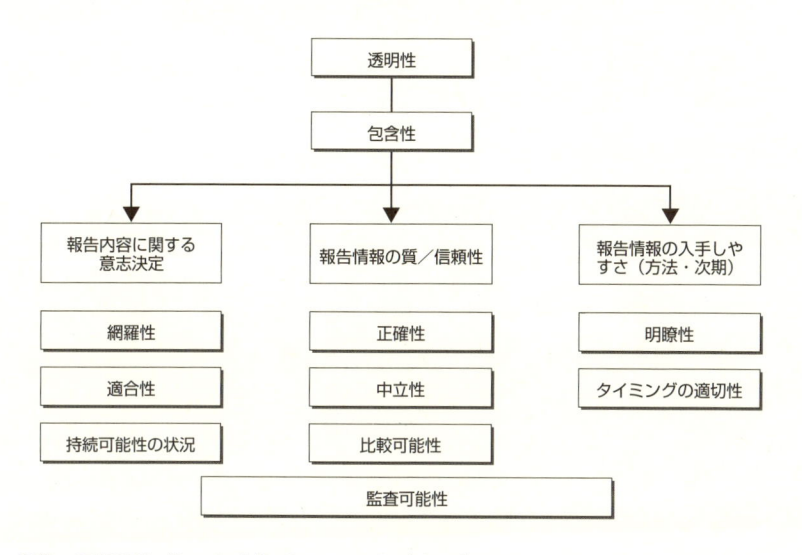

```
                    透明性
                      │
                    包含性
          ┌───────────┼───────────┐
    報告内容に関する    報告情報の質／信頼性   報告情報の入手しや
      意志決定                           すさ（方法・次期）

      網羅性            正確性            明瞭性
      適合性            中立性         タイミングの適切性
   持続可能性の状況     比較可能性
                     監査可能性
```

出典　GRI(2002),"Sustainability Reporting Guidelines",p.23.

開の枠組みを提唱することである。また、ガイドラインが提供する指標は持続可能性の指標として投資格付けなど様々な場面でも参照されている。指標は継続的な改善のために今後も見直しが行われ、2005年にはさらに改訂版が発表予定となっている。

　GRIガイドラインの概要
　報告原則
　持続可能性報告の最大の目的は、「継続的なステークホルダーとの対話(GRI,2002)」とガイドラインには記載されている。そのためGRIガイドラインは、報告組織や報告の利用者の両者が効果的にサステナビリティレポートに携われるよう報告書の原則を示している。

表2 GRIガイドライン報告内容

項目	記載内容
1. ビジョンと戦略	持続的発展に関するビジョンと戦略、CEOの挨拶
2. 概要	会社概要、報告範囲、報告概要
3. 統括機構とマネジメントシステム	機構と統治、ステークホルダー・エンゲージメント
4. GRI報告内容インデックス	報告内容と掲載ページを一覧にしたもの
5. パフォーマンス指標	経済、環境、社会のパフォーマンス指標

出典　GRI(2002), "Sustainability Reporting Guidelines", p.35.

・報告書の枠組みを形づくるもの（透明性、包含性、監査可能性）
・報告内容に関する意思決定に影響するもの（網羅性、適合性、持続可能性の状況）
・報告書の質と信頼性のかかわるもの（正確性、中立性、比較可能性）
・報告書の入手に関する意思決定に影響するもの（明瞭性、タイミングの適切性）

GRIガイドラインの報告内容は、表1に示すとおりである。また、「準拠した」報告書であるためには、表2の5つの内容を充たさなければならない。

ビジョンと戦略　持続的発展に関するビジョンと戦略、CEOの挨拶
　GRIガイドラインでは、組織の持続可能なビジョンは何かが問われている。またそれは、トップ自らが明確にコミットする記述であることが求められている。以下、3社のトップコミットメントを抜粋して紹介する。

P&G（アメリカ、日用品・ヘアケアなど）"Responsibility"——責務
CEO　A.G.Lacley氏のトップコミットメント
　　P&Gは、いかなる地域においても、誠実であることをモットーに事業を行っています。P&Gは、われわれが暮らし働くすべてのコミュニティに投資し、企業市民としての責任を果たしています。より正確に言えば、P&Gの社員一人ひとりが、企業市民としての責任を個々人の責任として受け止めています。

なぜなら、それは企業の価値観であるとともに、個人の価値観も反映しているからです。

"Sustainability Report 2003"

Novo Nordisk（デンマーク，製薬）
"Take action!" ——自らの責任で行動する
NOVO Nordisk 社の CEO Lars Rebien Sørensen 氏のトップコミットメント

　企業にとってコミットメント、行動、共有できるビジョンはサステナブルな発展のための投資であり、不透明で腐敗の進んだ企業や政治の現状を考えれば、長期的に投資し、堅実な意思決定を行い、それを行動に起こしていくとこが、いかに大切なことが分かるはずです。この世界を変えていくために行動を起こそうではありませんか。

　世界中に山積みになっている社会的、環境的問題にチャレンジしていくために、一人ひとりが行動を起こさなければなりません。うまくやるだけでは十分ではありません。実現させたいのです。そのためには長期的なコミットメントと固い意思が必要です。今こそ行動を起こす時がきたのです。

"Sustainability Report 2002"

Diageo（イギリス，飲料メーカー）
"Proud of what we do" ——私たちが行うことを誇りに思う。
会長 Lord Blyth of Rowington 氏と CEOPaul S Walsh 氏のトップコミットメント

　私たちは、私たちが影響を及ぼすすべてのコミュニティーの存在から利益を得るべきであると信じています。アルコール製品が無責任に扱われて、一連の健康および社会問題に結びつく場合があることは、周知の事実です。そのため、世界的なリーディング飲料会社として、私たちは一番の焦点に社会的責任としてアルコールを考えてきました。さらに、私たちは、私たちが部分である地域社会の福祉に肯定的な役割を果たすために努力します。また、私たちは私たちの活動が自然界に影響を与えることができることを認識して、自然環境に適切に配慮します。

"Corporate Citizenship Report 2003"

表3　GRIガイドライン指標の分野と側面

分野		側面	分野		側面
経済	経済的影響	顧客	社会	労働慣行	雇用および相応の仕事
		供給業者			労使関係
		従業員			安全衛生
		出資者			教育訓練
		公共部門			多様性と機会
環境	環境	原材料		人権	戦略とマネジメント
		エネルギー			差別対策
		水			組合結成の自由と団体交渉
		生物多様性			児童労働
		放出物、排出物および廃棄物			強制的義務的労働
		供給業者			懲罰慣行
		製品とサービス			保安慣行
		法の遵守			先住民の権利
		輸送			一般的側面
		その他全般		社会	消費者の安全衛生
					製品・サービス宣言
					広告
					プライバシーの尊重
					顧客満足
					贈収賄と汚職
					政治献金
					公共政策
					競争と価格設定
					コーポレートシチズンシップ
					地域社会

出典　GRI日本フォーラム, http://www.gri-fj.org/

第 7 章　持続可能性報告書と GRI ガイドライン　169

図7　ノボノルディスク社の経済的ステークホルダーモデル

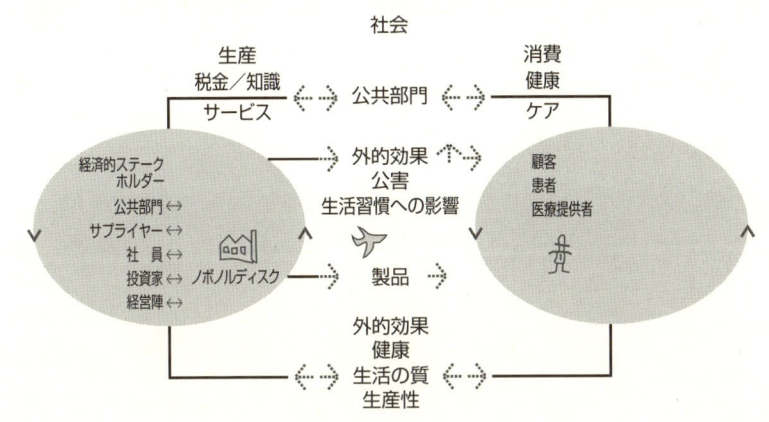

```
                           社会
              生産                    消費
           税金/知識                   健康
           サービス  <-->  公共部門  <-->  ケア

                       外的効果
   経済的ステーク        公害
     ホルダー         生活習慣への影響         顧客
     公共部門 ↔                            患者
     サプライヤー ↔                         医療提供者
     社　員 ↔    ノボノルディスク —— 製品 —>
     投資家 ↔
     経営陣 ↔
                       外的効果
                        健康
                  <-->  生活の質  <-->
                        生産性
```

出典　novo nordisk（2002），"Reporting on Tripple Bottom Line 2001" p.37 日本語抄訳版

パフォーマンス指標
　パフォーマンス指標とは、報告組織がもたらす影響の尺度を示すものである。このパフォーマンス指標は、持続可能性の経済・環境・社会的側面を扱っている3つのセクションに分類されている。分類は、持続可能な発展についての通常モデルに基づいており、ガイドライン利用者に役立つことを意図している。そのため、必須指標と任意指標に区分されている。

・経済的パフォーマンス指標
　経済的指標は伝統的な財務指標を越えた範囲と目的を持っている。特徴としては、各ステークホルダーとの関わりで組織がどのような経済的影響を及ぼしているのかを示すものである。企業が社会に与える経済的影響とは何かの分かりやすい例としてオランダのノボノルディスク社の経済的ステークホルダーモデルを図7に示す。

・環境パフォーマンス指標

　持続可能性の概念における環境指標とは、報告組織が生物、非生物からなる自然システム（生態系、土地、空気、水など）に与える影響にかかわるものである。

・社会的パフォーマンス指標

　持続可能性の社会的な一面は、組織がその活動基盤となる社会システムへ与える影響にかかわっている。社会的パフォーマンスは、地域、国、世界などの各レベルにおけるステークホルダーへの影響を分析することで測定できる。社会的指標は、人材や社会評判など、組織の無形資産に影響を及ぼす場合もある。

パフォーマンス指標の開示例

　Co-operative Bank は、食品卸売業、酪農製品の生産、保険業務、自動車販売など幅広く事業展開しているイギリス最大の生協 Co-operative Group が手がける共同組合銀行である。顧客、従業員、サプライヤーへの徹底的な意識調査とコミュニケーション、そして情報開示により、最も信頼できる企業として常に上位にランキングしている。今年も「イギリスで最も働きやすい職場」（3年連続）、CSR 優良企業にランクインするなどイギリス国内のみならず世界的に高い評価を得ている。ここでは、Co-operative Bank（2002）の持続可能性報告書のパフォーマンス指標について詳しくみてみたい。

3. 日本企業と持続可能性報告書

　わが国では、サステナビリティレポートはどれほど普及しているのか。2003年に入って「サステナビリティレポート」や「社会・環境報告書」、「CSR 報告書」などのタイトルで、報告書を発行する日本企業が顕著に増えてきた。GRI 本部の調べによると、2003年10月現在に61社が GRI ガイドラインを参照している。また、環境報告書ネットワークの調査では、環境報告書を発行している企業（373団体のうち有効回答数205団体）に"持続可能性（サステナビリティ）"という考え方が必要性であると感じているかとたずねたところ、177社の企業が必要であると答えている。また、必要であるという理由について、「企業の存続のために当然」と9割が回答している。

第7章 持続可能性報告書とGRIガイドライン 171

表4 サステナビリティレポートパフォーマンス指標の開示例

Co-operative Bank, "Partnership Report2002"

社会性報告	●社会責任：社会責任投資の方針 ●人権の保護と雇用機会均等：全管理者への雇用機会均等責任に関する教育の実施、雇用機会均等についての従業員意識調査の実施と結果報告、人種の多様性の促進と現状、 ●社会貢献：地域支援（教育、福祉、環境、都市改造など）
主な社会性指標	●従業員：社員満足度調査（給与、倫理方針、パートナーシップ）、従業員の欠勤率、役職別女性の割合、役職別少数民族の割合、障害者雇用率、年齢別従業員数、 ●サプライヤー：倫理・環境方針の理解度調査（％） ●倫理政策：人権、武器取引、貿易、化石燃料、化学物質、生物多様性、核、動物保護、遺伝子操作などの分野において倫理に反するとして見送ったビジネス分野と理由、放棄した収益の公開 ●健康安全：事故発生件数、 ●社会貢献：収益に対する寄付の割合（他銀行と比較） ＊役職別は一般従業員から経営者までの5段階
経済性報告	●財務情報：税引前利益、税引前利益率、納税後利益率 ●顧客：顧客満足度、法人顧客満足度（サービス、倫理方針、関係、経済性） ●新指標：ビジネスにおける倫理を重要視する顧客からの収益（％） ●従業員：役職別給与満足度調査（給与、能力開発と雇用機会均等、従業員との関係、労働環境、安全性） ●サプライヤー：満足度調査（給与、関係、待遇、コミュニケーションとパートナーシップ）

出典　（株）クレアン（2003),「世界の持続可能性報告書における社会的側面リサーチ」, p.2

　しかしながら、環境 goo の調査では、63.8％がサステナビリティ・レポートを「知らなかった」と答えており、一般への認識はそれほど高くないことが示されている。
　また、同調査では読者と発行者側がサステナビリティレポートに何を記載するべきかの優先度をみている。重要度が高いのは「企業市民活動に関する情報」であり、続いて「地域社会とのつながり」「顧客の健康・安全の保護」「製品・サービスへのラベリング」になる。読者側の必要な情報と発行者側が必要であると考える情報に違いがあることが表4から分かる。

172　第3部　新たな環境経営手法への取組み

表5　サステナビリティ・レポート記載事項に関する読者と発行者の優先順位の対比

読者が必要と考える優先順位 （5つまでの回答率が高い順）	発行者が必要と考える優先順位 （αが高い順）
1　雇用・正当な労働	23　企業市民活動
3　従業員の健康・安全	24　地域社会とのつながり
15　顧客の健康・安全の保護	15　顧客の健康・安全の保護
6　人権擁護	16　製品・サービスへのラベリング
18　プライバシーの尊重	21　公益活動
2　労使関係	19　贈収賄・不正防止
5　機会均等	18　プライバシーの尊重
13　地域住民の権利	4　従業員の教育研修
24　地域社会とのつながり	5　機会均等
20　政治献金	3　従業員の健康・安全
16　製品・サービスへのラベリング	17　適正・公正な広告
4　従業員の教育研修	7　差別禁止
17　適正・公正な広告	22　公正な競争・価格設定
7　差別禁止	6　人権擁護
12　セキュリティ慣行	13　地域住民の権利
22　公正な競争・価格設定	11　懲役慣行
10　強制労働の防止	14　取引先の評価
19　贈収賄・不正防止	10　強制労働の防止
23　企業市民活動	1　雇用・正当な労働
21　公益活動	12　セキュリティ慣行
11　懲役慣行	20　政治献金
14　取引先の評価	2　労使関係
9　児童労働	8　結社の自由・団体交渉の権利
8　結社の自由・団体交渉の権利	9　児童労働

出典　環境goo（2003），「サステナビリティ・レポートについて」
http://eco.goo.ne.jp/env_report/index.html

4．おわりに

　今日の社会において、マルチステークホルダーのプロセスで策定されたGRIガイドラインは、企業の持続可能性を後押しするものといえる。しかしながら、ステークホルダーが必要とする情報は何かを企業側が認識するのは現状、難しいようだ。サステナビリティレポートに対する有識者から以下のような意見もある。

　　情報開示をする場合、自社で出したい情報と、ステークホルダーが知りたい情報が食い違っていることがよくあります。来年以降のサステナビリティレポートにおいて、積極的にコミュニケーションをとることで、読み手の視点に立った情報開示が進むことを期待します[5]。

　またUNEP/SustainAbility Ltd（2002）では、環境面、社会面の報告量は増え

第7章　持続可能性報告書とGRIガイドライン　173

参考：持続可能性報告書で評価を受けた企業と欧州
サステナビリティ報告書賞とグローバルレポーターズ

名称	評価機関	主な評価基準	2002年度受賞企業
第7回　欧州サステナビリティ報告書賞	・欧州16カ国の会計士団体	・トップコミットメント ・報告方針、検証方針 ・信頼性 ・明瞭性 ・比較可能性 ・適時性 ・網羅性 ・検証可能性	・（サステナビリティ報告書賞）コーポレイティブバンク（イギリス・銀行） ・（環境報告書賞）エス・シー・エー（スウェーデン・製紙・繊維） ・（初回報告書賞）カナリー・ウェルフグループ（イギリス・不動産） ・（中小企業賞）ニュマルカルター・ランスブル（ドイツ・飲料）
第5回　グローバルレポーターズ	・サステナビリティ社 ・UNEP（国連環境計画）	・「経済・社会・環境」のパフォーマンス ・トップコミットメント ・透明性、信頼性 ・マネジメントの質 ・情報の入手しやすさ	・コーポレイティブバンク（イギリス・銀行） ・ノボ・ノルディスク（オランダ・製薬） ・BAA（イギリス・空港管理） ・BP（イギリス・エネルギー） ・ロイヤル・ダッチ・シェルグループ（オランダ、イギリス・エネルギー） ・松下電器産業 ・リコー ・キリンビール ・ソニー ・トヨタ自動車

出典　欧州サステナビリティ報告書賞（2003），とUNEP/SustainAbility Ltd(2002), "Trust Us" をもとに筆者が作成。

ているが自らの利害関係者が真に求めている情報は何かの「重要性」と持続可能性との関わりからの課題を「統合」した報告をするべきだと指摘している。

　日々変化する環境の中で、企業が持続可能であるためにはどうすればいいのか、GRIとともに今後の企業の情報開示のあり方に社会全体で関わっていくことが必要であろう。

中尾悠利子

【注】

1. 日本企業において環境省（2003）の「平成14年環境にやさしい企業行動調査」によると、「環境報告書を作成している」と回答した650社における環境報告書への社会・経済的側面の記載状況については、「既に持続可能性報告書を作成・公表している」と回答した企業等の割合が3.1%、「可能な範囲で記載している」と回答が45.7%となっており、全体の7割以上が、社会・経済的側面を記載検討している。
2. ここでいうアカンタビリティとは、日本語で説明責任の訳を意味する。
3. GRIの調査から、2003年9月時点で、GRIガイドラインを参照した企業数は31カ国、313社にのぼる。また、GRIガイドラインの翻訳版は、http://www.globalreporting.org/index.asp
4. GRI (2002),"Sustainability Reporting Guideline",p.8
5. 三井物産 (2003),『サステナビリティレポート2003』,p.42.

【参考文献】

European Sustainability Reporting Awards(2003),"European Sustainability Reporting Awards Report of the Judge 2003"
GRI（2002),"Sustainability Reporting Guidelines"
GRI（2003),"Business Plan 2003-2005"
Shell (2003),"The Shell Report 2002"
The Co-operative Bank（2003),"Partnership Report 2002"
UNEP/SustainAbility Ltd(2002),"Trust Us"
Ecology Symphony(2003),「海外のサステナブル・ビジネス最前線」
　　　http://www.ecology.or.jp/index.html
環境報告書ネットワーク（2002),『持続可能性報告のあり方－CSRの観点から－』
経済産業省編（2001),『ステークホルダー重視による環境レポーティングガイドライン2001』.
㈱クレアン（2003),「世界の持続可能性報告書における社会的側面リサーチ」
國部克彦著（2001),「環境報告書の指導原理－アカウンタビリティと利用者ニーズ」『リサイクル文化65』,リサイクル文化社.
後藤敏彦著（2002),「環境経営と持続可能性報告書」『環境経済・政策学会年報第7号』,東洋経済新報社.
社団法人経済同友会（2003),『市場の進化と社会的責任経営－市場の信頼構築と持続的な価値創造に向けて－』
谷本寛治編著（2003),『SRI社会的責任投資入門』日本経済新聞社.

第8章 持続可能性経営に役立つ環境会計に向けて

1. はじめに

今日の大多数の企業は、製造業であれサービス業であれ、その活動を行う上で必然的に環境に負荷を与えている。企業はそれを謙虚に認識した上で、その活動に伴う環境負荷をできるだけ減らすようにと環境活動を行っている。このような環境活動の成否を評価する視点は、事業活動に伴う環境負荷をどの程度削減できたか、である。一定期間における環境負荷削減量が成果であれば、利益追求を目的とする企業にとって、その成果を得るための犠牲は、環境活動に費やしたコストとみることができる。そして、少ないコストでどれだけ多くの削減量を達成したかが、環境活動の1つの判断基準となる。同時に、環境活動によって得られたコスト削減額も重要な関心事である。環境省の環境会計ガイドライン(第5章参照)は、このような観点から環境活動を評価するための情報を提供するものとなっている。

環境会計ガイドラインが環境会計の普及に大きな役割を果たしてきたことは疑うべくもないが、持続可能性経営に向けて今後の環境会計の発展を考えるとき、現行の環境会計はいくつかの問題を抱えている。以下本章では、現行環境会計の限界を述べた上で、持続可能経営に役立つ環境会計の枠組みを提案してみたい。

2. 現行環境会計の限界

環境活動の範囲

環境省の環境会計ガイドラインでは、環境保全コストを算定するにあたって、環境保全コスト以外のコストを控除して差額を集計するという差額集計方法や、支出目的によって按分する集計方法を採っている。これは、事業活動から環境活

動部分を取り出して、その活動によって得られた成果である環境負荷削減量や環境コスト削減額と、それを達成するために必要であった環境コストを、期間対応させて開示するためのものである。また、環境保全コストの分類などは、主として製造業を念頭においたものとなっている。

製造業の企業が、環境活動のみにかかるコストと効果を明らかにしようとする際には、このような環境省のガイドラインの枠組みやその延長線上で環境会計を組み立てることにさして違和感はないであろう。しかし、環境活動の初期段階であればともかく、環境配慮を経営の中枢に組み込んだ環境経営や、持続可能性を考慮した幅広い活動が行われるようになると、環境省のガイドラインの枠組みでは適切に評価できない部分も生じてくる。

さらに、事業活動と関わらせて、自然環境を積極的に豊かにする活動、または、失った自然環境を取り戻すような活動を行っている場合、あるいは、自治体等の環境活動を評価しようとする場合には、環境負荷削減量とそのコストを対応させる環境会計では、環境活動の成果を適切に測ることができない。このような環境活動を評価するためには、環境省のガイドラインとは別の観点から環境会計を組み立てる必要がでてくる。

ストック情報の欠如

また、環境省の環境会計ガイドラインは、環境活動のコストと効果というフロー情報を開示する体系となっている。環境投資の金額も開示することとなっているが、それは当該年度の支出額の一部を示すものであって、ストックとして資産計上された金額を表すものではない。さらに、重要なことは、企業が汚染土壌の浄化義務といった環境負債を抱えていても、その情報が開示されない。

そもそも、環境会計ガイドラインの考え方のもとになっている財務会計は、複式簿記システムに基づく、ストック情報とフロー情報が連携した包括的なシステムをもっている。さらに、財務会計における最近の動きとして、フロー計算を重視したアプローチから、ストック計算を重視したアプローチへと、会計観がシフトしてきている。それにもかかわらず、環境会計でフローの側面しか明らかにされないならば、様々な弊害を生む可能性がある。

例えば、これまでの自治体等の会計は、収入・支出に基づいた収支決算の形態を採っていたために、債務の増加といったストック情報が明らかにされず、結果

として債務の累積を招いてしまった。環境会計においても、これと同じような問題が起こりうる。事業活動の中から環境活動のみを取り出して、単年度のコスト・ベネフィットを知りたいのであれば、フロー情報に基づく環境会計でも事足りるかもしれない。しかし、そのようなフロー情報のみから成る環境会計では、環境負荷の蓄積を示すことはできず、また、そのような問題があることさえ見えなくしてしまう。その結果、環境負債の存在やその増加といった事態が明らかにされず、環境負債への対処を遅らせることにもなりかねない。

　もちろん、環境省の環境会計ガイドラインでは、コスト・ベネフィット情報の他に、環境負荷総量や環境負荷削減量といった物量情報の開示も求めている。言うまでもなく、企業は単なるコスト削減のために環境活動を実施しているわけではなく、環境負荷の削減を本来の目的としているのであるから、これらを開示することは重要なことである。また、一部の企業では物量情報を金額情報に換算して開示する動きもみられる。

　しかしながら、物量によるストック・フロー情報と、金額によるフロー情報との関連が体系的に整理されていことによって、環境会計におけるこれらの様々な試みが、かえって環境会計の構造をわかりにくくしてしまっている側面もある。したがって、環境会計にストック情報を取り込むにあたっては、現行の環境会計に単に新たな項目を追加するだけでは問題の解決にはならないのである。

組織的な計算システムの欠如

　さらに、わが国の環境会計実務の大きな特徴は、環境省の環境会計ガイドラインで開示フォームが提示され、多くの企業がそれに準拠して開示を行っているということである。確かに、ガイドラインに沿って環境活動のコストや効果を算定し、そのフォーマットに準じて開示する企業が多いほど、読者にとっては環境会計情報の比較がしやすくなる。

　このようなスタイルは、財務会計における情報開示のあり方に準じたものである。財務会計では、損益計算書や貸借対照表などの構成要素や開示のフォームが詳細に定められており、情報利用者は、各構成要素を比較し、分析することで、企業の収益性・成長性・安定性等を判断することができる。ただし、このような比較分析が成り立つのは、財務会計では、時期がずれることはあっても、全ての収入と支出は必ずいずれかの期間の費用・収益に反映されるという前提があるから

である。
　一方、環境省のガイドラインでは各構成要素の内容や処理基準を緩やかに規定しているため、企業によって環境コストや効果に含める項目の内容や範囲、算定方法が異なっている。そして環境会計では、その企業間の差異は期間を通じて解消されることはない。さらに、各社の環境会計には、次々と新しい工夫が盛り込まれていることもあって、過去のデータと比較する際には注意が必要である。このようなことから、公表されている環境会計の数値を用いて、企業間比較や過年度比較を行おうとしても、その分析はある程度の限界をもっている。
　この問題は、財務会計の数値が会計公準や会計基準に基づく、組織的な複式簿記システムから導かれているのに対して、環境会計では、金額情報の背後に複式簿記に相当するような組織的な計算システムが存在しないことに起因する。組織的な計算システムが存在しないことによって、環境会計の数値がそれぞれ独立したものとなり、項目間の関連と年度間の関連が失われる。これは、公表される情報の信頼性にも関わる重要な問題である。

3. 持続可能性経営に役立つ環境会計の体系

　現行の環境会計は、上に述べたような問題点をもつことあって、財務会計上の利益に代わって、持続可能性経営の指標となりうるようなものとなっていない。
　そもそも環境会計が注目されてきたのは、これまでの会計が、自然環境の価値や環境破壊を認識していなかったために、企業が財務会計上の利益を追求しようとする結果、不可避的に環境問題を引き起こし、それがひいては企業の持続可能性をも危うくさせる事態を招いてきたことによる。このことを再認識した上で、これまでの企業経営のあり方や評価を再考し、持続可能性経営に役立つ指針を提供するための新たな環境会計の体系を、既存の財務会計の枠組みにとらわれずに提案してみたい。
　新たな環境会計は、会計上の極めて基本的でかつ不可分な概念であるフローとストックの両方の要素をもっていることが必要と考える。このようなストック情報とフロー情報を記載する計算書を、それぞれ環境ストック計算書、環境フロー計算書とする。この他に、当該活動の財務的側面を示す計算書を環境財務計算書とし、この3つの計算書によって環境会計を構成することとする。環境ストック計算

第8章 持続可能性経営に役立つ環境会計に向けて　179

表1　持続可能性経営に役立つ環境会計－3つの計算書とその構成要素－

計算書	構成要素
環境ストック計算書 ストック情報 （一定時点の価値の表示）	環境資産 ─ 人工資産 ─ 環境負荷削減のための資産 　　　　　　　　　　　　自然環境の回復・創造のための資産 　　　　　自然資産 環境負債…環境負荷の蓄積分 正味環境創造価値…環境資産－環境負債
環境フロー計算書 フロー情報（期間対応）	当期環境負荷発生分 当期環境負荷削減・吸収分
環境財務計算書 当該環境活動の財務計算	コスト…環境活動投資額・維持管理コスト ベネフィット…環境活動に関連する収入・費用削減額（みなし効果）

書、環境フロー計算書および環境財務計算書の3つの計算書は、財務会計における貸借対照表、損益計算書、キャッシュフロー計算書をイメージしたものである。各計算書とその構成要素を表1に示す。
　以下では、これら3つの計算書の概要と、各構成要素の評価の考え方について述べていくこととする。

4．環境ストック計算書

環境ストック計算書の概要
　環境ストック計算書は、借方に、環境活動において創造・再生した環境価値を環境資産として示し、貸方に、当該活動から生じた環境負荷の蓄積分を環境負債として表示するものである。そして、その貸借差額から正味環境創造価値が導き出される構造となっている。環境ストック計算書における借方の環境資産の項目は、人工資産と自然資産から構成される。さらに、人工資産は、資産の性質によって、自然環境を回復・創造するための資産や、環境負荷削減に用いられる資産

図1　環境ストック計算書

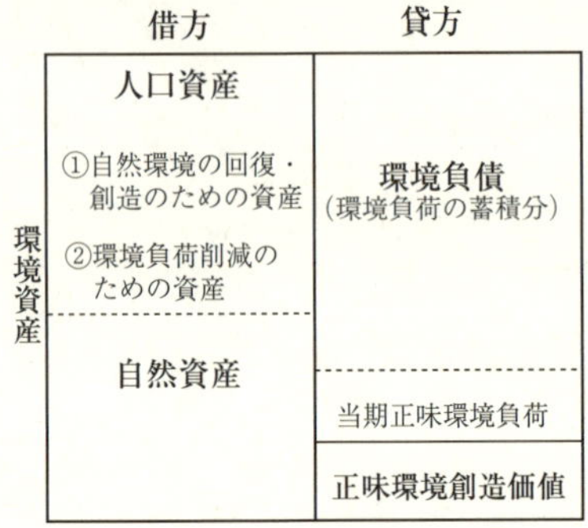

	借方	貸方
環境資産	人口資産 ①自然環境の回復・創造のための資産 ②環境負荷削減のための資産 自然資産	環境負債 (環境負荷の蓄積分) 当期正味環境負荷 正味環境創造価値

等に区分することができる（図1）。

　環境資産や環境負債は年々の活動によって増減するが、その増減については、環境フロー計算書を経ずに直接環境ストック計算書の項目が増減するものと、環境フロー計算書を経てその結果環境ストック計算書の数値が増減するものがある。例えば、生態系が回復して、動植物の確認個体種類数が増加したような場合には、直接環境ストック計算書の自然資産が増加する。一方、年々の活動によって生じた環境負荷がその削減量を上回った結果、環境フロー計算書上で正味環境負荷が生じた場合で、それがストックとして蓄積されるものであるならば、その部分は環境負債の増加分として環境ストック計算書に振り替えられることとなる。

環境資産の考え方
①人工資産と自然資産

　環境ストック計算書において、環境資産を人工資産と自然資産とに区分する考え方は、ピアス他の持続可能な発展の解釈の中で提唱されている考え方を援用したものである。

　Pearce, et al.（1989, 41 ページ）は、人工資産と自然資産について次のように述べている。

　　人工資産は、資本投資を通じて生産プロセス、ひいては消費に直接に寄

与し、消費は直接人類の福祉に影響を及ぼす。人工資産はまた、すばらしい建築物の建設を通じて人類の厚生にも直接寄与する。自然資本は、例えば石油や石炭のような自然資源が製造工程において果たしている役割を通じて、経済過程に寄与する。自然資産はまた、自然の風景や野生生物の鑑賞を通じて人類の福祉にも直接寄与する。ただし、人工の湖や森は、自然的・人工的資産と考えることができ、人工的資産と自然資産の区別は厳密ではない。

②持続可能な発展をめぐる2つの解釈

これらの人工資産と自然資産から成る環境資産の本質的な経済的機能を、経済システムにサービスのフローを与える資産ストックとみなすならば、経済システムの持続可能な発展とは、環境資産ストックのサービスと質を維持することを前提として、経済発展がもたらす純便益を最大化することされる。

その上で、持続可能な発展に関する広義と狭義の2つの考え方が提唱されている（Pearce, et al., 1989, 39 ページ）。持続可能な発展を広義に解釈すると、

> 現在の世代は、前の世代から受け継いだ人工資産と自然資産から成る富のストックを、自分が受け継いだときを下回らないように次の世代に引き継ぐべきである

とされる。一方、狭義に解釈すると、

> 現在の世代は、前の世代から受け継いだ環境資産のストックを、自分が受け継いだときを下回らないように次の世代に引き継ぐべきである

とされる。つまり、広義の解釈では、人工資産と自然資産の合計を維持することが求められ、自然資産の減少を人工資産で補うことができるのに対し、狭義の解釈では、自然資産は減少させてはならないのである。

狭義の解釈をとる根拠としては、自然資産が代替不可能性・不確実性・不可逆性・公平性といった性質をもつことがあげられている。この他に、自然資産を保全すべきだとする論拠として、生態系は多様性に富むほどショックとストレスに対する復元性に優れているが、人工資産は多様性に欠けていること、また、自然資産のストックは最小限の臨界点レベルを下回ると巨額のコストが発生するという、評価関数における不連続性の問題もあげられている（Pearce, et al., 1989, 42-51 ページ）。

このような人工資産と自然資産の性質と代替可能性の限界を十分認識した上

で、環境会計では、人工資産と自然資産の双方についてのストックの状態ならびにその増減の状況について明らかにすることが、広義・狭義双方の解釈における持続可能な発展のための情報の提供につながると考える。

人工資産の評価

次に、人工資産と自然資産をどのように評価するかが重要な問題となる。評価の基礎になるのは物量情報であるが、経営情報として役立つためには、できるだけ貨幣情報として提供することが必要である。もちろん、どのような評価方法によるものであれ、多様な機能を持つ自然資産を貨幣評価した結果については、注意深く解釈しなければならない。

人工資産は、資本投資を通じて形成されるものであるから、その金額情報は容易に把握でき、投資額の合計金額が人工資産として計上されることとなる。人工資産については、時の経過に伴う価値の減少を考慮する必要がある。この減価は、財務会計上や税法上の画一的な減価償却に基づくのではなく、当該事業体にとっての価値を表すために、使用価値（事業体がその資産を継続的に使用することによって得られる価値）によって評価することが望ましい。

自然資産の評価
①自然資産に関連する会計基準

自然資産の評価に関連して、自然との係わりの中で財を供給する一次産業においては、自然資産の増減を認識することが既に財務会計上で行われている。農業会計では、販売を目的として家畜や林材の育成を行う場合、または、搾乳や果実の収穫のために肥育や果樹の育成をする場合に、その資産の育成の完了に先立ってその価値の増加を増価増殖計算によって計上している。また、林業会計においては、生長量を収益として認識し、材木蓄積は時価を基準として評価している（吉田, 2002, 130-131 ページ）。

農業会計の財務会計基準としては、国際会計基準（International Accounting Standard, IAS）第 41 号「農業（Agricultures）」が公表されており、2003 年 1 月に発効している。IAS 第 41 号が適用される範囲には、①生物資産、②収穫時点における農産物、が含まれている。そして、生物資産の評価は、公正価値（市場価格または公正価値見積額）が信頼性をもって測定できるという前提の下に、

公正価値によってなされる。もし当初認識時において生物資産の信頼できる公正価値が決定できないならば、減価償却および減損累計額控除後の原価で測定される。さらに、公正価値の変動によって生じた評価損益は、生物資産・農産物のいずれも発生時の利得または損失として認識される。

このIAS第41号で規定されている評価規準を、環境会計にそのまま適用することは必ずしも適切とはいえないが、IAS第41号は、多様性を有する生物資産や農産物を扱った初めての会計基準であり、資産を公正価値で評価して、その増加や減価を発生時の損益に含めるという考え方は、環境会計における自然資産の会計処理のあり方として大いに参考となるものである。その場合に重要となるのが、自然資産の公正価値をどのように算定するか、という価値評価の問題である。

②自然資産の価値評価の諸手法

自然資産の価値を評価するにあたって現時点で利用できるものとしては、環境経済学において既に実践されている各種の手法であろう。具体的には、損害費用回避法、間接代替費用法、ヘドニック価格法、仮想評価法（CVM）等である。

ストック計算書とフロー計算書の厳密な連携を成立させるために、本来であれば全項目一貫した評価方法を用いることが望ましい。しかし現実的には、手法によって評価できる範囲が異なるため、手法の混在はやむを得ないとした上で、項目毎に最も適切な評価方法を選択し、かつ、評価の重複等の問題を回避することが重要となろう。

5. 環境フロー計算書

環境フロー計算書の考え方

環境フロー計算書の基になる考え方は、エコバランスやエコロジー簿記等にみられる簿記会計の勘定計算形式を用いたインプット・アウトプット計算である。エコバランスやエコロジー簿記は、物質やエネルギーのフローを扱うものであり、単式簿記の形態をとっている。エコバランスのバランスとは、貸借対照表の形式をさすのではなく、計算表という意味であるが、勘定科目や年次決算の概念や用語などは会計的手法を模範としている。

エコバランスは、事業体の環境負荷を把握するために、天然資源の消費や物質・エネルギーの排出などについてのインプット・アウトプットの物量情報を提供する

ものである。さらにエコロジー簿記は、環境負荷の集計にあたって、個々の環境負荷に、環境面からみた稀少性を示す等価係数を加重して、総環境負荷の集計・統合を行うものである。この等価係数を用いることによって質的に異なる環境負荷の集計や比較が可能となる。等価係数の決定は重要なポイントとなるが、その基になる環境面からみた稀少性とは、ある環境負荷の現在の大きさと危機的水準との関数で、技術的・自然科学的な規準によって算定される。エコロジー簿記を用いた決算書も実際に作成されている（宮崎, 2001, 411 ページ）。

環境フロー計算書の概要

環境フロー計算書は、エコバランスやエコロジー簿記のインプット・アウトプット計算の考え方を取り入れて、事業活動から生じた一定期間における環境負荷と、当該期間における環境負荷削減分や環境負荷吸収分を、いずれも物量データに基づいて対応表示することによって、当該活動の循環型の度合いを示そうとするものである（図 2）。

つまり、当該活動に関わる全てのフローを把握して、環境フロー計算書の借方に環境負荷の総量を記録し、環境フロー計算書の貸方には環境負荷削減・吸収分の総量を記録した結果、貸借がバランスしているならば、当該事業活動がゼロエミッションであると判断することができる。また、仮に、借方の環境負荷発生分が、貸方の環境負荷削減・吸収分を上回っているならば、当該活動は正味の環境負荷を発生させていることがわかる。

この正味環境負荷発生分については、性質上、発生した環境負荷がストックとして蓄積してしまうものと、ストックとして蓄積されないものがある。発生した環境負荷がストックとして蓄積するものについては、その年々の正味フローは、環境ストック計算書の環境負債に加算されることとなる。逆に、環境フロー計算書の差額が借方に発生していれば、正味の環境負荷低減が行われたことから、そのうちストックとして蓄積される分については環境ストック計算書の環境負債を減少させることになる。

環境フロー計算書における評価の考え方

環境フロー計算書では、物量データを基本とするが、正味環境負荷（または正味環境負荷削減分）については、環境ストック計算書へ振り替えるために、物量デー

図2　環境フロー計算書

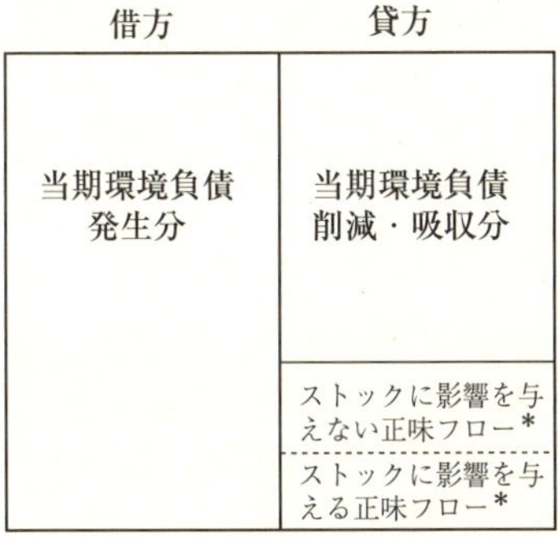

借方	貸方
当期環境負債発生分	当期環境負債削減・吸収分
	ストックに影響を与えない正味フロー*
	ストックに影響を与える正味フロー*

*もし、環境フロー計算書の借方「当期環境負荷発生分」より貸方「当期環境負荷削減・吸収分」の方が大きければ、「正味フロー」は借方に生じる。そのうちストックに影響を与える「正味フロー」は「当期正味環境負荷削減」として、環境ストック計算書の環境負債を減少させることとなる。

タの経済的評価も行う必要がある。この経済的評価は、エコロジー簿記における等価係数の役割を果たすような、環境面から見た統一的視点からなされることが望ましく、またそれは、ストック計算書における環境資産や環境負債の経済的評価とも整合的であることが望ましい。そこで現時点では、環境ストック計算書における自然資産の評価方法に準じて評価されることとなろう。

　なお、現実的な測定可能性を考慮するならば、当該活動から生じる全ての環境負荷の発生と全ての削減・吸収量のフローを把握して評価することは、実務上困難である。また、全てのフローを記載することが、重要性等の観点から、必ずしも有用な情報の提供に結びつかないこともある。そこで、当該活動の環境配慮度を示すという観点から、ある基準となる活動によって生じる環境負荷量と比較して、当該活動がその水準を超える環境負荷を発生している項目についてその超過分を環境フロー計算書の借方に、その水準より環境負荷が少ない項目については基準値を越える削減分を環境フロー計算書の貸方に記録するという方法も考えられる。

図3　環境財務計算書

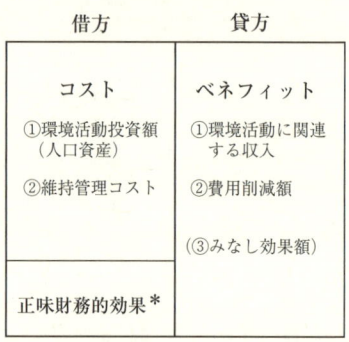

借方	貸方
コスト ①環境活動投資額（人口資産） ②維持管理コスト	ベネフィット ①環境活動に関連する収入 ②費用削減額 (③みなし効果額)
正味財務的効果*	

*もし、環境財務計算書の借方「コスト」が、貸方「ベネフィット」より大きい場合、貸方に生じる差額は「正味コスト」となる。

6. 環境財務計算書

　環境ストック計算書と環境フロー計算書で、環境価値や環境負荷の状態とその変動を示すわけだが、環境創造活動といえども、その財務的側面を無視して活動を継続できない。そのため、活動にどれだけのコストを要し、それに対してどれだけの財務的効果があったのかを明らかにすることも有用である。これを示すのが3番目の計算書の環境財務計算書である。

　環境財務計算書の借方には、環境を創造・維持するために要した投資や環境負荷を削減するための投資（環境活動投資額（人口資産））、および、それらを維持・管理するためのコストを（維持管理コスト）記載し、貸方には、当該活動によって得られた財務的効果である費用削減額や関連する収入、場合によってはみなし効果額を記載する。環境財務計算書における貸借差額は、当該活動によって生じた正味コストまたは正味財務的効果となる（図3）。

　この環境財務計算書で提供される情報は、環境省の環境会計ガイドラインとも整合的であり、ほとんどの項目の内容や評価方法などは、同ガイドラインに準じて判断することができよう。

図4　3つの計算書の連携関係

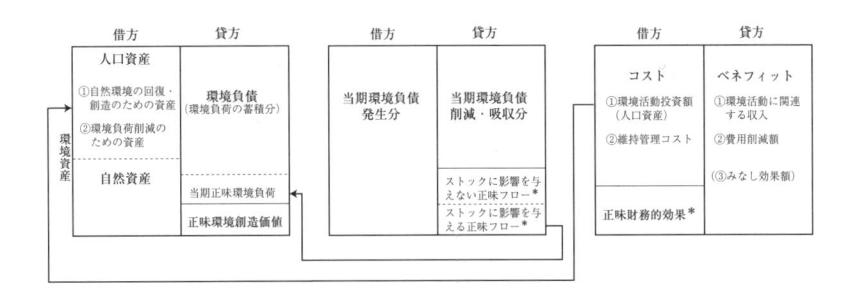

借方	貸方	借方	貸方	借方	貸方
人口資産 ①自然環境の回復・創造のための資産 ②環境負荷削減のための資産 自然資産	環境負債 (環境負荷の蓄積分) 当期正味環境負荷 正味環境創造価値	当期環境負債 発生分	当期環境負債 削減・吸収分 ストックに影響を与えない正味フロー* ストックに影響を与える正味フロー*	コスト ①環境活動投資額 (人口資産) ②維持管理コスト 正味財務的効果*	ベネフィット ①環境活動に関連する収入 ②費用削減額 (③みなし効果額)

（環境資産）

7. 3つの計算書の連携関係

　以上で示した環境ストック計算書、環境フロー計算書および環境財務計算書の3つの計算書の連携関係を図4で示す。

　環境ストック計算書において、ストック情報として、自然環境の創造や再生を行う活動によって得られた環境価値の蓄積を「環境資産」として評価し、逆に、当該活動によって生じてしまった環境負荷の蓄積を「環境負債」として開示する。そして、それらのストック情報と、環境負荷やその削減・吸収量といった環境フロー計算書で示される情報を連携させることで、年々の環境価値・環境負荷の蓄積やその変動を明らかにすることができる。また、当該活動の経済的持続可能性をみるために、環境財務計算書によって当該活動の財務的側面を示すのである。

　本章で示した新たな環境会計の枠組みには、既に述べたような評価上の課題や、細部にわたる概念の整合性等の課題も多く残されているが、これは、既存の環境会計の改善と、持続可能性経営に役立つ環境会計に向けて、環境会計の新しい可能性を示そうとする挑戦でもある。

阪　智香

【参考文献】

阪智香(2003)「環境会計の新体系試案」日本社会関連会計学会『社会関連会計研究』第15号、23-32.
宮崎修行(2001)『統合的環境会計論』創成社。
吉田寛(2002)「環境会計における新たな評価方法の提言——生態ピラミッドを利用した資産評価の方法」『千葉商大論集』第40巻第3号、109-133.
Pearce D. W., A. Markandya, E. D. Barbier (1989), Blueprint for a Green Economy (Earthscan Publications). 和田憲昌訳(1994)『新しい環境経済学——持続可能な発展の理論』ダイヤモンド社。

第4部

地球温暖化への取組み

第9章 国際的な地球温暖化対策におけるフリーライド行為について

1. はじめに

　1992年に開かれた「地球サミット（国連環境開発会議）」を機に、地球温暖化問題に対するグローバルな取り組みのあり方が本格的に議論されるようになった。しかし、昨今の「京都議定書」の批准をめぐる国際外交の紛糾に見られるように、各国の足並みがそろっているとは言いがたい状況が長く続いている。現在のところ、アメリカ合衆国に代表されるいくつかの主要国は京都議定書の批准に反対する立場を表明し、多くの発展途上国は温室効果ガスの排出削減割り当て枠が自らに課せられることを頑なに拒否し続けている。その一方で、ヨーロッパの先進諸国の中には、たとえ他の主要国が京都議定書を批准しなくてもそこに規定された2008年から2012年までの「第一約束期間」における削減義務を越えた、より長期的で野心的な排出削減目標を独自に掲げる動きもみられる。

　このように、地球温暖化問題への取り組みに関して各国が非常に異なった態度を示している最大の要因は、国際間における経済状況の差異に求められるのではなかろうか。その中でも、途上国と先進国の立場の相違が極めて重要であると考えられる。途上国と先進国の間では経済発展の段階が大きく異なることから、環境問題の国政に占める重要性、地球温暖化の進行に対して現在までに果した役割などの点において数々の差違が存在している。特に、途上国では未だに基礎的な生活条件を整備することが最大の懸案事項である場合が見受けられ、将来的により重大な悪影響をもたらしかねない地球温暖化問題よりも、当面の経済成長を重視する傾向が強い。

　一方、いくつかの先進国においては環境問題全般に対する世論が次第に盛り上がってきており、加えて、これまで相対的に多くの温室効果ガスを排出してきたことへの反省などからも、それらの排出削減に対して一層積極的な姿勢が見られつつある。ただし、温室効果ガスの総排出量の約4分の1をも占めているアメリカ

合衆国は、「自国における経済活動が大きく妨げられる」、「地球温暖化問題の裏づけとなる科学的根拠が不十分である」、「急速に温室効果ガスの排出量を伸ばしつつある途上国に排出削減枠が課されていない」という理由から、同国に早急な排出削減を要求する京都議定書を一方的に離脱した状態にある。

　温室効果ガスの排出削減に関して世界規模での協調策を議論する際に留意すべき点の一つとして、地球温暖化問題そのものが、それによる環境被害の影響度が汚染物質の排出源の地理的立地に依存しない「グローバル汚染」と呼ばれる性質を持っていることが挙げられる。すなわち、グローバル汚染においては、汚染物質の地球上での総排出量をコントロールすることが重要なのであって、どこで汚染物質の排出を削減したかということは被害の発生状況に対して影響をおよぼさないのである。以下で詳述するように、このタイプの汚染は「フリーライド（ただ乗り）」行為を引き起こす戦略的状況を生む可能性がある。また、現時点では、地球温暖化問題の直接的原因である各種の温室効果ガスを排出後に除去することが技術的、および、経済的に困難であるために、汚染物質を発生源にて抑制する必要がある[1]。各国の立場の違いという非対称性に加え、これらの地球温暖化問題に固有の特徴が、フリーライド問題の発生を一層容易なものとしている。アメリカが京都議定書に反対を続けていることも、途上国が自らに対する排出削減枠の受け入れを拒絶してきたことも、地球温暖化問題を取り巻く状況にフリーライド行為を促す要素が存在するからである。本章の主な目的は、このフリーライド問題をもたらすメカニズムとその結果についてできるだけ平易に解説することにある。

2. 各国の戦略的行動

　まず、この節では、非常に簡単なモデルを利用しながら温室効果ガスの排出削減をめぐるフリーライド行為の発生メカニズムを明らかにしたい[2]。実際には、地球温暖化問題の進行を議論する上では、温室効果ガスの性質により、現在の排出量のみでなく、大気中における温室効果ガスの「蓄積量」にも配慮することが重要であるが、単純化のため、ここではある期間内に排出された温室効果ガスの合計量のみによって温暖化問題の深刻度が決定されると仮定する。次に、このモデルには二国のみが存在し（i 国と j 国と呼ぶ）、さらに、環境問題に関する国際

第9章 国際的な地球温暖化対策におけるフリーライド行為について 193

条約の非遵守国に対して強制力をもった罰則を施行できる機関が存在しないという現状を反映させて、拘束力のある国際条約を締結することが不可能であるとする。さらに、それぞれの国の政府は常に国益の追求という目的に準じた意思決定を行うものと仮定する。なお、ここでの国益の追求とは、その国が負担しなければならない地球温暖化問題に関わる総費用を最小化することを示しているものとする。

　地球温暖化問題についての費用は大きく二つに分けられ、一つは温暖化によってもたらされる環境の悪化を金銭的に評価した「被害費用」、もう一つは温室効果ガスの排出削減を行う際に負担することとなる「削減費用」である。各国は、それらの合計である地球温暖化問題に関わる自国においての総費用を最小化するという観点から、自らの排出削減レベルを決定する[3]。ここで、各国の削減費用関数、$AC_i(a_i)$ と $AC_j(a_j)$ はそれぞれの国での削減水準である a_i と a_j に対する凸な増加関数であるとする。さらに、地球温暖化問題はグローバル汚染の一例であることから、各国の被害費用関数を自国と相手国の削減量の和である a ($= a_i + a_j$) に対する凸な減少関数として、$DC_i(a)$、および、$DC_j(a)$ と表す。これらの仮定の下では、それぞれの国にとって総費用を最小化するための必要十分条件として、「自国の限界削減費用と自国の限界被害費用を均等化する」排出削減レベルを選択することが、相手国の排出削減水準を所与とした際の各国の行動原理として導かれる[4]。

　以下では、この行動原理を用いて、相手国の任意の排出削減量に対して最適な反応となる排出削減レベルを示す「最適反応関数」を導出し、その特徴を観察することによりフリーライド問題の原因を明らかにする。まず、一方の国（i 国）の限界被害費用関数（$MDC_i(a)$）と限界削減費用関数（$MAC_i(a_i)$）を描写した図1を参照されたい。上述したような特徴をもつ被害費用関数と削減費用関数に対して、それぞれの「限界分」を表すこれらの関数は、それぞれ地球上での温室効果ガスの総排出削減量に対する減少関数、および、自国での排出削減量に対する増加関数として描かれている。図1では横軸が地球上での総排出削減量、a ($= a_i + a_j$) を示しており、i 国の限界削減費用関数はその相手国である j 国の選択する任意の排出削減レベルを起点として記されていることに注意されたい。また、図1には、j 国の排出削減量が a_j' から a_j'' へと変化した際の i 国の排出削減量（a_i）の反応を観察するために、二つの i 国の限界削減費用関数が描かれ

図1 相手国の排出削減量の増加に対する最適反応

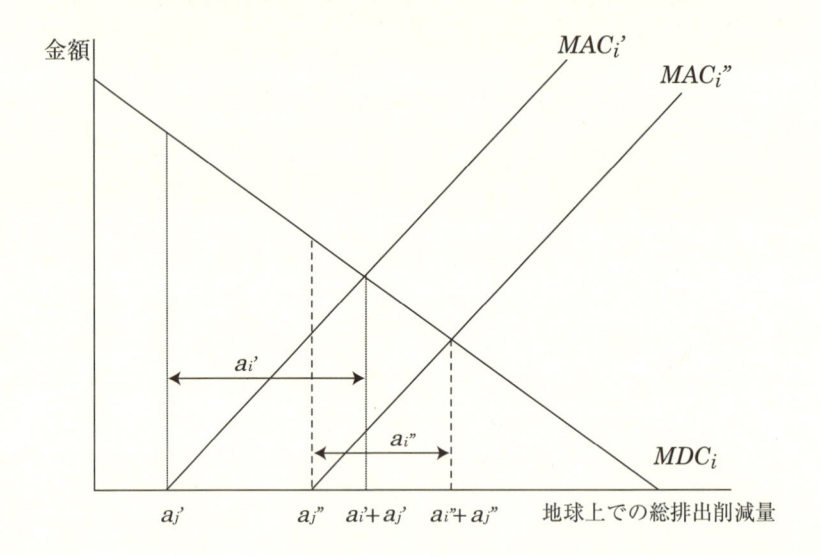

縦軸：金額
横軸：地球上での総排出削減量

曲線：MAC_i'、MAC_i''、MDC_i

横軸ラベル：a_j'、a_j''、$a_i'+a_j'$、$a_i''+a_j''$

矢印：a_i'、a_i''

ている。

　まず、相手国であるj国の削減量がa_j'である場合には、i国はMDC_iとMAC_i'を一致させるようなa_i'を自らの削減量として選択するべきであることが上記の行動原理により示される。同様の手続きを通じて、j国が他のいかなるレベルの排出削減量を選択している時にも、i国は自らの最適反応関数、$R_i(a_j)$、を計算することができる。たとえば、j国の排出削減量が図1中のa_j''へと増加すると、a_i''が自らの排出削減量として最適な反応となる。

　ここで特に注目すべき点は、図1に記されているように、限界被害費用関数（$MDC_i(a)$）が常に右下がりで、限界削減費用関数（$MAC_i(a_i)$）が常に右上がりであった場合、MAC_iの起点となるa_jのレベルが増加することによって、それに対応するa_iの最適反応水準は必ず減少してしまうことである。このことは、i国が相手国の排出削減量であるa_jの増加分の一部を、自国の排出削減量であるa_iの減少によって相殺させるように対応することを意味している。しかし、これはa（＝

図2 最適反応曲線と各均衡点の非効率性

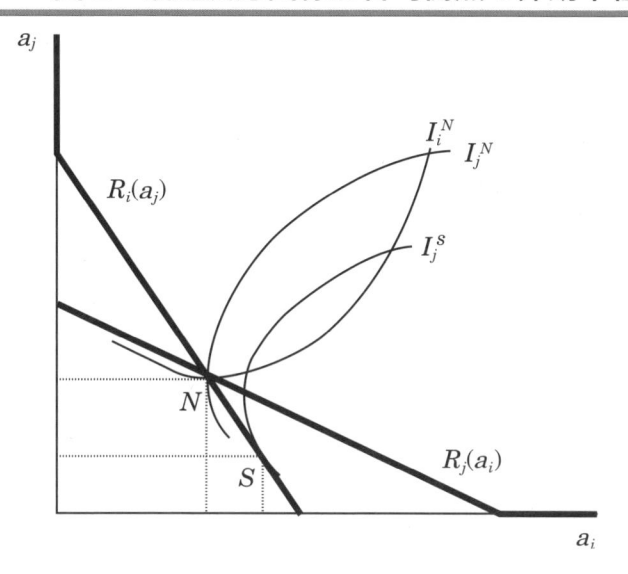

$a_i + a_j$)で表される地球上での総排出削減量が a_j の増加によって引き上げられることに矛盾しない。つまり、ある国の削減努力の向上は、地球温暖化問題の解決にとってその全てが無効となるわけではないが、その貢献の一部は他国の戦略的な反応によって相殺されることになる[5]。このような戦略的行動の形態こそが、グローバル汚染の対策におけるフリーライド問題のメカニズムの本質である。

結果として、j 国による排出削減努力水準に対する i 国の最適反応関数である $R_i(a_j)$ は図2のように記すことができる。図1とは異なり、図2においては、各国の排出削減量がそれぞれの軸に示されている。$R_i(a_j)$ が a_j についての減少関数であるということは、相手国の排出削減努力の強化に対して、i 国が自らの排出削減量を減らすという対応をとっていることを意味している。

ところで、通常用いられる意味での「カーボン・リーケージ」のメカニズムによっても類似した結果を導くことができるが、ここで議論しているフリーライド問題とカーボン・リーケージとの間には直接的な関わりはない。カーボン・リーケージと

は、一般的には、温室効果ガスの排出削減活動の一環として、十分に大きな経済規模を持つ国が自国における化石燃料に対する需要を抑制した際に、国際的なエネルギー市場における化石燃料の価格が下落することにより、他国の化石燃料の需要とそれに伴う温室効果ガスの排出量が増加するという結果をもたらしてしまう状況を指したものである（巻末の用語集を参照のこと）。特に、カーボン・リーケージが市場を介した間接的な影響を指すのに対して、本章におけるフリーライド問題の議論は相手の排出削減量の変化に対する直接的な反応に関するものである。

3. 戦略的行動の相互作用がもたらす結果

　この節では、前節で議論した各国の汚染物質の排出削減をめぐる戦略的行動が、結果としてどのような状況を生み出すのかということを解説する。そして、その結果を導く上で、それぞれの国が自らの行動を決定するタイミングが重要であることを示す。起こりうる状況として、最初に、両国が同時に行動を決定するケースを考え、その次に、ある国が先立って行動を決定し、相手国がその後で行動を決定するケースを考える。また、完全なフリーライド状態、すなわちある国が全く排出削減活動を行わず、他国にすべての排出削減努力を提供させるような状況はどのような場合に起こりうるのかについても考察する。

　まず、前節で $R_i(a_j)$ を導出したプロセスと同様にして、i 国の排出削減量に対する j 国の最適反応関数 $R_j(a_i)$ を得ることができる。図2には、$R_i(a_j)$ だけでなく $R_j(a_i)$ も「反応曲線」として描かれている。ここで、両国が同時に行動を決定する場合、互いの戦略的行動の結果として起こりうる均衡は、太線で示された両国の反応曲線の交点である点 N によって与えられる。この点において、各国は相手国の排出削減レベルに対する最善の選択を行っており、自らが進んで他の削減レベルを選択するインセンティブは存在していない。逆に言うと、結果が点 N の地点にない場合には、どちらかの国が行動を変更することによって自らの総費用をさらに下げることのできる可能性が残っており、未だ均衡に至っていない状態と言える。

　それでは、点 N とは全体的な効率性の観点から見ていかなる状態なのであろうか。結論を先に言うと、点 N は、その点から移ることにより両者にとっての総費

用が同時に減少する可能性が未だ残されているという意味において、非効率な状況であるといえる。このことを確認するため、各国にとってある特定の水準の総費用をもたらすような排出削減量の組を結んだ「等費用曲線」を導入する。このようなレベル曲線は等高線と同じ性質を持ち、任意の総費用の水準に対応させていくらでも描くことができる。ここで、それぞれの国にとって点Nを通る等費用曲線であるI_i^NとI_j^Nが、図2のように記されると仮定する。なお、最適反応関数とは相手の行動を与えられた際に自ら最善を尽くすような（ここでは、総費用を最小化するような）自国の排出削減量を規定するものであるから、各国の等費用曲線の頂点は自国の最適反応関数を表した反応曲線上に必ず位置しているはずである。その結果、図2において、i国の等費用曲線は反応曲線である$R_i(a_j)$との交点において横軸と平行に交わり、j国の等費用曲線は$R_j(a_i)$との交点において縦軸と平行に交わる。また、両軸にそれぞれの国の排出削減量をとっていることから、i国にとっては左上の方向が、j国にとっては右下の方向が、それぞれの総費用を下げることに貢献するという意味において、より好ましい方角であることが理解されるであろう。よって、点Nよりもより効率的な状況とは、I_i^NとI_j^Nの曲線に囲まれたレンズ状の図形に含まれる任意の点によって与えられる。これらの点に移動することは、戦略的行動の結果現れた均衡点（点N）と比べて両者の総費用を同時に引き下げることになるため、もし両者に投票の機会が与えられれば満場一致の賛成を得るべき変化である。しかし、それを不可能としているのは、拘束力をもった国際的な排出削減協定を結べないような状況下では、相手の排出削減努力にフリーライドすることにより自らの総費用を減少させようとするインセンティブを払拭できないためである。次節でも触れるように、このようなフリーライド問題を回避するため、地球温暖化対策に関する国際協調関係を規定する際には、排出削減割り当て枠や経済的手段の活用のあり方と同時に、条約締結国の「非遵守」が起こった場合の対応策についても十分な配慮がなされるべきである。

　次に、図1において、ある国の限界被害費用関数が極めて低く位置している場合、その国が相手国の排出削減活動に対して完全にフリーライドし、自国では何らの削減努力も行わないことが均衡点となりうることを見てみよう。たとえば、図1で$MDC_i(a)$を次第に下方にシフトさせると、それぞれの$MAC_i(a_i)$との交点によって与えられる、最適反応である排出削減量は任意のa_jに対してそれぞれ減少することとなる。このことは、図2において、$R_i(a_j)$が原点の方へと近づくこ

とを意味している。その曲線が原点へ十分に近づいた結果として、図3に示されるように、$R_i(a_j)$と$R_j(a_i)$の交点Nがa_j軸上にのみ現れるようになることが理解されよう。すなわち、i国の排出削減量がゼロとなり、j国のみが地球温暖化対策をとっているという状態が起こる。すなわち、地球温暖化による悪影響について途上国が先進国に比べて極めて小さく評価しているような場合には、両者の戦略的行動の均衡点として、先進国のみが排出削減努力を行うという結果が生じる可能性がある。そのような場合には、先進国から何らかの援助がなければ途上国は排出削減活動を完全に放棄するといった事態が安定的な状況として発生しうるのである。

　この結果に関して、一つの混同されやすい点について指摘しておきたい。結果のみを考慮すると、ある一方の国のみが削減活動を行うということは通常「チキン（弱虫）・ゲーム」と呼ばれるタイプの戦略的状況の均衡解と類似している。しかし、ここでの状況はチキン・ゲームの構造とは本質的に異なるものである。チキン・ゲームの構造を、二国間での国際環境問題における排出削減活動の文脈にあてはめるならば、二国のうちどちらか一つが十分な排出削減活動を行えば相手国が何もしなくても環境問題自体が解決する場合と解釈することができる[6]。また、チキン・ゲームの場合、上の状況とは異なり、両者の特徴は全く同一であっても構わない。その際、どちらの国も、相手国が十分な排出削減活動を行っている場合には、自らは完全なフリーライドすることを好むが、そうでない場合は最悪の事態を回避するため自ら進んで問題を解決するのに十分なだけの排出削減活動を行う。図3に示された状況においては、ある国（図中ではi国）にとって、相手国（j国）が排出削減活動を非常に小規模なものにしない限り（図3においてa_jがa_j^*以上である限り）、正の水準の排出削減を自ら行うことが合理的な選択にならないという状況が起こっている。このようなゲームの構造は、チキン・ゲームのように対象とする環境問題の性質から生じたわけではなく、両国の有する特性の違いに起因していることに留意されたい。

　さらに別の局面として、一方の国が、自国における排出削減量を他国に先駆けてアナウンスし、そのアナウンスメントにコミットすることができるという、両国が行動を決定するタイミングに関して異なった立場にある場合を考えてみよう。これまでの温室効果ガスの歴史的排出量の差異についての批判に根ざした「先進国責任論」などを考慮すると、しばらくの間は、途上国には先進国に先駆けて意思

図3 i 国が排出削減を全く行わない場合

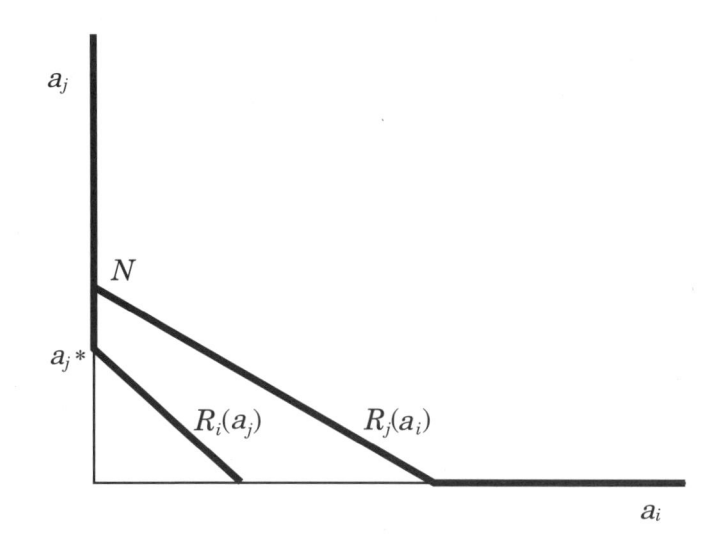

(グラフ:縦軸 a_j、横軸 a_i、点 N、a_j^*、反応関数 $R_i(a_j)$、$R_j(a_i)$)

決定を行う権利が与えられるべきだと考えられるかもしれない。また、アメリカ合衆国政府が京都議定書にいったん署名をしていながら、政権交代後に議定書からの離脱を一方的に表明した姿勢にも、意思決定のタイミングにおいて先行者としての一面を見出すことができるかもしれない。

このように、相手国よりも先に自らの行動を決定することのできる国は、ある特別な意味において「リーダーシップ」を握っているということができる。しかし、通常の意味でのリーダーシップとは、温暖化対策を他の国よりも積極的に推進し、時には上の均衡点 N によって示される以上の排出削減を自ら進んで達成しようとする行動を称して使われることが多いので、この言葉がどちらの意味で用いられているのか、明確に区別する必要がある。後者の場合について、各国がそれぞれの国益を追求するという仮定のもとでは、上でみたように、リーダーの実施する追加的な排出削減努力による貢献の一部が相手国の戦略的反応によって相殺されてしまうという結果が導かれるが、前者の様なリーダーシップは果たしてどのよ

うな結果をもたらすのであろうか。

　ここでも先に結論を述べると、こういったリーダーシップは、それが存在しない状況と同様、全体的な観点から見て非効率な結果しかもたらさず、地球温暖化問題の改善に対するインプリケーションは一層ネガティブなものとなる可能性が高い。その一方で、先に行動を決めることのできるリーダーは、両者が同等の立場にあった場合と比較して、自らがより好む結果を獲得することができる。

　ここでは、j 国をリーダーとして、その相手国である i 国をそのリーダーの行動を観察した上で自らの行動を選択する「フォロワー」と呼ぶ。その場合、リーダーである j 国はフォロワーである i 国の追随的な反応を考慮にいれて、自らにとって最善の排出削減量を選ぼうとする。つまり、i 国の反応曲線である $R_i(a_j)$ をあらかじめ予測した上で、結果的に自国の総費用を最小にするような状況はどのような場合に生じるのかと考える。それは、$R_i(a_j)$ 上にありながら、同時に自らの等費用曲線のなかで最も右下の方向に位置するものに含まれる点によって示され、それは、図2においては点 S によって与えられることを確認されたい。

　点 N と比較して、点 S においてはリーダーである j 国の排出削減量が減少しており、反対にフォロワーである i 国の排出削減量は増加している。さらに、点 S を通過する i 国の等費用曲線を書き加えてみれば、i 国の総費用が増加していることも容易に理解されるであろう。つまり、先に行動をとることのできるという意味でのリーダーになることは、相手国の犠牲の下で自国にとって正の便益をもたらす。また、i 国の反応曲線の形状を考慮すると、i 国の排出削減費用が線形となる特殊な場合（その場合、$R_i(a_j)$ の傾きはちょうど -1 となる）を除き、j 国のリーダーシップは全世界での排出削減総量を低下させる結果をもたらすことが予想される。また、一方の国がそのようなリーダーシップを握る機会を与えられている状況においては、両国が拘束力のある協調関係を締結する際にもその内容に影響を与えることであろう。それは、点 S を通過する両国の等費用曲線に囲まれた区域が、以前の点 N を通過するものと異なっていることからも伺うことができる。

4. フリーライド問題を克服する可能性

　この節では、上で説明したフリーライド問題を克服する上で、どのような対応策が考えられるかについて簡単に議論したい。地球温暖化問題に対し、全体的な観

点から効率的な方策を実施しようとするならば、国際的に何らかの協調関係を築くことが重要である。しかしながら、他の多くの国際関係と同様に、地球温暖化問題に関して強権的な「世界政府」と言うべきものは存在せず、地球温暖化対策を進める上での国際的協調関係はそれぞれの主権国家による自主的な参加によって築かれる必要がある。また、たとえ国際条約が締結されたとしても、非遵守国に対し十分な罰則手段を設け、条約に違反する国があった場合にそれを実行する制度的な裏づけが存在していなければ、条約に規定された内容の履行が潤滑になされるかどうか疑わしい。協調関係を支えるための国際的な制度上の枠組みが十分に存在しない現状において、地球温暖化問題に対する協調関係が数多くの国によって維持される可能性はあるのだろうか。

そのような状況のもとでは、国際的協調関係がその関係国に対して「自己拘束的」なものでなければ、関係が長期間にわたって維持されることは困難となる。協調関係が自己拘束的であるためには、以下の二つの性質を持っていなければならない。まず、より基本的な性質として「個人合理性」が挙げられる。それは、我々の文脈においては、各国が「協調関係の全く存在しない場合に比べて、自らの参加した協調関係が存在する方が得をする」というものである（Missfeldt 1999）。通常、この条件は比較的容易に満たされる。例えば、上の図2に示された二国モデルにおいては、国際的な協調関係によって規定されたそれぞれの国での排出削減量の組が、I_1^NとI_2^Nで囲まれたレンズ状のエリアに含まれる任意の点によって示されてさえいれば、協力関係の締結できなかった際の両国の排出削減量の組が点Nによって与えられることを考えると、その協調関係は必ず「個人合理性」を満たしている。しかし、問題は、各国にとってある協調関係が個人合理性を満たすものであっても、それだけではフリーライドを行うインセンティブを払拭するには十分ではないことである。なぜなら、ある協調関係が個人合理性を満たしているとしても、そこから自国のみが逸脱し、他国が協調行動をとり続けてくれた場合、さらに大きな利益を獲得することのできる可能性が存在するからである。そのため、それぞれの国が自ら進んで協調的対応策に参加するようなインセンティブを提供するためには、各国が「協調関係から外れる状態と比較して、その内にとどまった方が得をする」と確信する必要がある。これは通常「安定性」と呼ばれる性質である[7]。この自己拘束性ついての第二の条件を満たすことが困難なために、地球温暖化などの国際環境問題について数多くの関係国が協調に参加する

ような合意の形成に対しては否定的な見解が多く見受けられる（Carraro 1999；Barrett 2003)。

しかし、そのままでは自己拘束力のある国際合意が締結不可能な状況であったとしても、新たな要素を加えることによりフリーライド行為を抑止することのできる可能性がある。まず一つの方策として、フリーライドを行う可能性のある国に対し、その相手国が貿易制裁や軍事協定の破棄といった、他の国際関係を通じて経済的不利益を与えるという「脅し」を掲げることにより、地球温暖化問題への対策においてその国に協調的行動をとらせることが考えられる。ただし、このような脅しは十分に信憑性のあるものでなければ意味がなく、そのためには少なくとも次の二つの条件が満たされていなければならない。

まず一つには、脅しとして利用されるべき他の国際関係とは、フリーライドを行う可能性のある国が十分に関心を抱いているものでなければならない。つまり、フリーライドをもくろむ国が制裁措置を無視できるような状況では脅しの効力が全く発揮されない。もう一つの条件として、脅しを表明した国は、必要となった際に自ら進んで脅しを遂行する状況にいなければならない。すなわち、脅しを実行に移すことの費用（例えば、貿易相手を失うことによる不利益）が、協調関係の結果得られる便益の規模を上回るような場合、実際にフリーライド的な行為が行われた際に、それに対抗する政策は実行されることがないであろうから、脅しによってフリーライドを妨げることはできない。このような条件を満たす他の国際関係を容易に見つけ出すことのできる状況は多分に限定的である（Barrett 2003）。

また、他の適当な国際関係が見出せない場合であっても、フリーライドをもくろむ国に対し、他の協調国が地球温暖化問題自体において自らも非協調的な行動をとるという脅しをかざすことによって、国際的協調関係を維持することのできる可能性も存在する。つまり、相手がフリーライド行動をとりはじめるやいなや、それに対する制裁措置として、自らの排出削減レベルを十分に低下させるとアナウンスしておくのである[8]。このような脅しが効力を持つならば、フリーライドをする国が現れることなく協調関係が継続される可能性がある。そういった状態が起こるための条件として、一つには、各国が地球温暖化問題に大きな危惧を抱いている必要がある。また、各国は目先の経済的便益だけでなく将来の温暖化問題の動向についても十分に配慮していなければならない。ただ、このような戦略を用いることによって協調関係を維持することに内包される問題は、ある国が地球温暖化問

題を強く憂いていればいるほど、万が一、脅しを行うべき局面が訪れると自虐的ともいえる報復策の実行をためらう可能性があることである。フリーライドをたくらむ国にそれを見越されてしまうと、抑止策としての脅しが効力を持たなくなってしまう。他の国際関係を利用する場合と同様、この場合においても、脅しが信憑性を持つケースは限られたものとなる可能性が大きい。

5. おわりに

　温室効果ガスの排出削減という行為の便益については、排出削減を行う国だけでなく、それをまったく行わない国までも、それを享受することができる。そのような状況においては、他国の排出削減活動にフリーライドしようとするインセンティブの生じる可能性がある。その結果、各国は地球温暖化問題への対策を比較的小規模なものにとどめ、全体的な観点から見て非効率に低水準な排出削減しか行われない。

　今日、一部の先進国や数々の環境保護団体から、京都議定書に定められた削減割り当て枠よりもさらに厳格な排出削減を押し進めるべきであるという意見が聞かれるが、自発的な排出削減努力は、他国のフリーライド的な行為によってその貢献の一部を失ってしまう可能性があることも十分に認識されるべきであろう。このようなフリーライド問題を回避するためにも、京都議定書を拒否しているアメリカ合衆国を地球温暖化防止対策の国際的枠組みへと引き戻すことや、京都議定書においては排出削減割り当て枠を課されていない発展途上国にそのような戦略的な行動の機会を与えないことが、今後の国際的な地球温暖化対策の制度を構築する上で一つの重要な留意点であると考えられる。そのためには国際的な排出権取引市場の創出やクリーン開発メカニズム（CDM）などの京都議定書にも盛り込まれた経済的手段をより積極的に活用するなどして、各国が協調関係への参加を進んで受け入れやすい環境を整備することも大切であると思われる。

松枝法道

【注】

1. その例外として、植林などによって二酸化炭素の吸収源を拡大する活動がすでに始まっており、将来的には二酸化炭素を固定化し水中などに貯蔵する技術が利用可能になると言われている。
2. より厳密な議論は Hoel (1991) を参照のこと。
3. この節に登場する環境経済学の基礎的概念に関しては、例えば天野（1997）を参照のこと。また、各国が総費用を最小化するということは、温室効果ガスの排出削減を行うことによる純便益を最大化することと同義である。
4. より厳密には、ここで限界被害費用と呼んでいるものは、排出削減活動を追加的に一単位増加させた際に回避される被害費用の軽減額である。
5. しかし、もし「被害費用関数」が線形であるならば、すなわち、$MDC_i(a)$ が水平であるならば、i 国が排出削減努力を増大させる効果が j 国の戦略的行動によって全く相殺されることはない。一方、「削減費用関数」が線形であるならば、すなわち、$MAC_i(a_i)$ が水平であるならば、i 国が排出削減努力を増大させたとしても、その貢献が j 国の戦略的行動によって完全に相殺される結果となる。
6. 梶井・松井（2000）による「キッチン・ゲーム」の記述を参照のこと。また、もし国際条約の締結国に条約の内容を強制的に履行させることが可能であれば、上のようなグローバル汚染の状況をチキン・ゲームの構造に変化させることも可能である（Barrett 2003）。
7. より厳密には、「安定性」には非協調国が協調関係に参加するインセンティブを持たないという条件も含まれる。
8. ある国によって一度非協調的な行動がとられると、自らも二度と協調的な行動をとることはないという戦略は「トリガー戦略」や「永久罰則戦略」と呼ばれる（武藤 2001）。あるいは、「お返し（tit for tat）戦略」などの、より「柔軟な」タイプの戦略によっても協調関係を維持することのできる可能性はある。また、現実的に罰則を与える戦略を選ぶ際には、相手の行動を完全には把握し切れない可能性なども考慮しなくてはならない（Dixit and Nalebuff 1991）。

【参考文献】

天野明弘（1997），『地球温暖化の経済学』日本経済新聞社．

Barrett, S. (2003), *Environment and Statecraft: The Strategy of Environmental Treaty-making*, Oxford, UK: Oxford University Press.

Carraro, C. (1999), "Environmental Conflict, Bargaining and Cooperation," in J. van den Bergh, ed., *Handbook of Environmental and Resource Economics*, pp. 461-471, Cheltenham, UK: E. Elger.

Dixit, A. and B. Nalebuff (1991), *Thinking Strategically*, New York, NY: W. W. Norton. （邦訳：アビナッシュ・ディキシット＆バリー・ネイルバフ（1991），『戦略的思考とは何か：エール大学式「ゲーム理論」の発想法』ティービーエス・ブリタニカ）

Hoel, M. (1991), "Global Environmental Problems: the Effect of Unilateral Actions Taken by One Country," *Journal of Environmental Economics and*

Management, Vol. 21, 55-70.
梶井厚志・松井彰彦（2000），『ミクロ経済学：戦略的アプローチ』日本評論社.
Missfeldt, F. (1999), "Game-theoretic Modelling of Transboundary Pollution," *Journal of Economic Surveys*, Vol. 13, 287-321.
武藤滋夫（2001），『ゲーム理論入門』日経文庫.

第10章 英国排出削減奨励金配分メカニズム

1. はじめに

　英国では、2001年の気候変動税と気候変動協定の導入を皮切りに、世界で初めて一国の経済活動をほぼ包括的にカバーする規模での気候変動政策が本格的に導入されている。この背景には、京都議定書が発効した場合の削減約束や、2005年から本格的に導入が宣言されているEU域内排出取引制度への参加に備えるとともに、再生可能エネルギーやエネルギー効率の高い環境技術への投資促進により低炭素経済へ移行するといった目的がある。英国気候変動政策は、複数の政策手法を組み合わせた政策パッケージとして実施されている。本章では、その政策パッケージ中に、二酸化炭素排出量の削減を促進する環境技術への投資を促進するために組み込まれた、排出削減奨励金配分メカニズムに焦点を当てて解説を行う。この配分メカニズムを取り上げるのは、メカニズムが奨励金の配分と排出削減量の決定という機能を持っている点に興味深い特徴があるからである。気候変動政策の制度設計を考察するとき、各被規制主体に関する排出削減量の決定という問題を避けて通ることは難しいことから、このような排出削減奨励金配分メカニズムの実施に至った英国の例を取り上げて検討することは、大きな意義を持つものと考えられる。具体的には、メカニズムの大きな特徴であるオークションの仕組みを、実施の経緯を通じて概観することにより、その根拠や有効性を明らかにしたい。その上で、排出削減奨励金配分メカニズムの政策上での効果や環境面での期待される効果に着目し、排出削減奨励金配分メカニズム構築にとって重要な要素を示すこととする。

2. 英国気候変動政策の概要

　1998年に英国産業界（Confederation of British Industry（CBI））から英国政府

に提出されたマーシャル・レポートによって、英国では気候変動政策における経済的手法の重要性が認識され、本格的に政策の導入が議論されるに至った。このレポートで、マーシャル卿は、英国の産業競争力を保ちながら最大限の環境便益を達成するために、既存の規制および自主取組み、そして経済的手法等を組み合わせた政策パッケージの必要性を主張している。

英国は、京都議定書の下でのEU全体[1]の削減負担割当協定（EU burden-sharing agreement）を通じて、温室効果ガス（以下 Greenhouse Gas（GHG））排出量を1990年レベル（基準量）から12.5％削減することを約束している。しかし2000年の時点で、英国は既にGHG排出量を1990年レベル（2億1200万トン）から13.5％削減していた。これは、石炭産業の衰退と国家政策による石炭から天然ガスへの燃料転換によるところが大きい。英国環境省では、新しく導入される気候変動政策によって2010年までに1990年レベルよりGHG排出量を23％、二酸化炭素排出量を20％削減できるであろうと予測している。

英国気候変動政策は、マーシャル卿の提言も反映されて気候変動税（Climate Change Levy）、気候変動協定（Climate Change Agreement）、排出取引制度（Emissions Trading）、排出削減奨励金（Emissions Reduction Subsidies）を巧みに組み合わせた政策パッケージという形で実施されていることに最大の特徴を持っているといえよう。気候変動税は、2001年4月より国内産業部門や農業部門を中心に、天然ガス、石炭、LPG、電力消費全てに下流課税という形で課せられている。また同時期に気候変動協定も導入されている。この気候変動税の課税範囲は、実に英国内の二酸化炭素排出量の60％を占めるものとなっている。この税収は、税収中立の原則により社会保障の切り下げや、再生可能エネルギーへの助成に還流されている。そして2002年には、排出取引制度、排出削減奨励金も導入され、政策パッケージの全容が整った。気候変動協定、排出取引制度、排出削減奨励金の導入の背景には、削減を行う企業等の費用負担を軽減する目的がある。

3. 協定参加者と直接参加者

気候変動協定は、主に税負担が重くなるエネルギー多消費産業を中心とする大口の被規制主体に配慮して盛り込まれた政策手法である。気候変動協定を政府と締結した締結主体は、個々に政府と協定を締結できるため、その締結主体の持つ

排出削減費用を考慮に入れた削減目標設定[2]が可能である。これに加えて、目標を達成した締結主体は、気候変動税の80％減税措置を受けることができる。この協定の目標設定方法として、政府はそれぞれの締結主体にエネルギー効率改善と炭素節約の達成、費用効果的なエネルギー効率改善手段の実施を2010年までの目標として課している。また、2年毎に1年間のマイルストーンと呼ばれる短期目標も設定され、達成できなかった場合、気候変動税の減税措置が適用されなくなる。さらに、締結主体は目標達成の手段として排出取引制度を利用することができる。つまり協定参加者は、目標達成に排出取引市場を通じて他者から許可証を購入し、協定の遵守に当てることが可能なのである。逆に、エネルギー使用量等を協定で設定した目標以下に削減した場合、許可証を政府より受け取ることができる（ベースライン・クレジット[3]）。

　一方、協定参加者とは対照的に、オークションを通じて自主的に絶対削減目標（キャップ）を設定し、排出取引制度に参加する被規制主体を直接参加者という。オークションに関しての詳しい説明は4節に譲るとして、ここでのオークションの役割を述べると、削減量に応じた排出削減奨励金の効率的な配分を可能にするというものである。気候変動協定を政府と締結した締結主体は、このオークションに参加することができない。直接参加者がオークションを通じて決定された削減量に応じて奨励金の配分を受けることは、直接参加者が支払わなければならない気候変動税額を減らすことにも繋がるため、より大きな排出削減効果を上げることに寄与するであろう。オークションでは、5年分の排出削減奨励金が用意されている。さらに、オークションで削減量が決まった直接参加者は、遵守期間中に許可されている排出量と同じ量の許可証を無償配分で受けることができる。つまり、この遵守期間中の各直接参加者の排出量には、自主的にキャップが設定されているため、各応札主体が政府に提出した近年の排出データ等を基にして定めたれたベースラインから、オークションで決められた削減量を引いた排出量と同じ量の許可証が無償で与えられるのである。そして、キャップ・アンド・トレード方式の排出取引制度に参加することが可能である。排出取引制度に参加[4]すれば、被規制主体は自身で削減を行うよりも、奨励金の配分を受けなおかつ安い許可証を購入して削減目標の遵守に当てることができるため、気候変動税を支払うのみで削減を行うよりも、削減費用の負担が軽減されるであろう。

　英国政府より発表されたDEFRA（2003a）"NEW RELEASE,"によると、ス

キームが開始されてからの1年間（2001-2002）において、88％の参加者が目標を達成し、減税措置を受けている。この協定は、実に44部門、5,000社以上の企業が締結している。排出削減量は、1,350万トンに上るという。これは、当初設定されていた1年間の排出削減目標のほぼ3倍である。また、DEFRA（2003）"Commentary on Preliminary 1st Year Results And 2002 Transaction Log,"によると、2002年に有効な許可証の3,157万トン相当が、協定参加者と直接参加者の両方に配分され、2003年3月31日までに721万トン相当の数の許可証が排出取引市場を介して移転されたと報告された。直接参加者は、後に述べるように5年分のまとまった削減目標を設定しているため、その削減目標の達成状況は、期間が終了する時期を待たなければならない。

4. 排出削減奨励金配分メカニズム

　英国政府は、2002年から2006年の5年間で、2億1500万ポンドの財政支援予算を排出削減奨励金として用意していた。この予算は、直接参加者が自主的に削減量を設定するインセンティブを与えるためのものである[5]。この配分は、オークションを使って行われた。これは、排出削減量（二酸化炭素換算）1トン当たり何ポンドという率で配分される。一般的にオークションというと、最初に売り手である競売人が低めの価格を提示し、徐々に価格を引き上げていく（売却型の）上昇型オークション方式が考えられるが、ここで採用されたオークションは、下降クロック型オークションと呼ばれる高い価格から徐々に価格を下げていく方式のオークションである。これは、政府が用意した予算を使って、企業が入札した削減量を買い上げるというものである。つまり、この方式では政府が買い手で、企業が売り手ということになる。

　この方式の手順は、最初に競買人である英国環境省が高めの二酸化炭素換算1トン当たりの買い上げ価格を提示する。それに対して、応札主体（ここでは企業）がその価格に対する削減量を入札する。競買人は、入札された削減量を足し合わせ総排出削減量を算出する。実際のオークションでは、100ポンドから提示されている。ここでの100ポンドとは、ラウンド1のスタート価格である。下降クロック型オークションでは、均衡価格である排出削減奨励金率が決定するまでラウンドが何回も行われることから、競買人は、あらかじめラウンドごとにスタート

表1 ラウンド1からラウンド2までの応札主体Aの入札戦略例

二酸化炭素換算1トン当たりの価格	入札者Aのラウンド内の入札	それぞれの価格で入札する予定の量
£90（ラウンド1エンド価格）	6,000	6,000
£90（ラウンド2スタート価格）		6,000
£89		6,000
£88		6,000
£87		6,000
£86		6,000
£85		6,000
£84	5,000	6,000/5,000
£83		5,000
£82		5,000
£81		5,000
£80（ラウンド2エンド価格）	5,000	5,000

出典　DEFRA（2002a），p.5を参考に作成

価格とエンド価格を提示することとなっている。

　表1の左側の欄では、このスタート価格とエンド価格の提示例が示してある。こうした提示に対し各応札主体は、提示された価格と自身の限界排出削減費用を照らし合わせながら5年間分の削減量を各々入札する。これは、応札主体に対して自身の限界排出削減費用の分析が求められていることを意味している。つまり、応札主体は、あらかじめ自身の排出削減量（二酸化炭素換算）1トン当たりの排出削減費用を把握しておく必要がある。この費用を把握しておくことによって、提示される価格に応じた削減量の算出が可能になる。応札主体がこのような分析を行った上で入札を行うことを、入札戦略と呼ぶ。上記に示した表1は、応札主体Aが入札する削減量に関する分析を行った上で、組み立てた入札戦略である。表の一番右側の欄には、提示された価格に対応した応札主体Aの入札する削減量が書き込まれている。提示される価格は徐々に下がっていくため、応札主体Aは、85ポンドまで下がると削減量を6,000から5,000に修正することになる。この修正を入札修正という。応札主体は、1ラウンドで5回まで入札することが許可され

ている。それゆえ、応札主体は1ラウンドに5回まで入札修正を行うことができる。ラウンド内でさらに細かく段階を分けることをステップと呼ぶ。表1での各行は、ステップを表している。

　下降クロック型オークションは、複数回のラウンドを行うことができるオークションなので、ラウンド1において政府が用意した総排出削減奨励金予算額が買い上げることができる総排出削減量に、入札された削減量の総合計量が収まらなかったとしても、総予算で買い上げることができる総排出削減量に収まるまでラウンドを進めることができる。これはつまり、総排出削減量（総供給）と総排出削減奨励金額（総需要）の間の関係が、超過供給の状態であることを示している。実際、ラウンド1におけるエンド価格90ポンドの価格の提示があったとき、応札主体より入札された総排出削減量は、二酸化炭素換算488万トン相当[6]にのぼった。それゆえ、最初のラウンドにおける削減目標の供給額は、4億9000万ポンドとなった。しかし、政府の用意した2億1500万ポンドの予算では買い上げることができないため、超過供給の状態となった。このオークションでは、エンド価格の総供給と総需要の間の状態が超過供給となっている場合、ラウンドが次のラウンドへと進められる。ラウンド2では、ラウンド1のエンド価格がスタート価格となり、価格がさらに引き下げられていくため、入札される総排出削減量も徐々に減少していく。こうした過程を何回か繰り返した後、入札修正を応札主体が誰も行わなくなったとき、総削減量と価格が均衡量と均衡価格に至り、オークションは終了する。つまり提示された価格で、総排出削減奨励金予算が総排出削減量を買い上げることが可能となるのである。ここでの均衡価格は、オークションに参加した応札主体全体の二酸化炭素換算1トン当たりの限界排出削減費用も表している。こうした均衡価格である排出削減奨励金率で奨励金の配分を行うことは、政府が用意した排出削減奨励金を全額使い切り、なおかつ効率的により排出削減を行う応札主体へ配分することを可能にするであろう。

5. 下降クロック型オークションのルール

　下降クロック型オークションには、応札主体の入札方法を規定するルールがいくつか存在する。その主なものとして、①最初のラウンドで入札しなかった応札主体は、以後のラウンドにおいて入札することはできない、②応札主体は、前の

ラウンドあるいはステップで入札した削減量を上回る削減量を入札できない、③応札主体は、一度入札した削減量を取り下げることはできない、④各ラウンドにおけるエンド価格での応札主体全体が入札する総削減量は、前のラウンドのどれに比べても少なくなければならない、⑤入札修正における削減量の減少量に制限を設ける、というものがあげられる。これらのルールの存在により、最初のラウンドで少なめの削減量を入札していた応札主体が、戦略的に後のラウンドで削減量を多く入札し、奨励金を多く受け取ることを防ぐことが可能になるであろう。

その他のものとして、応札主体は、均衡価格に至る過程で退出することは許可されている[7]。また、単一応札主体が、総排出削減目標量の10%を上回る削減量を入札することは、許可されていない。英国でのオークションは、インターネット上で行われたため、各応札主体は指定されたソフトウェアを通じて入札を行った。そのため、入札の際にソフトウェアを通じて自動的に削減量の割合が算出され、比較的簡単にこうしたルールの実施が可能になった経緯がある。

先にも述べたとおり、各応札主体は5年間分の削減量を入札することから、オークションを通じて決定された各応札主体に支払われる排出削減奨励金額は、5年間の合計金額である。支払いの段階では、1年ごとに実際に達成された1年分の排出削減量の認証[8]が行われ、削減目標を達成できた応札主体は、1年ごとに奨励金を受け取ることとなる。その額は、均衡価格×オークションを通じて決定されたその応札主体の排出削減目標量/5、である（図2参照）。

最後に、罰則について触れておきたい。上記で触れた排出削減目標量の認証の際に、オークションで設定された排出削減量を応札主体が遵守できなかった場合、以下の罰則が適用される。

①排出削減を遵守できなかった期間（1年分）の排出削減奨励金を、応札主体は受け取ることができない。
②排出取引制度での、次期遵守期間に割り当てられる排出許可証の量が削減される[9]。

これらの罰則以外にも、制度が運営されて2,3年後に罰金を課すことが検討されている。このような厳しい罰則は、大きな排出削減効果を上げることに寄与するであろう。また、従来よく行われてきた一回限りの企業に対する補助金は、企

図2 応札主体の総排出削減目標量と各年の削減量との関係

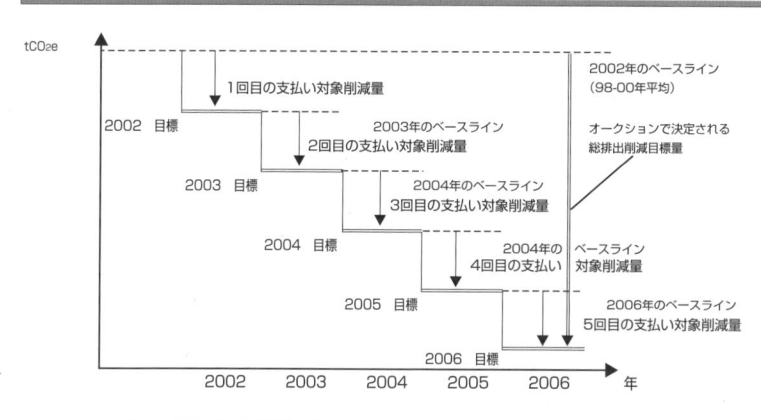

Mullins（2002）を参考に作成

業にとって補助金を得ることが目的になってしまい、削減を促進させるインセンティブが働かないことが指摘されてきた[10]。しかし、この配分メカニズムでは、排出削減を達成すれば、1年ごとに奨励金の交付を企業は受けることができるため、少なくとも5年間は削減インセンティブが継続することになるであろう。

2002年3月11-12日、実際にオークションが行われた。最初に英国環境省が二酸化炭素換算1トン当たり100ポンド（£100/tCO$_2$e）で価格のアナウンスを行い、38の応札主体が参加した。この最初の価格が提示されたとき、上記で触れたようにあらかじめ用意された予算では入札された総削減量をすべて買い上げることはできなかったため、オークションは続けられた。ラウンドが進み価格が下降していくに従って、応札主体は自身の入札する削減量をそのまま維持するか、減らすかの選択を行った。また、参加した応札主体のうち4主体は、途中のラウンドでオークションから退出している。これは、均衡価格が、自身の二酸化炭素換算1トン当たりの排出削減費用に比べて低い水準になると判断したためである。ラウンド9まで進んだとき、削減目標の供給額は予算内に収まり、二酸化炭素換算1トン当たり53.37ポンドで均衡価格が決定された。

6. 下降クロック型オークションの特徴

　ここでは、下降クロック型オークションが持っている特徴および長所について触れる。下降クロック型オークションが複数回のラウンドを行うことができるオークションであることは、既に4節で述べた。実際に行われた経過を見てわかるように、応札主体は前のラウンドの結果を見定めつつ入札修正を行うことが可能である。このことは、応札主体が他の応札主体の入札戦略をも分析することができることを意味している。この情報を通じて、各応札主体は、他の応札主体の限界排出削減費用を知ることができるであろう。そして各応札主体は、自身の限界排出削減費用の分析だけでなく、こうした情報も参考にして自身の入札戦略を組み立てる。均衡価格は、各応札主体が提示された価格に対応する自身の削減量を分析し入札を行った結果であるから、応札主体全体の限界排出削減費用をある程度表したものであるといえよう。政府は、少なくともオークションに参加した応札主体全体の限界排出削減費用を、オークションを通じて的確かつ迅速に把握すること[11]が可能になる。逆に応札主体は、自身の削減量に応じた奨励金を効率的に受け取ることができ、排出削減に対して投資するリスクを軽減することができるであろう。

　英国環境省は、今回のオークションの設計に際して以下のようなことに配慮したと述べている。

①政府が大きな排出削減効果を達成する
②多くの企業がオークションに参加することで、絶対目標を自主的に負った企業が排出取引市場に参入することを促す。これにより、排出取引市場の流動性も確保する
③各応札主体の持つ限界排出削減費用に見合う排出削減奨励金の配分を達成する

　下降クロック型オークションは、これら3つの要素をうまく導き出すことが可能なオークションであると、DEFRA（2001a）では述べられている。

7. おわりに

　英国排出削減奨励金配分メカニズムは、効率的に奨励金の配分を行うことによって排出取引制度への企業の参加を促すという政策の受容性を高めるばかりでなく、最大限の排出削減効果を上げることを可能にするメカニズムであるといえよう。ただ、実際に英国で行われた際、オークションに参加した企業が、あらかじめ自身の限界削減費用を分析せずに入札を行うなど、市場メカニズムを活用した政策手法への企業側の経験不足から引き起こされた問題等も起こり、課題として指摘されている[12]。しかし、英国環境省は気候変動政策を実施するに当たり、Learning by Doing という方針を明らかにしていることから、むしろこの経験を今後の政策策定に反映していくであろう。わが国でも、2003年8月に「温暖化対策税制の具体的な制度の案～国民による検討・議論のための提案～（報告）」が中央環境審議会から出されるなど、地球温暖化対策に対する国内制度の議論が本格化してきている。この提案では、国内で低率の温暖化対策税が導入された場合、税収を二酸化炭素排出削減技術・設備導入のための奨励金として還流させることで、技術開発の進展、エネルギー効率の良い施設の導入等が進み、二酸化炭素排出量の削減につながるという考え方が採用されている[13]。しかし、その税収をどのような政策手法で配分するかについては、まだ触れられていない。このような流れから、本稿で取り上げたようなオークションを活用した排出削減奨励金配分メカニズムを議論することも、1つの選択肢として考えられるのではなかろうか。いずれにせよ、このような配分メカニズム構築に関する議論がわが国においても望まれるであろう。

田中彰一

＊本稿の作成に当たっては、天野明弘先生（関西学院大学総合政策学部名誉教授・客員教授、財団法人地球環境戦略研究機関関西研究センター所長）に多くのコメントを頂いた。この場を借りて謝意を表したい。

【注】

1. 京都議定書の下で EU は、EU 全体で 1990 年排出量基準から 8％の削減目標を約束している。
2. 協定参加者は、相対目標と絶対目標のどちらかを選択して、自身の削減目標を設定することができる。実際にはほとんどの参加者が相対目標を選択した。
3. 通常は GHG の排出削減プロジェクト等を実施し、プロジェクトがなかった場合に比べた GHG の排出削減量をクレジットとして認定し、このクレジットを取引する制度を指す。ここでは、プロジェクトベースに限らず、気候変動協定を締結した企業の活動全体が対象とされ、取得されたクレジットもアラウアンスと呼ばれている。
4. 排出取引制度への参加方法は、ここであげた協定参加者と直接参加者以外に、許可された排出削減プロジェクトを経ての参加と、取引口座を開設して参加する 2 つの方法がある。
5. この奨励金から法人税を控除した実質支給額は、年間 3,000 万ポンド（約 57 億円）にのぼる。
6. 正確には、二酸化炭素換算 4,881,079 トンである。DEFRA（2002b）参照。
7. 削減量を 0 として入札すると、退出と認められる。
8. 直接参加者である応札主体は、オークションに参加する際、ベースラインを各自算出し、提出しなければならない。このベースラインは、原則として排出源リストに載せた排出源の 1998 年から 2000 年までの平均排出量が、オークションの行われた 2002 年ベースラインとして採用された。しかし、2000 年までのデータを応札主体が保有していない場合は、1999-2000 年あるいは 2000 年のデータを提出することが認められている。そして、オークションが行われる前の登録期間の間に政府から、排出源リストおよびベースライン排出量の認証を受けなければならない。排出削減量の認証とは、約束期間の間に、このベースラインから排出削減目標量の削減が達成されたことを、政府が認証することを指す。
9. 応札主体は、少なくとも遵守期間の排出量に見合う排出許可証を、調整期間終了時に保有していなければならない。そして応札主体がここでいう排出削減量の削減を達成（遵守）した場合、図 2 で見た通り次の年のベースラインは、遵守期間の排出量から次の遵守期間の削減量を引いた排出量となる。応札主体は、その排出量と等しい排出許可証を無償で受け取ることができる。不遵守であった場合、次の遵守期間では、不足分の排出許可証数にペナルティ係数（1.3）を乗じた排出許可証数が、受け取れる予定であった排出許可証数から差し引かれることになる。応札主体にとっては、与えられる排出許可証数が減るわけであるから、追加的な痛手をこうむることになる。
10. OECD (2001),p.22 参照。
11. 各応札主体の排出量や限界削減費用を政府が調査によって把握しようとすれば、莫大な費用を要することになるであろう。
12. DEFRA (2002d) 参照。
13. ここでの低率の税と補助金の組み合わせに関する理論的な解説は、天野・田中（2002）参照。

【参考文献】

天野明弘・田中彰一（2002），「英国気候変動政策の環境効果と費用負担」Working Paper, 関西学院大学総合政策学部 , No.26.
Chan, Chris, Patrick Laplagne, and David Appels (2003)，"The Role of Auctions in Allocating Public Resources," Research Paper Australia. http://econwpa.wustl.edu/eps/ mic/papers/0304/0304007.pdf.
Cramton, Peter, and Suzi Kerr (1998)，"Tradable Carbon Allowance Auctions How and Why to Auction," Published by the Center for Clean Air Policy, March.
Department for Environment, Food and Rural Affairs (2001a)，"Incentives Bidding Mechanism: Options for a mechanism to allocate incentives funding and set emission reduction targets in the UK Emissions Trading Scheme," May, http://www.defra .gov.uk/ environment/climatechange/trading/bidding/01.htm.
Department for Environment Food and Rural Affairs (2001b)，"Framework for the UK Emissions Trading Scheme," August, http://www.defra.gov.uk/environment/climatechange/trading/pdf/trading-full.pdf.
Department for Environment Food and Rural Affairs (2002a)，"UK Emissions Trading Scheme Auction Guidance," May 3, http://www.defra.gov.uk/environment/climatechange/trading/pdf/trading-auction_guidance.pdf.
Department for Environment Food and Rural Affairs (2002b)，"UK Emissions trading scheme auction results: 11-12 March 2002," August, http://www.defra.gov.uk/ environment/climatechange/trading/auctionwin.htm.
Department for Environment Food and Rural Affairs (2002c)，"Guidelines for the Measurement and Reporting of Emissions by Direct Participants in the UK Emissions Trading Scheme," October. http://www.defra.gov.uk/environment/climatechange/ trading/pdf/trading-reporting.pdf.
Department for Environment Food and Rural Affairs (2002d), "The UK Emissions Trading Scheme Auction Analysis and Progress Report," October, http://www.defra. gov.uk/environment/climatechange/trading/pdf/trading-progress.pdf.
Department for Environment Food and Rural Affairs (2003a)，"NEW RELEASE," January, http://www.defra.gov.uk/news/2003/030407a.htm.
Department for Environment Food and Rural Affairs (2003c)，"Commentary on Preliminary 1st Year Results And 2002 Transaction Log," May 12. http://www. defra.gov.uk/environment/climatechange/trading/pdf/ets-commentary-yr1.pdf.
Mullins, Fiona (2002), "Incentives bidding auction : the "mechanics" of bidding," Environmental Resources Management DEFRA.
環境省（2003a),「温暖化対策税制の具体的な制度の案〜国民による検討・議論のための提案〜（報告)」中央環境審議会総合政策・地球環境合同部会地球温暖化対策税制専門委員会, http://www.env.go.jp/policy/tax/pdf/mat_01.pdf.
OECD(2001). "Domestic Transferable Permits for Environmental Management," Paris.

第11章 事業者による温室効果ガス会計の枠組について

1. はじめに

　WBCSD[1]（持続可能な発展のための世界経営評議会）とWRI[2]（世界資源研究所）が *GHG Protocol*（温室効果ガス報告規約）という名のプロジェクトを組織し、企業による温室効果ガスの会計（算定）および報告の国際的統一化の作業を始めたのは、1998年であった。「会計」というと金銭的評価のように受け取られるかもしれないが、accountingという言葉は、ここでは系統的な数量化および説明という意味で用いられており、企業が排出する温室効果ガスの数量を測定または推計によって把握し、体系的に表記することを表している。*GHG Protocol* の運営には、気候変動に関する国際連合枠組条約や米国環境保護庁のような公的機関のほか、研究所、企業、監査法人、NGOなどの代表が参加しており、多くの利害関係者の協力の下で温室効果ガス報告作成規約の国際的な標準化が進められている[3]。

　国際的にも、また各国内でも、温室効果ガスの排出を削減し、吸収源を拡大するための取組みが自主的・規制的に強化されつつある中で、国による条約等への報告のほか、事業体による自主的な報告作成の動きも活発化している。そして、英国や欧州連合その他における温室効果ガス排出取引制度の導入が始まったことで、温室効果ガス報告作成規約の必要性が一気に本格化した。米国の連邦政府や州政府、カナダ、英国、オーストラリアなどは、すでに *GHG Protocol* の作成した規約（プロトコル）に準拠して自国の規約を作成しており、欧州連合も近くEU排出取引制度に付随した温室効果ガスの規約を発表することとなっている。また、各種の国際規格を作成しているISO[4]（国際標準化機構）も *GHG Protocol* の作成した規約を基にISO14064の規格を作成中である[5]。そしてわが国でも、環境省が「事業者からの温室効果ガス排出量算定方法ガイドライン」（環境省地球環境局（2003））として試案を公表しており、*GHG Protocol* の作成した規約を始め、他の諸規約とも整合性を図っていると述べられている。

第 11 章　事業者による温室効果ガス会計の枠組について　219

　本章では、このような標準化の動きの中で、規約作成の重要な枠組みに関連して意見の違いが見られるいくつかの点について検討したい。

2. 会計および報告が基づくべき原則

　GHG Protocol は、次の 5 つの原則をあげている。これは現在の規約の性格付けを行うとともに、将来規約の改訂がなされる際にも依拠すべきものである。

(1) 妥当性[6]：事業体の温室効果ガス排出量報告の意図と、その情報を利用して意思決定を行うもののニーズを適切に反映するよう、算定の境界を設定すること。

(2) 完全性[7]：設定された境界内のすべての排出源および排出活動を説明し、除外するものがあれば、明記して除外する根拠を明らかにすること。

(3) 一貫性[8]：時間の経過に伴う排出記録の比較を可能にするため、報告基準に変更がある場合には、有効な比較が続けられるよう、その変更を明記すること。

(4) 透明性[9]：明確な事後監査に基づき、すべての関連事項を客観的なかつ首尾一貫した方法で示し、重要な前提および算定方法に関して参考にした資料を開示すること。

(5) 正確性[10]：温室効果ガスの算定が、利用目的に照らして必要な精度をもち、報告書全体の信頼性を損なうことのないよう、相当の注意を払うこと。

　ISO や日本の環境省、米国の環境保護庁などのガイドラインは、これらの原則についてほぼ *GHG Protocol* と同様の内容であるが、米国環境保護庁の場合には削減目標を記載すべきことに言及している。また ISO のドラフトでは Part3「妥当性評価、事後検証、証明に関する規格案」の中で、一貫性と透明性と並べて独立性、倫理性、公正性、および専門的注意義務をあげていること（ISO（2003c））などが特徴的である。これらは、ISO が発行した品質管理および環境管理に関する国際規格の関連部分に若干の微修正を加えて追加されたものである。

　現在すでに温室効果ガスの国内排出取引制度を実施している英国のガイドライン（UK DEFRA（2003））も *GHG Protocol* に準拠しているが、「妥当性」の部分を「忠実な表現[11]」とし、不確実性の定量化ならびにその低減を追加するとか、一貫性については、英国および IPCC の温室効果ガス目録（インベントリー）の算定と

同程度であることを求め、また透明性については公認監査機関による監査を要求するなど、排出取引制度の健全性を保持するための考慮が払われている。他方、2001年10月に成立したCalifornia Senate Bill 527に基づき自主登録を実施しているカリフォルニア州のガイドライン（California Energy Commission（2002））では、この規定に従って証明を受けたものは、将来国際機関、連邦政府、州政府などによって温室効果ガス関連の規制が導入された場合、当該事業体の活動に適切な配慮がなされるよう最善の努力を払う旨が述べられている。自主的な会計・報告活動を促進するための規定である。

EUの排出アラウアンス取引制度に関する指令では、温室効果ガス排出のモニタリングおよび報告に関するガイドラインを2003年9月末までに策定すべきことが定められている。後に述べるように、EUの排出取引制度では、装置[12]の操業責任者が当局に報告を行うこととなっており、この場合の算定、モニタリング、報告は経済的責任とともに法遵守の責任を伴うものとなって、自主的報告とは明確に異なる側面をもつようになる。その意味で、京都議定書の発効により定量的な排出削減義務を負うことになる国における算定・報告規約と、米国やオーストラリアのようにその枠外にある国におけるそれとが事業者に対して異なる要求事項をもち、原則の面でも差が生まれるのは当然ともいえる。

しかし、新しい政策や規制体制が普及する場合には、政策や体制に対して中立的な立場をとろうとするISOのような国際規格であっても、一般的な側面についてはそれらを包含できるものでなければならないから、当分の間は一般性と特殊性が相互に作用し合いながら制度の発展が進んでいくものと思われる。

3. 組織の境界

企業等の事業体がそれぞれの温室効果ガス排出量を報告する場合、部分所有の会社や施設からの排出をどのように扱うかという問題がある。*GHG Protocol*では、近い将来、温室効果ガスの排出が排出者の「法的責任[13]」となる可能性が高く、したがってそれが財務上の責任と同じ原則で扱われる場合に備えて、組織の境界を財務報告ないし年次報告のそれに合わせておくことが重要であると考えられている。一般に、財務報告では組織の境界を定める際に、「統制力[14]」と「影響力[15]」が重視される。統制力とは、ある会社が他の事業所や施設の操業を指揮でき

る能力であり、50％超の議決権をもっていれば統制力がある。他方、「重要な影響力[16]」とは、20-50％の議決権の保有、財務や操業に関する意思決定に参加する力の保持、長期的利害関係の存在等の有無に基づき判定される影響力である。

排出量の報告が統制力や重要な影響力によってどのようになされるかについては、*GHG Protocol* は統制力が基準にされる場合と、持分比率が基準にされる場合とに分け、次の方式で報告することが多くの意思決定者や利害関係者にとって財務報告との整合性の観点から望ましいとしている。すなわち、

(1) 統制力に基づく報告では、完全所有の場合、あるいは完全所有ではないが統制下にある事業体／施設の場合は、温室効果ガス排出量の100％を報告し、複数の会社による共同統制の場合には、持分比率で按分して報告する

(2) 持分比率に基づく報告では、収益や生産量の按分につき特別の契約上の取り決めがある場合を除き、排出量を持分比率で按分して報告する

という方式である。

このように、*GHG Protocol* が企業の財務報告との関連を重視しているのに対して、ISO の規約案では、「事業体[17]」と「施設[18]」ならびにプロジェクトの関係を明確に意識した構成となっており、これら3つの各レベルで算定・報告が必要とされる場合に対応できるような配慮がなされている。すなわち、国内的・国際的規制体制との関係で、それらの要求事項が ISO の規格のそれと整合しない場合には、規制体制の要求事項が ISO 規格に追加される（つまりそれらが優先される）ものとした上で、事業体による温室効果ガスの目録は、次の2つの方針により作成されるものとされる。

(1) 事業体は、施設レベルの温室効果ガスの総排出量および総吸収量を統合化して温室効果ガス目録を作成するものとする。

(2) 事業体の目録には、内部的・外部的プロジェクトにより創出された温室効果ガス総排出削減単位あるいは温室効果ガス総吸収単位の算定を含めることができるものとする。

そのため、事業体の境界については、適用される規制の体制／体系に従い、あるいは内部的・外部的報告の必要に合致させるため、事業体は施設レベルのデータを統合化するという考え方の下で、温室効果ガスの排出および吸収を次の

いずれかの方法によって決定するものとされる。
　a）統制力に基づき、施設の温室効果ガス排出量・吸収量の100％を報告する。
　b）持分比率に基づき、施設の温室効果ガス排出量・吸収量を按分比例で報告する。
　c）財務境界に基づき、事業体が施設を操業する国もしくは管轄権の定める財務上、税制上あるいは事業番号上の境界に基づき報告する。

　この案文は、実はそれ以前の草稿に対して寄せられたWBCSDとWRIによるコメント（WBCSD and WRI（2001））を考慮して修正されたものである。しかし、両者の考え方の相違が必ずしも十分に解消されているとは思われない。

　*GHG Protocol*では、測定・算定の起点として「排出源[19]」を考えており、報告の必要に応じてそれらを施設、事業体のそれぞれのレベルに統合化するというボトムアップ方式が正確性、透明性などの観点から適切であるとしている。施設は、このような統合化のひとつの過程に位置するものであり、ISOの案のように施設を起点とするのは問題であると主張される。

　もっとも、IPPC[20]（総合的汚染防止統制）指令などEUの環境規制は「装置[21]」レベルで行われており、EU排出取引指令案でも排出アラウアンスは各装置の操業責任者に引き渡され、当局への報告も装置の操業責任者が行わなければならない。いずれの指令（案）でも、「『装置』とは、位置の定まった技術的単位であって、それぞれの指令で指定された産業活動の一種以上を行うとともに、当該敷地内で行われる活動と技術的なつながりをもつ直接関連活動で、排出および汚染に影響を及ぼす可能性のある活動を行うもの」と定義されている。

　装置の具体的内容については、石油・ガス精製施設、粗鋼生産能力時間当たり20トン超の熱圧延工場、パルプ生産工場、一般廃棄物焼却施設などの指定産業活動からも分かるように測定・算定単位としては排出源より広いものである。したがって、測定・算定の正確さや透明性を確保するという観点からは、装置ではなく排出源を起点とするのが適切であろう。他方、装置が規制政策上重要な概念であるとすれば、そこからの報告に明確な責任者を設けるという考え方も規制の遵守という観点からは正当化できるかもしれない。

　なお、*GHG Protocol*ではデータ収集の方法について検討し、温室効果ガス排出量を現場で収集するのが適切な場合と、現場からは活動量や燃料使用量を収集し、統合化の段階で温室効果ガス排出量を算定するのが適切な場合とがあり、

具体的なアプローチの選択は、個々の企業の特徴やニーズに応じて異なり得ると述べている（WBCSD and WRI（2001), pp. 38-39,)。データをどのように収集し統合化するか、あるいは報告の主体や内容をどうするかなどは、組織の境界を決定する議論とは別に論じられるべき問題であり、ISO の規約案が施設レベルのデータを重視し、それとの関連で組織の境界を論じているのは、議論の進め方に折衷的な要素が含まれているように思われる。もし EU 指令との整合性を重視して、施設レベルを算定の中心とするのであれば、政策や規制に対して中立性を守るという方針にももとる恐れがある。

4. 操業上の境界と電力等の使用による間接排出

事業活動に伴う温室効果ガスの排出について、どこまでの影響を算定・報告すべきかが、ここでの問題である。*GHG Protocol* では範囲 1（直接排出）、範囲 2（購入／輸入された電力等からの間接排出）、および範囲 3（その他の間接排出）という概念を提唱し、すべての事業体が範囲 1 と範囲 2 を報告することを推奨している。

範囲 1 の排出は、報告を行う事業体が所有・統制している排出源からの排出で、主として下記の活動から生じるものである。

- 電気、熱、水蒸気の生産
- 物理的・化学的工程（セメント、アジピン酸、アンモニア等の製造）
- 物質、製品、廃棄物、雇用者等の輸送（トラック、列車、船舶、航空機、乗用車等の移動燃焼源の利用）
- 意図的・非意図的漏出（設備の結合部、密閉部からの漏出、炭鉱からのメタンガス排出、空調設備からの HFC の漏出、ガス輸送中のメタンガス漏出など）

範囲 2 は、電力、熱、水蒸気の購入または輸入による温室効果ガスの間接排出である。多くの企業にとって、電力等のエネルギー使用は温室効果ガス排出を削減できる最も重要な機会であり、使用量の削減、より効率的な技術への投資による使用量の節減、温室効果ガス集約度の低いグリーン電力の使用、サイト内でのコジェネ工場の設置など、さまざまな方法を通じて温室効果ガスの排出削減を行うことができる。そして、範囲 2 を算定・報告することで、それを自ら明確に認識することができる。

なお、範囲2の設定で注意すべき点が2つある。1つは、電力等の販売／輸出による排出量が範囲1に含まれるとともに、別掲して報告すること（つまり、購入／輸入と相殺してはいけない）とされている点である。もう1つは、電力会社が発電主体との契約により電力を購入し、それを最終使用者に販売する場合は、範囲2として報告するものとされている点である[22]（電力会社相互間の売買は報告に含まれない）。

ISOもほぼ *GHG Protocol* の考え方を踏襲しており、施設境界内のすべての直接排出および吸収を算定すること、および電力、熱、水蒸気の購入／輸入に伴う施設境界内の温室効果ガス間接排出を算定することとしている。そのほか、非物質的な施設レベルの排出・吸収を除外することが規制上認められ、またISO規約の完全性の原則にも合致する場合には、除外する根拠を示して除くことができるとか、操業している国の規制または内部的報告の必要に基づき、施設境界内で生じる他の間接排出を算定するなどの例外規定を設けている。

購入電力からの間接排出量の算定にあたっては、購入量に乗ずべき排出係数として何を用いるかという問題がある。*GHG Protocol* では、単に利用可能な系統電力の最も信頼度の高い排出係数で、電力使用と整合的なものを用いるべきであるとだけ述べている（WBCSD and WRI（2001），p. 22.）。同時に、日本では電力使用からの二酸化炭素排出の責任は最終使用者に課されていることを述べて、排出係数に関する関西電力株式会社の意見を紹介している（WBCSD and WRI（2001），p. 28.）。すなわち、ある電力会社の排出係数は、当該電力供給者の二酸化炭素総排出量を当該供給者のすべての発電施設を用いた総発電量で除して求められるが、報告を作成する側の会社によっては、電力使用量削減にともなう二酸化炭素排出削減の算定を火力発電の排出係数を用いて行っているものもある。しかし、電力会社は、水力発電により短期的な負荷の調整を行うこと、また原子力発電の検査時期を計画的に需要のピーク時から外すことなどにより季節的供給のバランス化に使っていること、また火力発電の排出係数は、他のどの発電形態のものより大きいため、二酸化炭素排出削減が過大評価されることなどの理由から、全電源平均排出係数を用いるのが妥当であるという意見である。

購入電力からの間接排出量については、その削減を測る際に、事業体側の意思決定に基づく削減と、電力会社の意思決定に基づく削減とを区別することが、もっと重要かもしれない。これは、算定に用いる排出係数が削減を測る時点と、比較

する基準時点とで異なる場合に生じる問題である。たとえば、電力会社がグリーン電力の割合を高め、電力を購入する事業体が購入量を変えなかった場合、比較時点の排出係数を用いて間接排出量を測ると、排出量は基準時点より減少する。事実、原子力発電の比率が高まったことで、間接排出を含めた日本の産業界の二酸化炭素排出量が見かけ上余り増えなかった時期があった。もちろん、逆の状況も起こり得るが、このような要因の影響が大きければ、間接排出の算定・報告が当該事業体の削減努力に悪影響を与える可能性も否定できない。

電力の生産において排出係数を下げるような燃料転換や技術革新がなされたことによる排出量の減少は電力供給側の貢献とし、電力使用量の削減による排出削減は最終使用者側の貢献として、両者の意思決定を反映した算定方法を考えなければならない。

以下、そのひとつの試みについて述べてみよう。電力会社の排出係数をC、最終使用者の電力使用量をX、基準時のそれらの値をそれぞれC_0、X_0とする。比較時の最終使用者の努力による排出削減量を比較時の排出係数で評価すれば$C(X-X_0)$であるが、基準時の排出係数で評価すると$C_0(X-X_0)$である。同様に、電力会社の排出削減への貢献は、排出係数の低下によって表されるが、比較時の販売量で評価するか、基準時のそれで評価するかによって、それは$(C-C_0)X$または$(C-C_0)X_0$と表されることになる。いま、最終使用者の排出削減への貢献分をF、電力会社のそれをEとし、それぞれ上記の2つの値の平均値で表すことにする。

$$F = [C(X-X_0) + C_0(X-X_0)]/2$$
$$E = [(C-C_0)X + (C-C_0)X_0]/2$$

この両者の合計は、

$$E + F = [(C-C_0)X + (C-C_0)X_0 + C(X-X_0) + C_0(X-X_0)]/2 = CX - C_0X_0$$

となって、全体的な排出削減量を表している。他方、比較時点における各主体の貢献分の算定値を

$$F' = C(X-X_0)$$
$$E' = (C-C_0)X$$

と表すと、容易に確かめられるように

$$F = F' - [(C-C_0)(X-X_0)]/2$$
$$E = E' - [(C-C_0)(X-X_0)]/2$$

となる。言い換えれば、平均値評価法（E, F）は、比較時点の評価値（E', F'）から両者の努力の交差効果を平等に差し引いたことを意味しているのである[23]。

以上は、排出削減分についてであったが、このような配分を含めて最終使用者と電力会社がそれぞれ比較時点の排出量として何を報告するかについては、上記の貢献分の配分が乱されないこと、および両者の報告値の合計が CX となることを条件として、絶対レベルが得られるようにすればよい。容易に確かめられるように、最終使用者の排出量貢献分と電力会社のそれをそれぞれ $E + C_0X_0/2$、$F + C_0X_0/2$ とすれば、これらの条件は満たされる。また、このようにすることで、電力会社と最終使用者が同時に範囲2として報告しても、二重計算は生じないし、それぞれの意思決定による貢献分が報告に反映されるため、報告の作成が削減努力に誤ったシグナルとなる心配もなくなる。

電力部門に関する検討事項としては、上記の問題のほかにも多くのものがある。WBCSD and WRI（2003b）では、①購入電力および売買電力の温室効果ガス排出量の報告の仕方、②最終使用者かそうでないかの確認方法、③グリーン電力証の扱い、④送電・配電中の電力ロスの扱い、⑤電力部門の温室効果ガス集約度指標の開発、⑥集約度指標と電力排出係数の関係、⑦集約度目標と絶対量目標、⑧排出取引との関係などがあげられており、上のような方法論上の検討を含めてこれらの問題に対応できる規約案の開発とテストが重要な課題といえよう。

5. おわりに

事業者による温室効果ガスの会計と報告に関して、本章では枠組みに関連したいくつかの問題について検討したが、京都メカニズムにおける CDM（クリーン開発メカニズム）や JI（共同実施）、あるいはベースライン＆クレジット方式の国内排出取引制度における排出削減・吸収増大プロジェクトなどの会計と報告、あるいは温室効果ガス排出に伴う経済的・法的・規制的責任への対応の関係で重要性の高まる第三者検証・監査、そして、現在ではまだ深い検討の対象にはなっていないけれども、WBCSD と WRI が検討を開始しようとしている企業活動の上流・下流全体を通した間接排出（とくに製品使用過程での影響評価）の扱いなど、今後急速に検討や開発が進むものと思われる。国際的動向に沿った国内制度の発展と事業主体の対応が急務である。

　　　　　　　　　　　　　　　　　　　　　　　　　　　　　天野明弘

【注】

1. World Business Council for Sustainable Development
2. World Resources Institute
3. 現在は、2001年9月に刊行された The Greenhouse Gas Protocol: a corporate accounting and reporting standard（WBCSD and WRI（2001））が最新版であるが、2003年末ごろに第2版の刊行が予定されている。
4. International Organization for Standardization
5. ISO（2003a），（2003b），（2003c）
6. Relevance
7. Completeness
8. Consistency
9. Transparency
10. Accuracy
11. Faithful Representation
12. installation
13. liability
14. control
15. influence
16. significant influence
17. entity
18. facility
19. sources
20. Integrated Pollution Prevention and Control
21. installation たとえば Loreti（2002）では、facility と installation は同義に用いられている。
22. *GHG Protocol* の第2版では、これが範囲3に移されるようである（WBCSD and WRI（2003b））。これは、範囲2の中で二重計算が起こる（電力会社と最終使用者が同じ電力を同時に範囲2として報告する）ことを避けるためである。しかし、それによりこの範疇が報告すべきものから報告が任意になり、電力会社の削減への取組み意欲に影響するという別の懸念も提起されている。23. これは、Burnett and Ashford（2002）で述べられている方法を、その意味を含めて示したものである。
24. WBCSD and WRI（2003d）参照

【参考文献】

Burnett, Mike, and Michael Ashford (2002). "How to Avoid Double Counting," Environmental Finance, November, pp. 28-29.
California Energy Commission (2002). "Guidance to the California Climate Action Registry: General Reporting Protocol," P500-02-005F, June.
Commission of the European Communities (2001). "Proposal for a Directive of

the European Parliament and of the Council establishing a scheme for greenhouse gas emission allowance trading within the Community and amending Council Directive 96/61/EC," COM(2001)581 final, October.
European Union (2003). "Directive 2003/.../EC of the European Parliament and of the Council, Provisional, Unofficial Version."
International Organization for Standardization (ISO) (2003a). "Greenhouse Gases-Part 1: Specification for the Quantification, Monitoring and Reporting of Entity Emissions and Removals," (Internal Draft) May. http://www.sirim.my/iscz/delegation/n89.pdf
ISO (2003b). "Greenhouse Gases-Part 2: Specification for the Quantification, Monitoring and Reporting of Project Emissions and Removals," (Internal Draft) May. http://www.sirim.my/iscz/delegation/iso_wd_14064_2.pdf
ISO (2003c). "Greenhouse Gases-Part 3: Specification and Guidance for Validation, Verification and Certification," (Internal Draft) May. http://www.sirim.my/iscz/ delegation/n90.pdf
環境省地球環境局（2003）.「事業者からの温室効果ガス排出量算定方法ガイドライン（試案 ver 1.2）」7月.
Liepa, Ingrid (2002). "Design Issues for the Implementation and Operation of Greenhouse Gas Inventories and Emission Reduction Registries," Climate Change Central Discussion Paper C3-09, August.
Loreti, Christopher P. (2002). "Summary of Selected Programs Involving GHG Accounting," Meridian Institute, July.
U.K. Department for Environment, Food and Rural Affairs (DEFRA) (2003). "Guidelines for the Measurement and Reporting of Emissions by Direct Participants in the UK Emissions Trading Scheme," UKETS(01)05rev2, June.
U.S. Environmental Protection Agency (2003a). Climate Leaders Design Principles, June.
U.S. Environmental Protection Agency (2003b). Indirect Emissions from Purchases/Sales of Electricity and Steam, June.
World Business Council for Sustainable Development and World Resources Institute (WBCSD and WRI) (2001). The Greenhouse Gas Protocol: A Corporate Accounting and Reporting Standard, September.
WBCSD and WRI (2003a). "Comments on ISO TC207/WG5 N70 ISO/WD 14064-1.1," January.
WBCSD and WRI (2003b). Greenhouse Gas Protocol Initiative Newsletter No. 7, April.
WBCSD and WRI (2003c). Greenhouse Gas Protocol Initiative Newsletter No. 8, July.
WBCSD and WRI (2003d). "Proposal: Greenhouse Gas Protocol Initiative: Module 2: Accounting for Greenhouse Gas Emissions along the Value Chain," August.

第12章 地球温暖化防止に向けて
―― シャープ株式会社の取り組み

1. はじめに

　我々は18世紀後半の産業革命以降、エネルギーや資源を大量に消費することで便利かつ豊かな生活を作り上げてきた。しかしながら、21世紀を迎えた現在、この弊害が顕著になりグローバルレベルでの環境問題が深刻化する中、地球温暖化は最も深刻な環境問題の一つとなっている。持続可能型社会の構築が求められる中、企業に対しても環境問題への迅速かつ的確な対応は、重要かつ緊急な課題となっている。特に、有限な資源を利用して生産活動を行うメーカーは、地球との共生を実現する新たな商品づくりを通して、「持続可能型社会」の構築を目指す社会的責任を果たすべきであると考えている。

　そこで、本節では、地球温暖化問題の概要を踏まえながら、シャープ株式会社の地球温暖化防止に向けた取り組みについて触れてみたい。

2. 地球温暖化を巡る現況

　図1に示す通り過去50年間の二酸化炭素（CO_2）濃度の上昇は著しく、経済活動が主因であるとさかんに言及されており、気象庁によれば、この100年間で地球表面の平均気温は0.6℃上昇したとされている。

　また、最近のIPCC（気候変動に関する政府間パネル）の予測によれば2100年度には気温が2〜6℃上昇すると予測されている。

　地球温暖化が進行しつつある現状を阻止するため、1997年に開催されたCOP3（気候変動枠組条約第3回締約国会議）にて、初めて先進国に法的拘束力を持たせた温室効果ガス排出削減に向けた数値目標が設定された。この際の取決め事項が「京都議定書」と呼ばれるものである。

　2002年6月4日、日本は「京都議定書」を批准し、地球温暖化防止に向け

230　第4部　地球温暖化への取組み

図1　二酸化炭素の大気中濃度

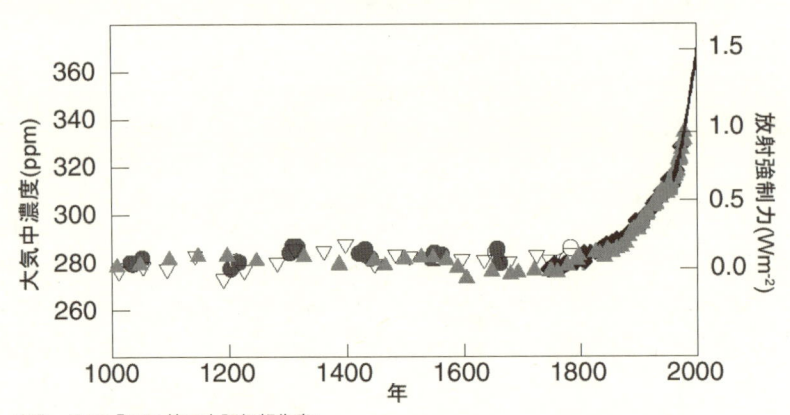

出典　IPCC『IPCC第三次評価報告書』
表は、いくつかの観測点における氷床コア及び万年雪から得られたデータを示す。
各記号の観測点は、－ハワイ島マウナロア山、▲南極ロー・ドーム、▽南極アデリー・ランド、
◆南極サイプル山、●南極点になる。
http://www.data.kishou.go.jp/climate/cpdinfo/ipcc_tar/spm/fig2.htm

図2　後退しつつあるヒマラヤ氷河

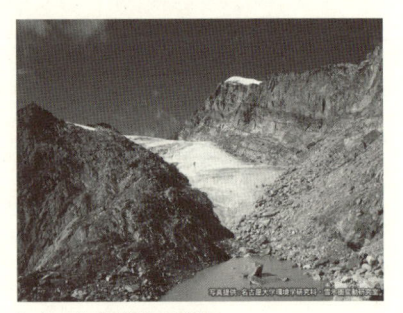

出典　全国地球温暖化防止活動推進センターホームページ「温暖化写真館」
http://www.jccca.org/education/gazou/01.html　左側の写真が「ヒマラヤ（東ネパール）の
AX010氷河、1978年5月30日」、右側の写真が「後退中のヒマラヤ（東ネパール）のAX010氷河、
1998年10月27日」写真提供：名古屋大学環境学研究科雪氷圏変動研究室。

図3　日本における京都議定書の対象となっている温室効果ガス排出量の推移

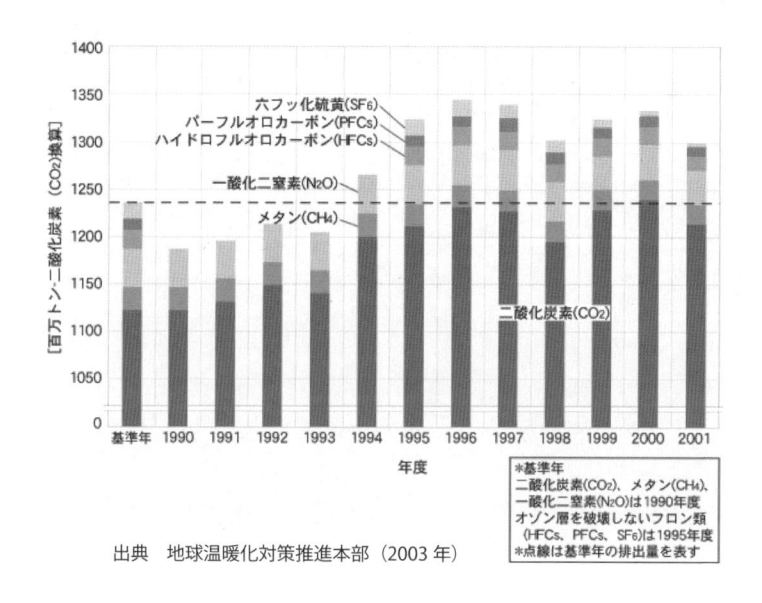

出典　地球温暖化対策推進本部（2003年）

て取組む事を国際的に宣言し、温室効果ガス排出量を1990年比で2008～12年に6％削減する国際公約を自らに課した。参考に他の先進国に課せられた排出削減目標値は次の通りである。

※米国：7％削減、EU：8％削減、カナダ：6％削減、豪州：8％増加

しかし、次の図3に示す通り、2001年の温室効果ガス排出量は、基準年に比べて5.2％の増加となったことと、日本に課せられた6％の削減義務を併せて考えると、今後、約11％の排出量削減が不可避となっているのが現状である。

図4 スーパーグリーン活動の「6つのステージ」

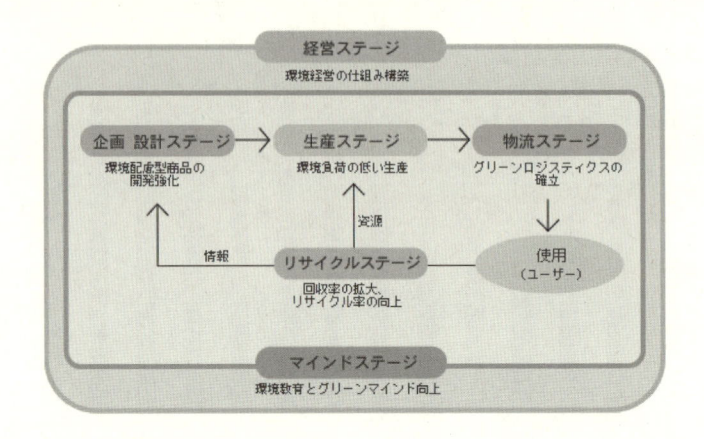

```
              ┌─────────────────────┐
              │    経営ステージ      │
              │ 環境経営の仕組み構築  │
              └─────────────────────┘

  ┌─企画・設計ステージ─┐→┌─生産ステージ─┐→┌─物流ステージ─┐
  │ 環境配慮型商品の   │ │ 環境負荷の低い │ │グリーンロジスティクスの│
  │   開発強化        │ │    生産       │ │     確立       │
  └──────────────────┘ └──────────────┘ └───────┬──────┘
         ↑                    ↑ 資源                ↓
         │情報          ┌─リサイクルステージ─┐  ┌─使用─┐
         └──────────────│ 回収率の拡大、    │  │(ユーザー)│
                        │ リサイクル率の向上 │  └──────┘
                        └──────────────────┘

              ┌─────────────────────┐
              │   マインドステージ    │
              │環境教育とグリーンマインド向上│
              └─────────────────────┘
```

3. シャープ株式会社の取り組み

環境基本理念・環境活動の推進

シャープは『誠意と創意をもって「人と地球にやさしい企業」に徹する』との環境基本理念を掲げ、この理念の下、2001年度より「スーパーグリーン活動」を推進している。

この活動は、「経営」「企画・設計」「生産」「リサイクル」「物流」「マインド」の6つのステージに分け、目標と施策を明確化し活動を推進している。

以下、本節では地球温暖化防止がテーマであることから、「企画・設計」と「生産」ステージにおける取り組みに焦点を当ててみたい。

地球温暖化防止に向けて

シャープは地球温暖化防止に積極的に取組むべく、「企画・設計」ステージにて地球環境に配慮した商品をお客様にご提供するよう努めると同時に、「生産」ステージにおいてこれら商品の生産プロセスにおける環境負荷の徹底削減を推進した事業活動を展開している。

ここでは、シャープが地球温暖化防止に向けて取り組みを推進している「環境配慮型商品」と「環境に配慮した生産活動」の2つの取り組みを紹介する。

4. 温暖化防止に向けて～環境配慮型商品

シャープでは、環境配慮型商品をグリーンプロダクトと位置付け、その中でも「創エネ」の代表的商品である太陽電池と、「省エネ」の代表的商品である液晶テレビに、力を入れて取組んでいる。

ここでは、「創エネ」である太陽電池について「シャープと太陽電池の関わり」「太陽電池の必要性」の視点で取り上げ、「省エネ」である液晶テレビについて「省電力性」の視点で取り上げてみたい。

シャープと太陽電池の関わり

太陽電池の歴史は古く、基本原理である光起電力効果は1839年に仏のエドモンド・ベクレルにより発見された。現在の太陽電池の主流であるシリコン太陽電池は1954年にベル研究所のPearson、Fuler、Chapinらによって単結晶シリコンを用いて発明され、初期変換効率は4.5%であった。

1959年、当社は太陽電池の開発にいち早く着手し、1963年には量産化に成功し、海上保安庁のブイの電源を納入したのを皮切りに1,598箇所（2004年3月現在）の灯台用電源として採用され、人工衛星用の太陽電池については日本で唯一の宇宙開発事業団認定メーカーとして146基（2003年9月現在）に搭載されるに至った。これら産業用から住宅用まで、あらゆる太陽光発電システムの開発に取り組み、2000年以降は4年連続で世界シェアナンバーワンとなった。

地球環境保全が世界的に関心を集める中、太陽電池は「再生可能エネルギー」かつ「地球温暖化の原因となるCO_2を排出しない」という2点でますます注目を集めている。それを示すように、1990年代後半から、太陽電池の生産量は急激な伸びを見せている。（参照：図5）

中でも、日本における太陽電池生産量の伸びは顕著であり、1999年以降は世界最大の太陽電池生産国となっている。また、2001年までの太陽電池システム累積設置量を図6に示したが、日本のシェアは半数近いことが分かる。

直近の2003年における太陽電池生産量及びシェアは図7の通りで、日系企

図5 太陽電池生産量の推移

凡例: 日本、米国、欧州、その他、合計

合計: 560.27MW
日本: 251.07MW
欧州: 135.05MW
米国: 120.6MW
その他: 53.55MW

データ値(合計): 46.5, 55.3, 57.9, 60.1, 69.4, 79.6, 88.6, 125.8, 153.2, 207.3, 287.65, 390.54, 560.27 (1990〜2002年)

出典 『PV NEWS』(2003)

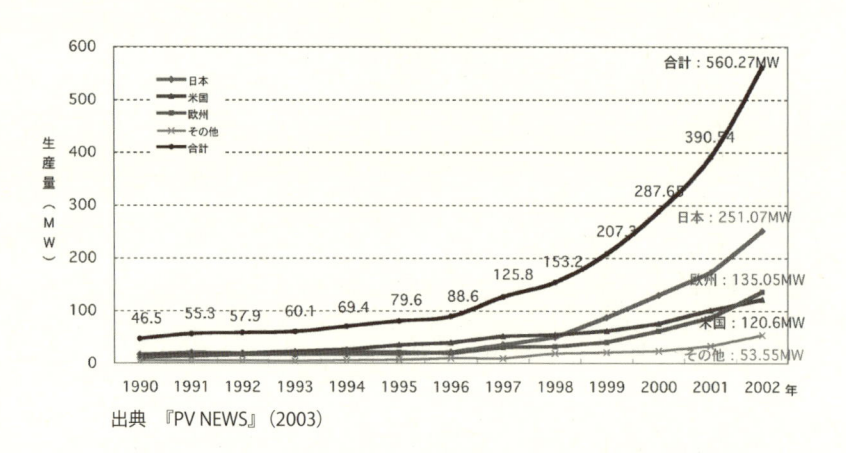

図6 2001年迄の太陽光発電システムの累積設置量

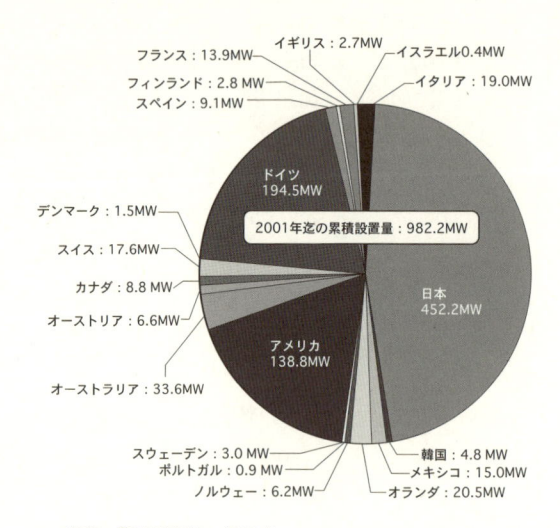

2001年迄の累積設置量: 982.2MW

- フランス: 13.9MW
- イギリス: 2.7MW
- イスラエル: 0.4MW
- フィンランド: 2.8MW
- イタリア: 19.0MW
- スペイン: 9.1MW
- ドイツ: 194.5MW
- デンマーク: 1.5MW
- スイス: 17.6MW
- カナダ: 8.8MW
- オーストリア: 6.6MW
- 日本: 452.2MW
- アメリカ: 138.8MW
- オーストラリア: 33.6MW
- スウェーデン: 3.0MW
- ポルトガル: 0.9MW
- 韓国: 4.8MW
- ノルウェー: 6.2MW
- メキシコ: 15.0MW
- オランダ: 20.5MW

出典 『PV NEWS』(2003)

図7　2003年太陽電池生産量およびシェア（世界）

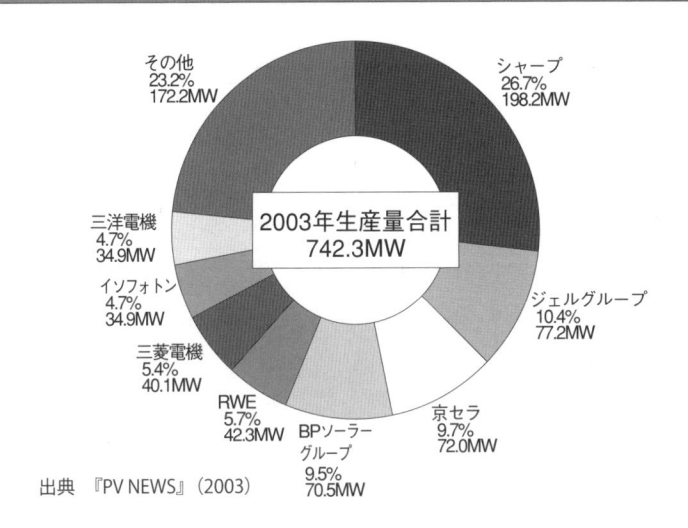

- その他　23.2%　172.2MW
- シャープ　26.7%　198.2MW
- 三洋電機　4.7%　34.9MW
- イソフォトン　4.7%　34.9MW
- 三菱電機　5.4%　40.1MW
- RWE　5.7%　42.3MW
- BPソーラーグループ　9.5%　70.5MW
- 京セラ　9.7%　72.0MW
- ジェルグループ　10.4%　77.2MW

2003年生産量合計　742.3MW

出典　『PV NEWS』（2003）

業が名を連ねている。

　日本でこれだけ急速に太陽電池の需要が高まった要因はいくつか挙げられるが、代表的要因として「太陽電池の必要性」について触れてみたい。

太陽電池の必要性

　昨今、世界的にエネルギーを取り巻く環境が大きく変わりつつあり、その要因として、下記3点が代表例として挙げられよう。

①エネルギーセキュリティーの必要性の高まり

　主な理由として、アジア地域を初め地球全体でのエネルギー消費量急増と、石油依存度低減が遅々として進まないこと。

②地球温暖化防止

　無尽蔵に地球に降り注ぐ太陽のエネルギーを活かす「再生可能エネルギー」であり、環境の世紀と呼ばれる21世紀に向けた大きなパラダイムの一翼を担っている事に加え、CO_2等の温室効果ガスの排出抑制・削減がCOP3によって国

236　第4部　地球温暖化への取組み

図8　有限な化石燃料

参考データ

	石油	ウラン	天然ガス	石炭
可採年数 （推定年）	40年 （2000年末）	64年 （1999年1月）	61年 （2000年末）	227年 （2000年末）
埋蔵量	1兆460バレル	395万トン	150兆m^3	9,842億トン

出典　（財）エネルギー総合工学研究所HP　エネルギー講座
http://www.iae.or.jp/

図9　中国内陸部における太陽電池の設置事例

設置場所：中国　青海省
設置時期：2001年11月
容量：10.2Kw
用途：ポンプ、照明

設置場所：中国　西蒙古族蔵族自治州
容量：10.2Kw
用途：ポンプ、照明

モンゴルでも活用されている

青海省
西蒙古族蔵族自治州

図10 モンゴル国内における太陽電池の設置事例

- モンゴル（ウムヌゴビ県ノヨン村）における実証研究での太陽電池設置（合計容量 200kW）

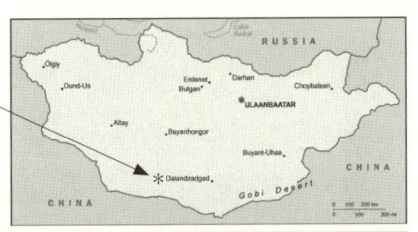

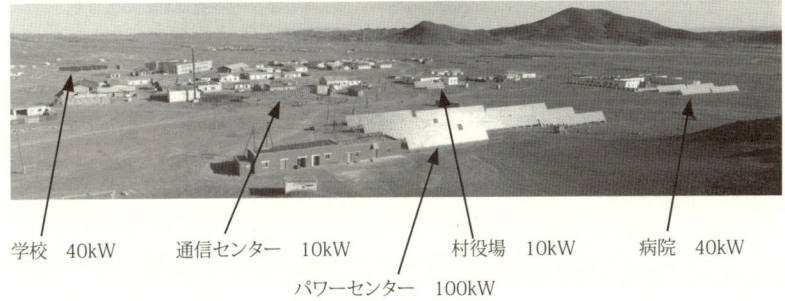

学校　40kW　　通信センター　10kW　　村役場　10kW　　病院　40kW
　　　　　　　　　　　　　パワーセンター　100kW

際的責務となったこと。

③有限な化石燃料

現在、エネルギー源として広く利用されている化石燃料が有限であること。

このような現状によって、資源制約や環境負荷の少ない太陽電池の開発及び普及が不可欠となっている。特に、独自のエネルギー資源を持たない上に、京都議定書で温室効果ガス排出量の削減を求められている日本にとって、太陽電池を初めとするクリーンエネルギーは今後ますます重要度を増してくるものと思われる。

また、海外には電気が供給されていない地域も数多く存在している。これらの無電化地域の電化推進には、太陽電池の設置が大変有望であり、中国内陸部やモンゴルなどの無電化村にも太陽電池を供給し、設置している。これらを通じて、世界各地域の文化の向上に貢献していくことも企業の社会的責任の一つであると考えている。

図11　液晶テレビとブラウン管テレビの省エネ比較

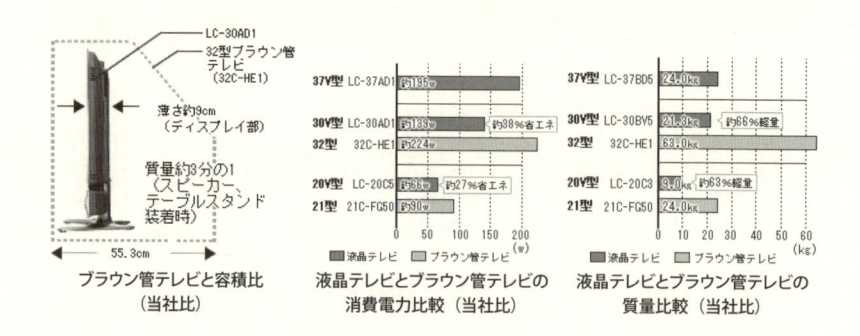

ブラウン管テレビと容積比（当社比）
液晶テレビとブラウン管テレビの消費電力比較（当社比）
液晶テレビとブラウン管テレビの質量比較（当社比）

液晶テレビの省電力性

　液晶ディスプレイは、ブラウン管に比べて消費電力が少なく、長寿命で薄くて軽いという特徴が挙げられる。以下で、これらの点について簡単に紹介したい。

　液晶テレビ「AQOUS」の消費電力は、30V型（LC-30AD1）を例にとると、ほぼ同等サイズ（32型）のブラウン管テレビ（32C-HE1）に比べて約38％少なく、また奥行きは約6分の1、質量は約3分の1と、省エネ性と省資源性の双方を実現している。

　もう少し具体性を持たせるために、簡単な考察を加えてみたい。両機種の年間消費電力と、それに伴うCO_2排出量とその吸収に必要な森林面積は表1に示した通りである。

　このことから、既存のブラウン管テレビを液晶テレビに買い換えることにより、1年間で15（m^2）（＝約9畳）の森に相当するCO_2削減効果が見込める。

まとめ

　シャープでは太陽電池の生産工場（奈良県新庄市）の増強や研究開発の強化を推進する一方、液晶パネルと液晶テレビの一貫生産を実現した世界初の工場（三重県亀山市）の稼動を2004年1月に開始した。

　人と地球にやさしいこれらの商品を、より一層環境配慮性能を高め、スーパーグリーンプロダクトと位置付け、お客様に提供する事を通して社会に貢献していく

表1　液晶TVとブラウン管TVの環境負荷比較

	液晶テレビ（LC-30AD1）	ブラウン管テレビ（32C-HE1）
年間消費電力	189 kWh／年	271 kWh／年
年間電気代	4,347 円／年	6,233 円／年
年間CO_2排出量	77.49（kg）	111.11（kg）
CO_2吸収に要する森林	35（m^2）	50（m^2）

※ 電力1kWh発電時のCO_2排出量は、0.41（kg-CO_2/kWh）とした。
「電気事業における環境行動計画」より引用。2003年9月電気事業連合会）
※ 森林1ha(10,000m^2)当りのCO_2吸収量は22,000（kg-CO_2/年）とした。
（林野庁業務資料より）

図12　環境保全効果

約9畳の森

事がメーカーの重要な責務の一つであると考えている。

5. 温暖化防止に向けて～環境に配慮した生産活動

国内生産へのこだわり

　シャープは2001年初に「極・製造業」を宣言した。「極・製造業」とは、「メーカーの原点」に立ち返り、「日本初」や「世界初」といった今後も進化が十分に期待できる商品やデバイスについて、日本国内での生産に徹底的にこだわること

に重きを置き、取組む事である。この宣言以降国内で3つの工場（三原工場（広島県三原市：半導体レーザーを生産）、三重第3工場（三重県多気町：システム液晶を生産）、亀山工場（三重県亀山市：液晶パネル・液晶TVの一貫生産工場）を稼動させた。世界有数のコスト高と言われる日本国内で製造業を極める事は、新たな挑戦でもある。

生産ステージでの取り組み

一方、環境に配慮した生産活動においても、廃棄物・有害化学物質等の環境負荷削減は無論のこと、温室効果ガスの排出抑制にも積極的に取組んでいる。新規工場建設に際し、コ・ジェネレーションや自然エネルギーなどを積極導入し、温室効果ガス排出を抑制すると同時に、これに加えて、地域や自然との共生も追及した生産活動実現に向けて、10のコンセプトを基に、工場の「グリーンファクトリー化」を目指した取り組みを進めている。

これらコンセプトに基づき「環境性能評価項目」を設定し、各工場の数値的評価を可能にした。これにより、工場が実施する環境対策の項目と維持すべき水準を、社外の第三者の観点から事前に評価する事を可能にすると同時に、環境負荷が極めて小さく、また地域社会から信頼される究極のスーパーグリーンファクトリーの実現を目指している。

また、生産活動における主要な環境負荷を、次の3つに大別し、対策に取組んでいる。

○地球温暖化対策…
・天然ガスを利用したコジェネレーション（熱電併給）システムの導入
・自然エネルギー（太陽電池、風力等）の導入
・PFC類ガスの代替化、除害設備の導入
○化学物質対策…
・有害化学物質除去（有機薬品の微生物処理）
○資源有効利用（3R；Reduce, Reuse, Recycle）…
・廃棄物の減量、有価物化
・廃液、排水の再利用及び循環的利用

これら取り組み結果に基づき、各工場における環境性能評価を次のように数値化することで、地元地域や自然と共生を図った工場作りを推進している。

表2　グリーンファクトリーを構成する10のコンセプト

1. 温室効果ガス排出がミニマム
2. 事業所内外の自然の維持・回復に努める
3. 地域との共生を図っている
4. 従業員の環境への意識が高い
5. 環境に関する情報を開示している
6. 温室効果ガス排出がミニマム
7. エネルギー消費がミニマム
8. 廃棄物の消費がミニマム
9. 資源の消費がミニマム
10. 化学物質による環境汚染や事故リスクがミニマム

図13　グリーンファクトリーの評価

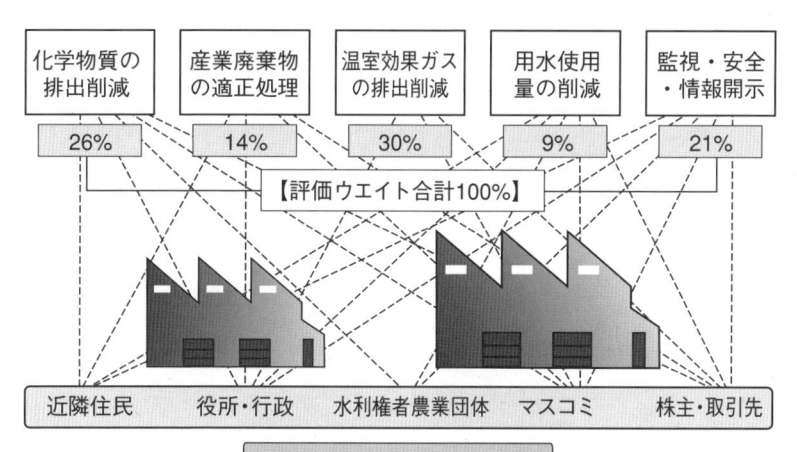

化学物質の排出削減	産業廃棄物の適正処理	温室効果ガスの排出削減	用水使用量の削減	監視・安全・情報開示
26%	14%	30%	9%	21%

【評価ウエイト合計100%】

関係するステークホルダー：近隣住民、役所・行政、水利権者農業団体、マスコミ、株主・取引先

6. 京都議定書と企業

京都議定書

　地球温暖化防止を目指した京都議定書の発効が注目される中、日本では国際公約となった削減目標達成に向け、様々な動きが顕在化しつつある。政府策定の「地球温暖化対策推進大綱」では、2004年までを第一ステップ、2005年〜

2007年を第二ステップとして様々な温暖化防止施策を掲げ目標達成を目指している。

しかし、最新の2001年度排出実績を見ると、CO_2排出量は12億1400万トン－CO_2で、1990年度比で8.2％の増加となっており、従来の施策見直しが避けられなくなっているのが現状である。

産業界への影響

地球温暖化問題は従来の環境問題の中でも、複雑なメカニズムを有しており、解決に向けた取り組みをより一層困難にしているのが現実である。そのため、地球温暖化防止に向けて策定された京都議定書には様々な克服すべき課題があることは論を待たないが、日本の産業界の置かれた状況を踏まえて、代表的なポイントを挙げてみたい。

(ア) 議定書がカバーしているのは、世界全体の排出量の約1／4（参照：図14）。
……米国の京都議定書からの離脱に加え、今後世界のCO_2総排出量の半分以上を占めるであろう発展途上国には削減義務が課されていない。

(イ) 削減目標達成の難易度が国によって大きく異なる。（参照：図15）
……図15に示したように、日本の最終エネルギー消費のGDP原単位は最低水準であり、これ以上の削減はコスト面・技術面の双方からも困難となっている。

(ウ) EU全体の共同達成目標（複数の国が集まり、全体ベースでの排出量削減目標を設定）により、一部の国に大幅な排出増が認められる。
……EU全体で8％削減するものの、EU各国の数値目標を見るとドイツが21％削減する一方で、スペインは15％増加、ポルトガルは27％の増加まで認められている。

京都議定書で定められた削減目標は2012年迄で、2013年以降の取り組み目標については定められておらず、2005年から交渉を開始する事となっている。京都議定書は、温暖化防止に向けて「アメ」と「ムチ」の双方の手法を取り入れた世界的枠組であり、大きな一歩であったことは確かだが、今後克服すべき課題が多いのも事実である。

第 12 章 地球温暖化防止に向けて 243

図 14　世界の二酸化炭素排出量内訳（2000 年）

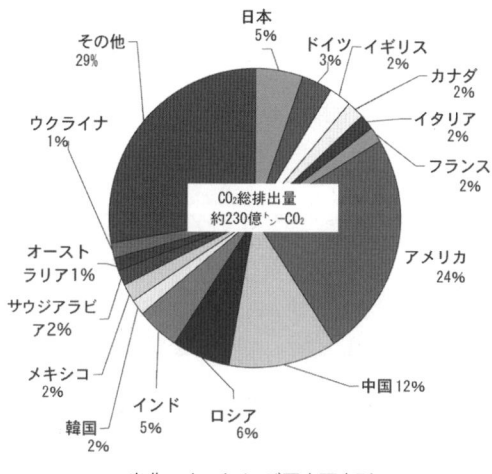

- その他 29%
- 日本 5%
- ドイツ 3%
- イギリス 2%
- カナダ 2%
- イタリア 2%
- フランス 2%
- アメリカ 24%
- 中国 12%
- ロシア 6%
- インド 5%
- 韓国 2%
- メキシコ 2%
- サウジアラビア 2%
- オーストラリア 1%
- ウクライナ 1%

CO_2総排出量 約230億トン-CO_2

出典　オークリッジ国立研究所

図 15　主要先進国における最終エネルギー消費の GDP 原単位

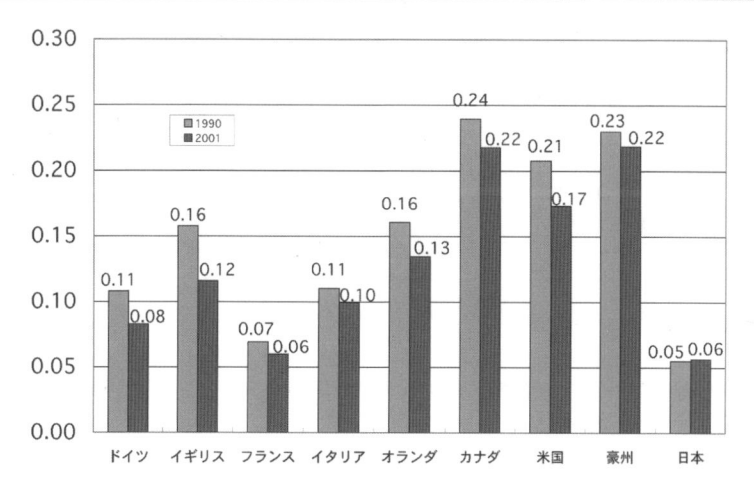

国	1990	2001
ドイツ	0.11	0.08
イギリス	0.16	0.12
フランス	0.07	0.06
イタリア	0.11	0.10
オランダ	0.16	0.13
カナダ	0.24	0.22
米国	0.21	0.17
豪州	0.23	0.22
日本	0.05	0.06

出典　EIA（米国エネルギー省情報局）

日本では、「地球温暖化対策推進大綱」にて2004年までの第一ステップの結果を踏まえた上で、2005年以降の第二ステップでの施策に反映させていく事が決まっており、環境（炭素）税や国内排出権取引制度の導入を巡り、今後議論が本格化するものと思われるが、日本経済の活力を損なう事のない制度の導入を期待したい。

7. おわりに

地球温暖化問題は一朝一夕で解決出来るようなものではなく、政府・民生・産業などが一体となって取り組まねば、解決の糸口すら見えて来ない難題である。

本節では、一企業としてシャープ株式会社の地球温暖化防止への取り組みについて、創・省エネ商品の創出と、それら環境配慮型商品の生産活動段階における環境保全施策などを通して紹介した。

地球サミットが開催された1992年、当社は環境保全に対する全社を挙げての真摯な取り組みを誓い、環境基本理念"誠意と創意をもって「人と地球にやさしい企業」に徹する"を定めた。

この理念の下、当社は、かけがえのない地球環境を守るため、今後更に環境への取り組みを強化し、人々にとって、そして地球にとっても、なくてはならない"環境最先進企業"となることを目指していきたいと考えている。

石田孝宏

第5部

環境リテラシーと環境リスク・コミュニケーションへの取組

第13章 環境問題のリスク認知と協力行動

1. 社会的ジレンマとしての環境問題

　環境問題を解決してわれわれの社会を持続可能なものとするために、国家や企業といったマクロな視点から目を移して、人間の行動というミクロな視点から考えてみよう。ミクロ的には、現在の生活様式をあらためて、何らかの部分で「環境にやさしい」行動が必要になってくる。例えば、温室効果による温暖化を回避するために二酸化炭素の排出量を抑制しようとする場合、市民レベルでは自家用車の運転を控えたり、排ガス規準を満たした新型車を購入したりすることが、「環境にやさしい」行動と考えられる。こうした行動は、長期的にみると合理的な行動ではあるけれども、短期的には金銭的・時間的コストがかかり実行しづらい行動でもある。

　環境にやさしい行動の困難性は、環境問題と人間行動の間に潜む「社会的ジレンマ」の構造を明らかにすることによってより明確になる。社会的ジレンマとは、個人の合理的な行動が集積することによって社会的に非合理的な結果が発生するような社会現象のことをいう。

　環境問題は典型的な社会的ジレンマである。イメージを掴むために、有名は寓話を紹介しよう。これは G. Hardin の論文 "The Tragedy of the Commons"（Hardin 1968）に紹介されているものである。

　　　共有の牧草地に牛飼い達が牛を放牧している。彼らはその牛で生計をたてており、できれば牛の数を増やしてより多くの利益を得たいと考えた。牛の数が牧草地の許容量の範囲内であれば何の問題もないが、牛飼いたちが自らの合理性にしたがって際限なく牛の数を増やしていくと、やがて許容量を超過する。許容量を超えたとき、追加の牛の利益は特定の牛飼い個人にもたらされるが、過放牧の被害は他の牛飼いが飼っているものも含めたすべての

牛にもたらされる。しかし、合理的な牛飼いは牛の数を増やすことをやめず、共有の牧草地は過放牧で枯渇してしまう。

一人一人の牛飼いにとっては、他の牛飼いがどのような行動をとろうとも自分の牛を増やすことが自分自身の利益を増す。しかし、皆が同じように考えて、許容量を超えた放牧がなされると、結局牛飼い達は損をすることになる。問題は、個人の利益を増やそうとした合理的な行動が集積すると、結果としてその行動がなされなかった場合よりも低い利益をもたらす非合理的な状態に陥るという点にある。

自家用車の利用と温室効果の関係も、これと同様の構造をもっている。ある行動から得られる主観的な利益を「効用」という言葉であらわそう。このとき、m 人が自家用車に乗っている状態で、自家用車に乗る場合の効用を $D(m)$、乗らない場合の効用を $C(m)$ とあらわそう。また、自家用車からもたらされる排気ガスによって環境問題が発生し、被害が生じることを加味すると、それぞれの効用は次のようにあらわされる。

$$\begin{cases} C(m) = a - mc \\ D(m) = A - mc \end{cases}$$

自家用車に乗った方が便利であるという仮定をおけば、利便性は $A > a$ である。また、自家用車を利用する人数に応じて発生する被害 mc は、その人が自家用車に乗ろうが乗るまいがふりかかるものである。このように考えれば、既に他の m 人が自家用車に乗っているときに、自分が自家用車に乗らない場合の効用 $C(mc)$ と、自家用車に乗る場合の効用 $D(m+1)$ の差は、次のようにあらわされる。

$$D(m+1) - C(m) = A - (m+1)c - (a - mc) = A - a - c$$

このとき、$A - a > c$ ならば $D(m+1) > C(m)$ であるし、$A - a < c$ ならば $D(m+1) < C(m)$ となる。つまり、自家用車に乗るまたは乗らないことから直接得られる効用の差が、自分自身が自家用車に乗ることによって増加する被害の程度より大きいか小さいかによって、どちらの行動が合理的になるかがかわってくるのである。

ここで、大気汚染の被害や温室効果の被害は、一台の自家用車の有無によって

ほとんど差がないようなものと考えれば、

$$D(m+1) > C(m)$$

である。つまり、自家用車に乗った方が合理的な行動となり、多くの人が自家用車に乗るようになる。

ここで、全員が自家用車に乗らない場合 ($m = 0$) と、全員が自家用車に乗る場合 ($m = N$) を比較してみよう。

$$C(0) - D(N) = a - A + Nc$$

このとき、$A - a < Nc$ ならば $C(0) > D(N)$ である。一方、$A - a > Nc$ ならば $C(0) < D(N)$ である。つまり、自家用車に乗らないことから直接得られる効用と自家用車に乗ることから得られる直接の効用との差が、全員が自家用車に乗った場合の被害よりも大きければ問題ないが、被害の方が大きいのであれば、自家用車には乗らない方がよいことになる。

自動車による環境への負荷は目に見えにくいものであり、また時間的・空間的に拡散する。したがって、多くの人々は被害を意識することはないが、温室効果の影響は甚大で、$A - a < Nc$ となり、社会的ジレンマが成立していると考えられる。

これは単純化した理念型の話である。現実の意志決定はもちろんもっと複雑なものだが、持続可能性社会の実現がミクロの視点からも容易でないことを示すことが理解できるだろう。

2. リスク認知による解決

社会的ジレンマは、その構造を所与とすれば解決不可能な問題である。しかし逆にいえば、その構造をなんらかの方法で変化させることによって解決の可能性があるとも考えられる。この変化はミクロ／マクロそれぞれのレベルで考えられる。社会的ジレンマの解決方法については、海野（1991）などに詳しいが、本稿では、ミクロな部分に焦点をあてていきたい。

社会的ジレンマは、

$$A-a>c$$

つまり、

$$D(m+1) > C(m)$$

であるが故に発生する。逆にいえば、

$$A-a<c$$

となれば、社会的ジレンマは発生しない。そのためには、

・自家用車に乗らないことによる効用（a）を増加させる
・自家用車に乗ることによる効用（A）を減少させる
・被害の認知（c）を増加させる

のいずれかの方策が考えられる。

　では、どのようにすればそれは可能か。単純に考えれば、環境にやさしい行動を実行することに正の効用を感じる、もしくは実行しないことに負の効用を感じるようになれば、協力行動が導かれる。問題解決のためによく提唱されるのが「モラル」や「規範」である。たしかに、地球にやさしい行動をやるべきだという規範があれば、協力行動を実行しないことに対して負の効用が発生し、協力行動は促進されるだろう。しかし、その規範はどのようにしたら発生させることができるのか。

　ここでは、環境配慮行動に影響する要因を整理した二つのモデルを紹介しよう。
　利他主義モデルは、Schwartz（1970）の規範喚起理論に基づくものである。このモデルは、規範によって行動が決定されるような意志決定状況を対象にしている。そして、このモデルを採用した先行研究は、ごみ問題をはじめとする環境問題の多くは、利他主義モデルで扱うべきものだとしている（Blamey, 1998、Karp,

図1 利他主義モデル

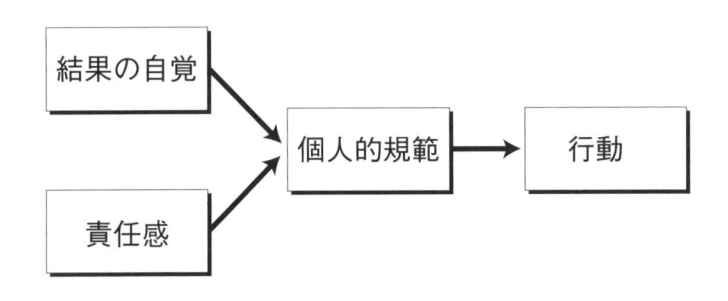

```
結果の自覚 ─┐
            ├→ 個人的規範 → 行動
責任感   ─┘
```

1996、Thøgersen, 1996)。このモデルは、ごみ焼き行動（Van Liere and Dunlap, 1978）やリサイクル（Guagnano et al., 1995、Lee et al., 1995）などに適用されている。Schwartz（1970）によれば、規範によって行動が決定されるような状況は、次のような条件を満たす。まず、行為者間の相互行為はお互いの（他者の）利益に影響する。そして、行為者は自らの行為の結果に対する責任感を感じて意志決定を行う。また、行為の結果の評価は、他者の利益になる結果をもたらしたか否かで判断される。

したがって、利他主義モデルに基づくと、図1のようなモデルになる。つまり、結果の自覚、結果への責任感、そして個人的規範といったものが意志決定に影響する、という基本構造をもつ分析を行うことになる。「他者への影響」が意志決定に大きな影響をもたらすという点が、このモデルの特徴である。

一方、広瀬（1994）は、態度・行動モデルや利他主義モデルを含む既存の環境配慮行動のモデル（Honnold and Nelson, 1979；McClelland and Canter, 1981；Seligman and Ferigan, 1990；Van Liere and Dunlap, 1978）をもとに、環境配慮行動の一般モデルを提唱している（図2）。ここでは、問題への危機感である環境リスク認知、問題の原因に関する責任帰属認知、問題解決への有効性に関する対処行動有効性認知が、環境にやさしい行動をしようという目標意図に影響し、そうした意図や、行動の実行可能性評価、行動に関する便益・費用評価、行動に対する社会的な規範の評価が、実際の環境配慮行動の行動意図および行動の実行に影響する、としている。ただし、目標意図と行動意図の機能的差異は

図2　広瀬の環境配慮行動要因連関モデル

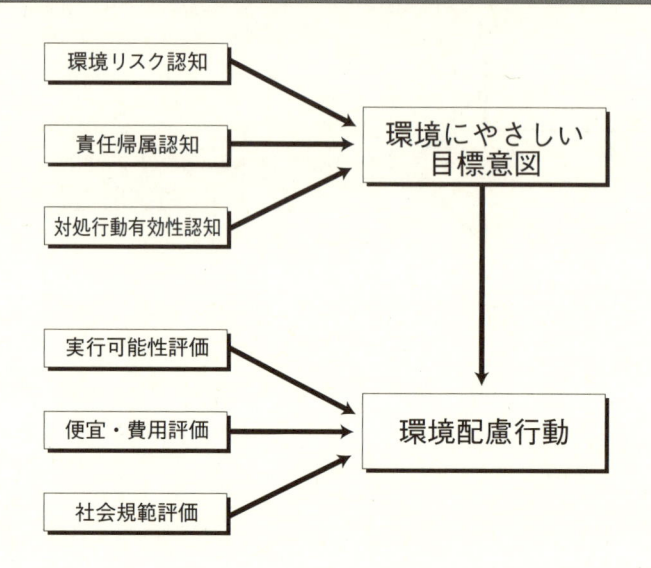

```
環境リスク認知 ─┐
責任帰属認知 ──┼─→ 環境にやさしい目標意図
対処行動有効性認知 ┘           │
                              ↓
実行可能性評価 ─┐
便宜・費用評価 ─┼─→ 環境配慮行動
社会規範評価 ──┘
```

充分に明らかになっておらず、また対象となる問題によって各要因の効果がまちまちである、と広瀬自身述べている（広瀬, 1995）。

　このように、環境配慮行動すなわち環境問題における協力行動に影響する要因は複数考えられる。規範も重要な位置をしめるが、それ以前の問題として問題を問題として認知すること、つまり環境リスクの認知が重要であることがわかる。環境リスク認知が高まれば、協力行動を実行しないことに付随する負の効用が高まることになり、非協力行動による効用＜協力行動による効用という状況に近づくことが期待される。

　以下では、調査データをもとにして、リスク認知と協力行動の関係について検討をすすめていく。

3. データ

表1　ISSP2000参加国一覧

国名	略号	国名	略号
Austria	A	Mexico	MEX
Bulgaria	BG	Netherlands	NL
Canada	CDN	New Zealand	NZ
Chile	RCH	Northern Ireland	NIRL
Czech Republic	CZ	Norway	N
Finland	SF	Philippines	RP
Germany（West）	D-W	Portugal	P
Germany（East）	D-E	Russia	RUS
Great Britain	GB	Spain	E
Israel	IL	Sweden	S
Japan	J	USA	USA
Latvia	LV		

　使用するデータは、International Social Survey Programme（ISSP）で2000年に実施された環境問題に関する国際比較調査のデータである。ISSPは、プログラム参加国で統一したテーマ・調査票で調査を行う国際比較調査プロジェクトである。今回使用するデータには、23カ国のデータ（表1）が含まれる。
　分析に使用する変数は、「環境配慮行動協力意志」、「環境配慮行動実行度」、「リスク認知」の三変数である。それぞれ、以下のような質問文で調査されている。

「環境配慮行動協力意志」 あなたは、環境を守るためなら、今の生活水準を落とすつもりがありますか。

　　　1. すすんで落とす
　　　2. ある程度は落としてもよい
　　　3. どちらともいえない
　　　4. あまり落としたくない
　　　5. 落としたくない

「環境配慮行動実行度」環境を守るために、あなたは自動車の運転を減らすことがありますか。
　　1. いつも減らすようにしている
　　2. 減らすようにしていることが多い
　　3. 時々は減らすようにしている
　　4. 全くしていない
　　5. 自動車を持っていない、または運転できない

「リスク認知」一般的にいって、地球温暖化による気温の上昇は環境にとって危険だと思いますか。
　　1. 極めて危険だと思う
　　2. かなり危険だと思う
　　3. 多少は危険だと思う
　　4: あまり危険はないと思う
　　5. 全く危険はないと思う

　協力意志は環境にやさしい行動をとる意志があるかどうか、協力行動実行度は環境にやさしい行動を実際に行っているかどうかをあらわす。また、リスク認知は、地球温暖化の危険性に関する一般的リスク認知について聞いている。

　各変数の単純集計を国別にまとめたものが、図3の左側である。それぞれ、もっとも協力的な回答カテゴリーの比率が多い順番に国名を並べてある。また、図3の右側は、各変数の対応分析の結果である。それぞれの変数において、回答パタンの分布が類似した国が近くにプロットされている。
　「協力意志」は総じて低い。特に、旧東側諸国の低さが目立つ。日本は中間的な立場に位置するが、もっとも非協力的な「生活水準を落としたくない」の比率は比較的低い。「協力意志」の対応分析については、縦軸が「すすんで落とす」の多さの軸、横軸がそれ以外の選択肢についての協力度の軸となっている。メキシコやロシアは「すすんで落とす」の割合が比較的多いが、それ以外の国は「すすんで落とす」についての差はあまりない。ただし、残りの選択肢での協力度の違いを見ると、生活水準を落とすことに比較的協力的な意志を持っているのは、

第 13 章　環境問題のリスク認知と協力行動　255

図3　各変数の国別単純集計と対応分析

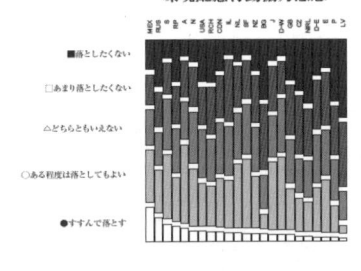

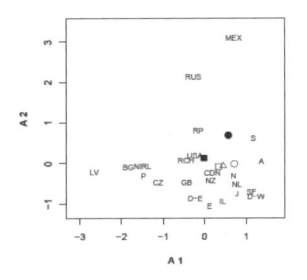

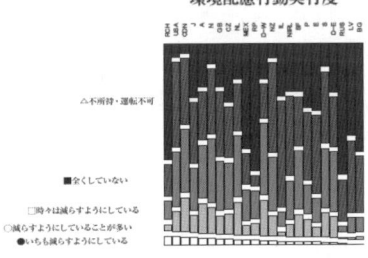

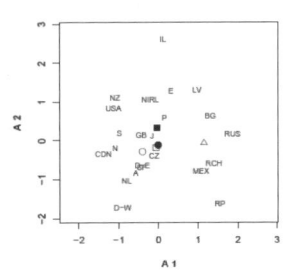

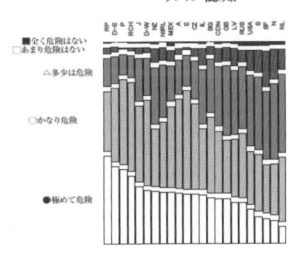

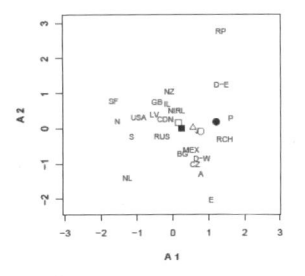

表2 国別のτb：リスク認知・協力行動・協力意志

	J	NL	RUS
リスク認知×協力行動	0.06**	0.10***	0.03
リスク認知×協力意志	0.12***	0.22***	-0.01
協力行動×協力意志	0.21***	0.23***	0.14**

*：$p < 0.10$,**：$p < 0.05$,***：$0 < 0.01$

オーストリア、西ドイツ、フィンランド、スウェーデン、日本、オランダ、ノルウェイなどである。

　「実行度」も総じて低い。「協力意志」と同様に旧東側諸国の低さが目立つ。特にもっとも非協力的な「全くしていない」に注目すると、ロシアの突出した非協力ぶりがわかる。「実行度」の対応分析は、縦軸が「全くしていない」の多さの軸、横軸が「自動車を持っていない、または運転できない」の軸と解釈できる。西ドイツやフィリピンなどは「全くしていない」比率が総じて低いが、イスラエルなどは「全くしていない」が突出している。日本とロシアは、協力度のパタンは似ているが、「自動車を持っていない、または運転できない」の比率が全く異なっている。

　「リスク認知」は、国毎の差が顕著である。実行度に相反して、ロシアでは心配度が高い結果が出ている。一方で、オランダやフィンランド、ノルウェイなどで心配度が低くなっている。日本は、比較的高い心配度をもっている。

　次に、「実行度」と「リスク認知」の関係を国別に検討してみる。図4は、国別に「全くしていない」または「すすんで落とす」と「極めて危険だと思う」の比率をプロットしたものである。この図では最初の三つに関しては、右上に位置すると「危険だと思うが実行しない」、左下に位置すると「あまり危険だと思わないが実行する」国とみなされる。後半の三つに関しては、右上に位置すると「危険だと思うし協力する意志がある」、左下に位置すると「あまり危険だと思わないし協力する意志もない」国とみなされる。全般的な傾向としては、23カ国の中では、ロシアとオランダが特徴的である。ロシアは、比較的高い位置にプロットされており「実行し

図4　国別にみた実行度および協力意志とリスク認知の関係

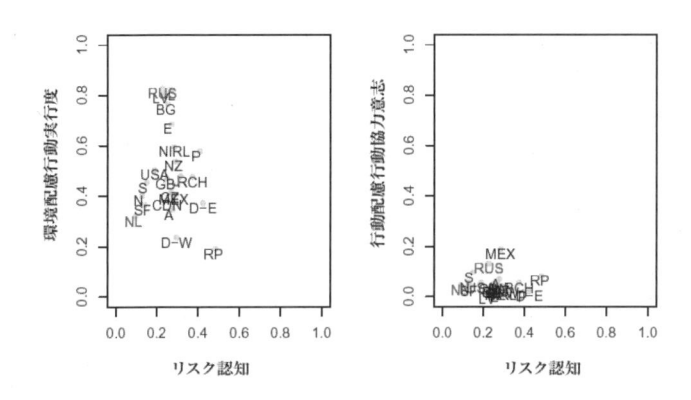

ない」部類に入るが、一方で相対的には右側にあり「危険だと思う」ようである。一方、オランダは全く逆で、「実行する」低い位置にあるが、「極めて危険だと思う」比率は低い。

　そこで以下では、日本に加えてロシアとオランダの三カ国について、リスク認知と実行度・協力意志の関係をよりくわしく分析してみよう。

4. リスク認知と協力行動・協力意志との関係

　図5左は、協力行動実行度とリスク認知の独立性の検定を国別に行った結果をモザイク・プロットしたである。実線で色が濃い程、正の残差が大きく、点線で色が濃い程、負の残差が大きくなる。オランダは、いずれのリスク認知についても帰無仮説が棄却され、リスク認知と実行度が関係していることがわかる。一方、ロシアはいずれのリスク認知についても帰無仮説が棄却されず、リスク認知と実行度は独立しているといえる。

　さらに、関係の強さを計測するため、協力行動とリスク認知の順位相関係数 τ_b を計算した結果が表2である。ここからも、ロシアにおいてはリスク認知と実行度が無関係であることがわかる。一方、オランダには確実な関係がみられるが、そ

258　第5部　環境リテラシーと環境リスク・コミュニケーションへの取組み

図5　リスク認知と実行度・協力意志の関係

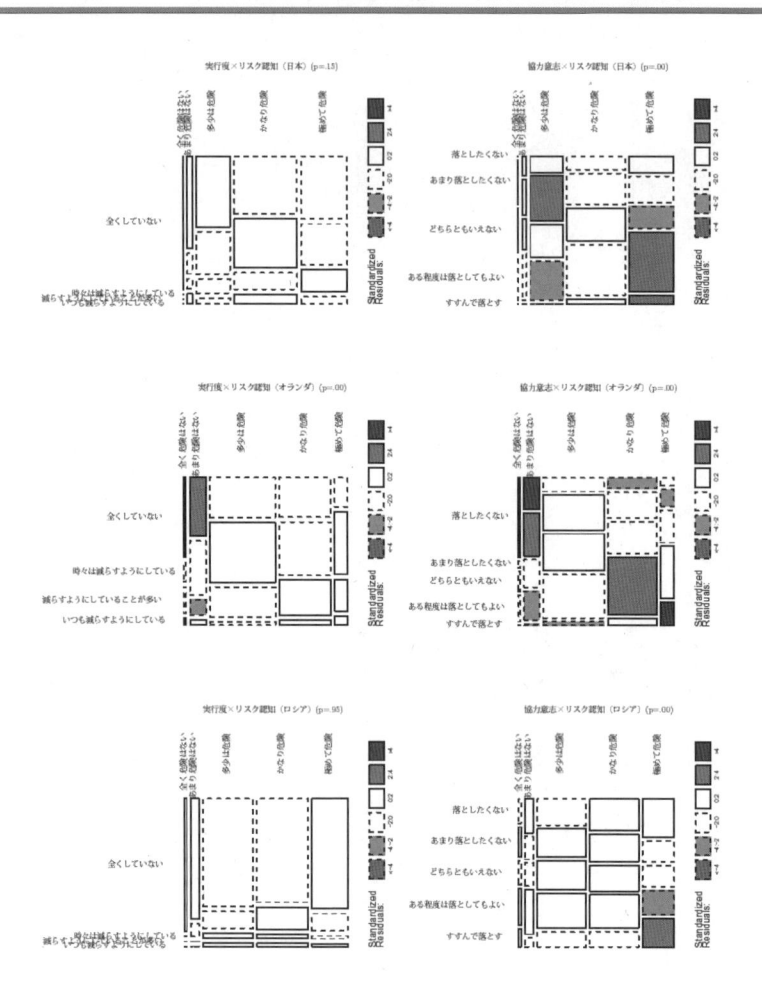

の影響の強さはさほどではない。日本のデータでも関係が見られるが、オランダ程は強くない。

協力意志についても、同様に三つのリスク認知との関係が分析できる（図5右、表2二行目）。全般的に相関係数が若干大きくなっているが、傾向としてはオランダが一番強い関係を示し、ついで日本、ロシアの順で実行度と同じ様相を呈している。

さらに、三カ国の協力意志と実行度の関係を見たものが、表2三行目である。いずれも、協力意志と実行度の間に関係が認められるが、関係の強さはやはりオランダが一番強く、ロシアが一番弱い。

5. まとめ

相関係数の大きさから考えると、その効果は状況を一変させるほど大きいものではないが、予測した通り、リスク認知は地球にやさしい行動への協力意志や実際の行動に正の効果をもつ。ただし、国毎に効果の程度が異なっていることがわかった。これは、いくら環境問題へのリスク認知が増しても、その対応策が現実の生活場面で実行可能なものであるか否かで、協力意志や実行度がかわってくることが予想される。

たとえば、オランダは平坦な国土で鉄道などの公共交通機関が発達しており、さらに自転車が国民的な足として普及していることから、「車に乗らない」という選択肢は比較的容易に実行し得るものであろう。一方のロシアでは、単純集計データからわかるとおり、そもそも自動車を運転している回答者自体が他国に比べて少ない。つまり、ある特定の層のみが自動車を利用しており、日本やオランダなど自家用車が庶民の足として考えられる状況とはかなり異質であることがわかる。

「生活水準を落とす」という協力意志についても、すでに豊かで満ち足りた生活を送っている国の人々と、そうでない国の人々とでは、選択肢の意味自体が大きくことなる。豊かな国では、環境の為に何かを我慢することができる余裕があるだろうが、日々の生活にすら困窮するような状況では、その質問自体がナンセンスと受け止められるだろう。本稿では、そうした国別の社会情勢にまで踏み込んだ分析は行っていないが、持続可能な社会を構築していくためには、当然考慮すべき課題である。

中野康人

【参考文献】

Blamey, R., 1998, "Contingent valuation and the activation of environmental norms," *Ecological Economics*, 24:47-72.
Guagnano, G.A., Stern, P.C., Dietz, T., 1995, "Influences on attitude-behavior relationships: A natural experiment with curbside recycling," *Environment and Behavior*, 27:699-718.
Hardin, R., 1998, "Garbage Out, Garbage In," *Social Research*, 65(1):9-30.
広瀬幸雄, 1994,「環境配慮行動の規定因について」,『社会心理学研究』, 10:44-55.
広瀬幸雄, 1995,『環境と消費の社会心理学－共益と私益のジレンマ－』名古屋大学出版会.
Honnold, J.A., Nelson, L.D., 1979, "Support for Resource Conservation : A Prediction Model," *Social Problems*, 27:220-234.
International Social Survey Program, INTERNATIONAL SOCIAL SURVEY PROGRAM, 1985-2000[CD-ROM], Cologne, Germany: Zentralarchiv F_r Empirische Sozialforschung an der Universitaet zu Koeln[producer],2003. Cologne, Germany: Zentralarchiv F_r Empirische Sozialforschung/Ann Arbor, MI: Inter-university Consortium for Political and Social Research [distributer], 2003.
Karp, D.G., 1996, "Values and Their Effect on Pro-environmental Behavior," *Environment and Behavior*, 28(1):111-133.
McClelland, L., Canter, J.R., 1981, "Psychological Research on Energy Conservation: Context, Approaches, and Methods," A.Baum and J.E. Singer, eds., *Advances in Environmental Psychology*, 3:1-26, Lawrence Erlbaum Associates.
Schwartz, S.H., 1970, "Moral decision making and behavior," Macauley, L., Berkowitz, L.(Eds.)*Altruism and helping behavior*,127-141.
Seligman, C., Ferigan, J.E., 1990, "A Two-factor Model of Energy and Water Conservation," J.Edwards, R.S.Tindale, L.Heath and E.J.Posavac, peds., Social *Psychological Aplications to Social Issues*, 1:279-299, Plenum Press.
Thøgersen, J., 1996, "Recycling and Morality: A Critical Review of the Literature," *Environment and Behavior*, 28(4):536-558.
海野道郎, 1991,「社会的ジレンマ研究の射程」, 盛山和夫・海野道郎（編）『秩序問題と社会的ジレンマ』ハーベスト社:137-165.
Van Liere,K.D. and Dunlap,R.E.,1978, "Moral Norms and Environmental Behavior: An Application of Schwartz's Norm Activation Model to Yard Burning," *Journal of Applied Socail Psychology*, 8:174-188.

第14章 企業とステークホルダーとの対話
―― ステークホルダーミーティングの事例を通して

1. 持続可能性経営とステークホルダーとの関わり

　企業活動が与える影響は経済的側面だけでなく、地球環境問題や地域の雇用、従業員の職場環境などの社会的な側面でまで及び、それぞれ三つの側面のバランスある経営が必要であることが昨今、認識されてきている。そして、グローバリゼーションやIT化の普及により今まで以上に社会が企業へ要求することが多様化してきている。そのような背景の中、企業と関わるステークホルダーとのコミュニケーションの重要性はますます高まっている。図1に示すのは、企業を中心とした環境コミュニケーションの関わりである。企業は、さまざまな媒体を通してステークホルダーへ環境情報を発信している。そして、ステークホルダーはそれぞれの要求する目的により企業へフィードバックしていく。

　また、組織のサステナビリティレポートのグローバルスタンダードを目指すGRIガイドライン2002年度版[1]では、「ステークホルダーの参画[2]」の指標を設け、(1) 主要ステークホルダーの定義および選出の根拠、(2) ステークホルダーとの協議の手法、協議の種類別ごとに、またステークホルダーのグループごとに協議頻度に換算して報告、(3) ステークホルダーとの協議から生じた情報の種類、(4) ステークホルダーの参画からもたらされる情報の活用状況の報告を促している。企業のサステナビリティレポートの社会的信頼性を向上させるための保証を行うAA1000規格[3]（AccountAbility）でも、ステークホルダーとの対話をプロセスと透明性の観点から重視している。

2. ステークホルダーミーティングとは

　環境gooの調査[4]によると、ステークホルダー・ダイアログ[5]を「すでに実施している」または「実施を検討している」という企業はいずれも全体の3.8％にとど

図1 企業活動と環境コミュニケーション

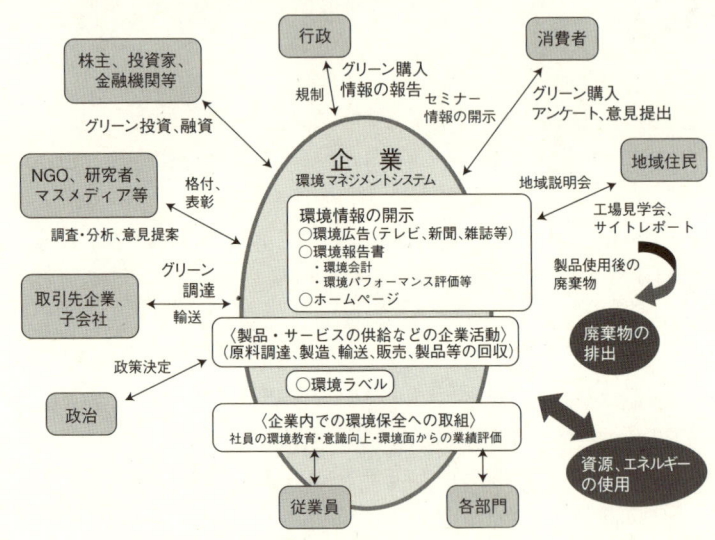

出典 環境省（2001）『平成13年版環境白書』p.91.

まるが、「今後実施を考えたい」とする企業は26.2％になり、ステークホルダー・ダイアログへの関心が少なからず高まっていることがわかる。

2000年代前半から企業と環境NGOや有識者、行政、消費者などさまざまな立場の人が企業の持続可能性に関わるテーマで「ステークホルダーミーティング」や「ステークホルダー・ダイアログ」を開催、その実施状況を環境報告書やサステナビリティレポートに掲載している企業が多くみられようになってきた。図2に示すのはトヨタ自動車㈱の『環境社会報告書2003』に掲載されているステークホルダー・ダイアログのプログラムと進行図である。トヨタは、自社経営戦略の参考にするために各セクターから意見を聞く「場」としてダイアログを開催している。トヨタのステークホルダー・ダイアログは、WBCSD（持続可能な発展のための世界経済人会議）の手法により、（財）地球環境戦略研究機関（IGES）が企画運営全般を行い、実施している[6]。

第 14 章　企業とステークホルダーとの対話　263

図2　トヨタ自動車㈱のステークホルダー・ダイアログのプログラムと進行図

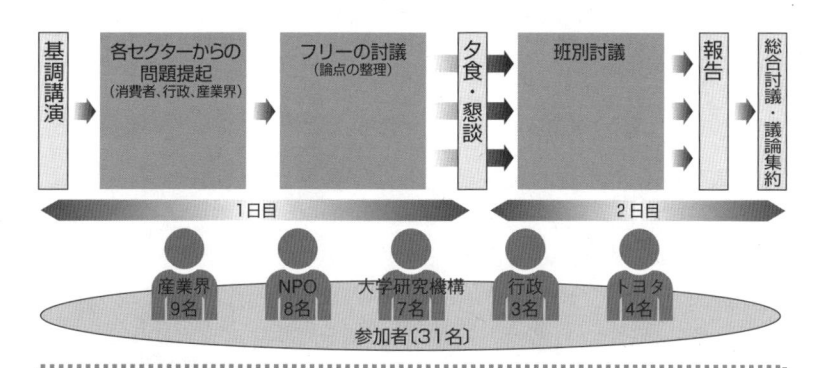

進行図：
基調講演 → 各セクターからの問題提起（消費者、行政、産業界）→ フリーの討議（論点の整理）→ 夕食・懇談 → 班別討議 → 報告 → 総合討議・議論集約

1日目：基調講演〜フリーの討議・夕食・懇談
2日目：班別討議〜総合討議・議論集約

参加者〔31名〕
- 産業界　9名
- NPO　8名
- 大学研究機構　7名
- 行政　3名
- トヨタ　4名

プログラム
① 基調講演
　「グリーン市場の実現は可能か－問題提起－」
② 問題提起
　「グリーン市場という名の共同妄想」
③ 問題提起
　「グリーン市場の実現は可能か－購入側の立場から－」
④ 問題提起
　「グリーン市場の実現は可能か－ビジネスモデル創造の視点から－」
⑤ 3分科会討議
⑥ 全体会議（自由討議・まとめ）

出典　トヨタ自動車㈱（2003）『Environmental & Social Report 2003』p.74.

　ステークホルダーとの対話が開催されるようになったのは、環境報告書の一方向のコミュニケーションからステークホルダーの声を面と向かって受けていこうという姿勢を反映している。しかしまだ、「ステークホルダーミーティング」についての明確な定義はなく、多種多様な形式で行われている。例えば、日産自動車と損保ジャパンは、2社共催で一般市民との意見会「環境・社会レポートを読む＋質問する〜発行者との対話2004〜[7]」を開催、関西電力㈱[8]はNPO法人イー・ビーングの協力で学生13名の意見を反映させた環境報告書のダイジェスト版[9]を共同で作成[10]している。他方、積水ハウス㈱（2003）では、ステークホルダーを女性社員に限定し、環境についてどのように仕事の中で取り組んでいるかをテー

マに「開発に携わる社員による座談会[11]」を行っている。また、サントリー㈱(2003)[12]や大和証券グループ(2003)[13]はテーマを環境だけでなく社会的側面や経済的側面といった企業の社会的責任を包含して有識者とダイアログを行っている。では実際、どのようにステークホルダーミーティングを行っているのか。次節では具体的に見ていきたい。

3. ステークホルダーミーティングの事例

　本節では、㈱資生堂、ミニストップ㈱、松下電器産業㈱の各担当者がミーティングの開催に至るまでの経緯、そして、参加者の意見、社内の反応などを講演内容と各社のミーティング状況を掲載している環境報告書等から紹介する。
　資生堂は2003年6月に工場見学会と環境活動への意見交換会を兼ねた初めてのステークホルダーミーティングを開催した。初めての開催になるが、人選から当日の場づくりまで、きめ細かい配慮を事前に行っている。

㈱資生堂

目的
　資生堂の環境コミュニケーション手段は、展示会、講演会、工場見学、環境広告、WEBサイト、そして環境報告書のアンケートを行っている。それぞれに反応はあるものの、やはり直接、いろいろな立場の方からの意見を伺いたいと思ったことがミーティング開催のきっかけとなった。

人選について
　ステークホルダーミーティングの参加対象者を誰にするかは、その企業の事業活動やミーティングの目的と関連してくる。資生堂のミーティングのテーマは、「資生堂の環境活動に期待すること」だ。したがって、ミーティングのターゲット層は、環境意識が低い人より環境意識が高い人を、そして、化粧品という消費財を扱っていることから女性の割合を多くし、また、同じように企業の環境問題に取り組んでいる企業の人や環境を専門に勉強している意識の高い学生さんなどの意見も取り入れていきたいと考え、参加者を選出していった。これらの参加者はミーティン

第 14 章　企業とステークホルダーとの対話　265

表 1　㈱資生堂の第 1 回ステークホルダーミーティングの概要

㈱資生堂

開催日時：	2003 年 6 月 25 日　13:30 ～ 17:00
場所：	㈱エフティ資生堂　久喜工場「埼玉県久喜市」
参加者：	企業人 3 名、消費生活アドバイザー 1 名、学生 1 名、環境ライター 1 名、マスコミ 1 人（男性 3 名、女性 4 名）
内容：	①資生堂における環境活動の紹介 ②工場での環境活動と概要説明、工場見学 ③意見交換会／議題：資生堂の環境活動に期待すること

出典　㈱資生堂『サステナビリティレポート 2003』p.49.

図 3　㈱資生堂ステークホルダーミーティングの様子

会の初めに、技術部・小又課長より資生堂の環境活動概要について説明

システム化により、作られた製品が無人搬送機で移動が行われる様子を紹介

参加された皆様から様々なご意見をいただき、実のある会合となりました

工場の一部で使う電力は環境負荷低減タイプのコージェネレーションシステムを使用

藤間工場長　今回の貴重なご意見を生かし、工場でもさらなる活動に取り組みたいと考えます

出典　資生堂㈱『サステナビリティレポート 2003』p.50.

グでファシリテーターの役割を担う外部からコンタクトを取り、資生堂と面識のない第三者的な立場になる。

場づくり
　ステークホルダーから直接意見を伺うことが目的であるが、その会合をスムーズに行うことも重要である。開催側から留意した点は、参加者へ2週間前に昨年度の環境報告書を送付し、活動内容を理解してもらうようにした。そして当日のミーティング前に、化粧品メーカーの「ものづくり」の現場、環境設備等の工場見学を行った。また、座席は企業側と参加者ともに対立した位置でなく、円形テーブルで意見が出やすいように配慮した。そのことが功を奏し、ミーティングは和やかな雰囲気で進んでいった。

参加者からの声、社内での反応
　参加者から資生堂の環境活動に対して、「製品の効能・成分など、情報開示をさらに明確で分かりやすくする必要があるのでは」、「ガラス瓶のリサイクルを資生堂だけでなく、業界全体で取り組んではどうか」、「シャンプーで分解性が良い成分を使用していることなど、もっと消費者にアピールしてはどうか」などの意見があった。担当者はそれらの意見を受け、「今まで感じていたことをずばりと仰っていただき、改めて認識したこと、他方、社内では当たり前なので、気づかなかったことを仰っていただき、言われて初めて自分たちは知っていても、意外とみんなは知らないのだなと感じた」と、そして「これら貴重な意見であるが、すぐできることと、長期計画で進めるべきことの二つに分けて検討していき、実行に移していく必要がある」と強く述べている。
　初めてのミーティングで社内の反応はどうなのかと不安ではあるが、予想以上の反響があったようだ。上司からは「直接ステークホルダーの方とのコミュニケーションができる非常に貴重な機会だ、また、今後継続的に行っていけばいい」と感想があった。他部門からも「先進的な取り組みだ」と高い評価を受けている。そして、ミーティングを開催した久喜工場が社内報で大きく取り上げられ、会社でこのような取り組みが行われているのだと社員に印象づけ、社員の環境意識の高揚につながるという二次的な効果もあった。

第 14 章　企業とステークホルダーとの対話　267

表 2　ミニストップ㈱のミニストップ社長とお客様代表との対談

ミニストップ㈱

概要	
開催日時：	2001 年 12 月 25 日
参加者： （順不同）	横尾博氏　ミニストップ㈱代表取締役社長 フリーライター 1 名、NGO3 名、主婦 1 名 ＊肩書きは 2001 年 12 月 25 日時点
内容：	ミニストップ社長とお客様代表との対談 議題「これからのコンビニエンスストアのあり方について」

出典　ミニストップ㈱『環境報告書 2002』pp.3-4.

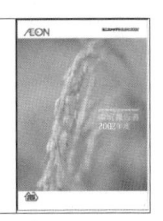

ミニストップ㈱

　社長の挨拶いわゆる「トップメッセージ」は環境報告書のメイン部分になり、会社の方針・姿勢を示すページだけに多くの読者に理解と共感を持ってもらうよう意図して制作している。ミニストップでは、企業トップのメッセージが読者層にダイレクトに伝わることを目的として、コンビニエンスストア利用者とのミーティングを開催した。また、このミーティングで話された参加者の声が直接トップの意識を変えた成果にも注目したい。

　きっかけ

　ミニストップはお客様層である学生や 20 代〜 40 代の人を読者対象と想定して、環境報告書を 2000 年度に初めて公表した。その次の年の 2001 年度版には、社長が読者に対し、ひとりで語りかけを行うといった「トップメッセージ」のページを設けている。しかし、報告書制作側の立場から担当者は「読者は果たして、社長のメッセージを理解しているのか？」との疑問が大きく生じてきた。そこで、2002 年度版を制作するにあたり、「実際、お店に来ていただいているお客様の前で社長が語りかけたら、読者がメッセージを理解していただけるのでは？」と考え、「ミニストップ社長とお客様代表との対談」の企画、開催に至った。

　人選について

　日頃コンビニエンスストアを利用する 20 代〜 40 代で、環境問題に関心のある

図4 「お客様座談会」の様子

出典 『ミニストップ環境報告書2002』p.3.

人、そして、社長との対談になるのでバランス感覚があり、またミニストップに対して批判よりも提案できる人を考慮し、選出した。

当日の進行

司会は、参加者から不信感を抱かないよう公平な立場である社外に頼んだ。進め方は、座談会の前にミニストップの環境活動について説明を行い、お昼にはミニストップのお弁当を出し、お弁当の安全面、環境配慮面の取り組みについて説明を行った。その後、社長との対談という流れで進めた。社長との対談をスムーズに運んでいくために、事前準備として参加者に「コンビニエンスストアへの環境への取り組みについての疑問」を書いてもらった。そして、それを集め、その内容を社長に伝えておくようにした。司会の進行で対談は進み、社長は事前に質問が知らされていることから、質問に対して安心して着実に解答していくことができきたようだ。

参加者の声

参加者からは「二十四時間営業しているので電力の無駄では」、「宅配便のサービスの対応が悪い」など店舗への意見があり、また一方、「コンビニエンスストアの疑問に社長がひとつひとつしっかり答えて、日々利用する時の視点が変わる」と対談そのものについての感想もあった。

第14章　企業とステークホルダーとの対話　269

図5　マイ箸をいつも持ち歩いているミニストップ㈱の横尾社長

出所　『ミニストップ環境・社会報告書』p.5.

　社長側の反応は好感触で、社長は対談の中に出てきている「マイ箸」や「スローフード」などの言葉に初めて触れ、担当者に「マイ箸とは何か？　すぐ調べなさい」と伝えた。そして、このミーティングがまさにきっかけとなり、マイ箸クラブ[15]というネットワークを広げる活動をミニストップと司会を務めた㈱クレアンの薗田氏とで行うことになった。今では、社長自身もスーツの内ポケットにマイ箸を入れて、その辺りの界隈に出かける時には使用しているそうだ。

　今後に向けて
　環境報告書のアンケートにこの「お客様座談会」への意見がいくつか寄せられている。「ユニークな取り組みですね」「これからも続けてください」と好意的な意見と他方では「出席者の選出に透明性が欲しい」と厳しい意見もあった。担当者は今後の方向性について、「意図的でない人選のプロセスを報告書に反映させていく必要がある」と述べている。

表3　松下電器産業(株)第2回ステークホルダーミーティングの概要

松下電器産業(株)

概要
第2回ステークホルダーミーティング～衝突から始まる対話～
日時：　　2002年10月1日 12:30～16:40
場所：　　松下冷機(株)冷蔵庫事業部　草津工場
テーマ：　「NGOと企業の新しいパートナーシップとは」
参加者：　グリーンピース・ジャパン、ネットワーク『地球村』、
　　　　　WWFジャパン、気候ネットワーク、
　　　　　アシードジャパン　計7名、
　　　　　松下電器グループ　12名

出典　松下電器グループ『環境経営報告書2003』p.22

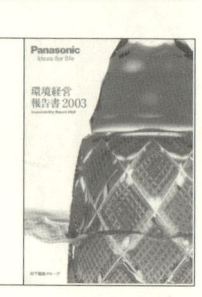

松下電器産業(株)

　松下電器はとりわけステークホルダーミーティングにおいて、リーディング的な存在になる。同社は、国内初の環境ステークホルダーミーティング[16]を2001年8月に、続いて2002年10月、2003年4月と3回のステークホルダーミーティング[17]を開催[18]している。本節では、NGOと企業の新しいパートナーシップを築き上げた「衝突から始まる対話」と題した第2回ステークホルダーミーティングについて紹介しよう。

きっかけ

　1992年に欧州で誕生した代替フロンを使用しない冷蔵庫を日本でも実現するために1999年12月、環境NGOのグリーンピース・ジャパンによる大規模なキャンペーンが展開されている。会社前での糾弾ビラ配布や日本橋での街頭PR活動など、松下電器に代替フロンを使用しない冷蔵庫の製造を強く要求してきた。グリーンピース・ジャパンからの要求に松下電器側は驚き、また、困惑した。しかし実際は世間でいわれるような"衝突"ではない。当時の様子を綴った2003年『環境経営報告書』では、次のように記載している。

　　一見すると敵同士のようだが、担当者レベルでは熱心で濃密な話し合いが持たれていた。欧州でのノンフロン冷蔵庫誕生に大きな影響力を与えた環

図6　グリーンピース・ジャパンによるグリーンフリーズ・キャンペーンの様子（1999年12月）

出典　グリーンピース・ジャパン [19]

境NGOとメーカーとの何度も重ねられた対話。「良い物を世の中に」という両者の根底にある想いは共通である。日本でのノンフロン冷蔵庫の実現には技術的な問題の他に「安全基準がない」という難題が立ちはだかっていた。松下電器は同業他社へも働きかけ、（社）日本電機工業会を通してその実現に漕ぎ着ける。それには世論という後押しが必要で、その醸成に環境NGOは大きな役割を果たしていた [20]。

同社の担当者は「この経緯は、事業活動の中でNGOの意見を取り入れていく非常に貴重な一事例であり、社内外にこのような取り組みを認識してもらうことが必要だ」と考え、そして、グリーンピース・ジャパンと関わりがあって開発されたノンフロン冷蔵庫の大型製品が店頭に並ぶ発売日に、NGOと松下冷機㈱の開発・製造責任者とのミーティングの開催を企画した。

社内の合意

松下電器グループ環境本部では、過去に第1回ステークホルダーミーティング

図7 松下電器グループと環境NGO代表との対談の様子（2002年10月1日）

出典　松下電器グループ『環境経営報告書2003』p.21.

と環境報告書を読む会[21]を開催しており、また、それが好評であったことからすんなりと上司の合意は得られた。次に担当者は、NGOの方と実際に話し合う技術者の所属する松下冷機の事業部の本部長、事業責任者のところに何度も足を運んだ。彼らにミーティングの趣旨を説明し、「ノンフロン冷蔵庫開発への努力をきちんと伝えましょう」と説得し、開催が決定した。

　場作り
　ミーティングの趣旨を説明し、より理解してもらうために、事前に参加するNGO5団体にも担当者自らが足を運んだ。そして、前もって具体的に質問される内容を教えてもらえないかと頼んだ。なぜなら、松下電器グループ全体の質問であれば、冷機側は即答できない場合があるからだ。大きな質問については事前に伺っておき、前もって回答の準備をすることが、当日の進行を妨げないと考えたのである。
　そして、当日、ミーティング参加者にモノづくりの現場、工場での安全性配慮を知ってもらうために見学会を行った。次に対談場所である草津工場に開発・発売されたノンフロン冷蔵庫を並べ、開発者からNGOの方へ説明し、メインの対談

対談

ミーティングで参加 NGO から「空調機器のノンフロン化計画は？」「ノンフロン冷蔵庫のリサイクル時の安全性は？」といった鋭い質問が相次いだ。それに対して松下冷機側は誠実に回答していった[22]。納得のいくまでやりとりが繰り広げられ、参加者の間で信頼が得られた。そして、このミーティング以降も NGO と松下冷機の担当者の間で連絡を取り合い、問題を共有化する関係が構築できたそうだ。

4. おわりに

ステークホルダーミーティングを開催することよって、企業内部からは得にくい問題提起や希望を外部の NPO や研究者、製品ユーザーなどから受け取ることができる。本章では、形式の違う 3 つの企業のミーティング事例をみてきた。それらを通して、単なる一紙面の企画を目的としたものではなく、そこで得られた意見を経営課題に結びつけていく手段の一つとしてステークホルダーミーティングを活用していることが分かった。そして、今後はその場で得られた意見がどのように生かされているのか、その成果をステークホルダーに報告することが求められるようになるだろう。今後のステークホルダーミーティングの進化に期待したい。

中尾悠利子

謝辞

今回の執筆テーマは、環境監査研究会代表幹事の後藤敏彦氏が「ISO ／ TC207 バリ総会のスーパーワークショップ（2003.7.2）」で行うプレゼンテーション資料 "Social & Environmental Activities in Japanese corporation" の手伝いをしたことがきっかけである。貴重な機会を与えていただいたことに感謝したい。（尚、この資料は環境監査研究会 http://www.earg-japan.org/03-07Presentation.pdf
および GRI 日本フォーラム http://www.gri-fj.org/03-07Presentation.pdf に掲載されている。）

また、事例の掲載を許可してくださった株式会社資生堂 CSR 部、ミニストップ株式会社 CA 推進室環境推進室、松下電器産業株式会社環境本部の方々ならびに「ステークホルダーミーティングの開き方講座」を主催した GRI 日本フォーラムの関係者の皆様に感謝の意を表したい。

【注】

1. GRIガイドラインの詳細については第7章を参照。
2. GRIガイドラインのセクション、3.「統治構造とマネジメントシステム」"3.9～3.12"。
3. AccountAbility,http://www.accountability.org.uk/
4. 環境goo（2003）,http://eco.goo.ne.jp/env_report/index.html
5. 環境gooの調査では、「ステークホルダーダイアログ」を"利害関係者との対等な対話"という意味合いで使用されている。
6. (財) 地球環境戦略研究機関（2003）,『年報2002年度』,p.47を参照。
7. 損保ジャパン（2004）, http://www.sompo-japan.co.jp/environment/envtopics/envt016.html
8. 関西電力㈱（2003）,詳しくは『かんでん環境レポートダイジェスト版』p.23より「次世代層との意見交換会」を参照。
9. かんでん環境レポートダイジェスト版は、一般読者向けに読みやすさを重視し作成されている。
10. ATCグリーンエコプラザ(2003),「ATCグリーンエコプラザにおける産学官協働事例」—関西電力㈱環境報告書の協働作成と次世代層の意見書提案—参照。
11. 積水ハウス㈱ (2003),p.40.
12. サントリー㈱(2003),pp.59-60参照、サントリー㈱では、サントリーの「これから」について環境、社会、経済的側面について「サントリー・サステナビリティボード」を開催している。
13. 大和証券グループ（2003）,pp.36-37参照、「大和証券グループはサステナブルな社会構築のために何ができるか」というテーマでの意見交換会が行われている。
14. 2003年9月25日に中央青山監査法人で開催されたGRI日本フォーラム主催「第6回勉強会：ステークホルダーミーティングの開き方講座」の内容から一部抜粋。
15. 詳細はマイ箸クラブ,http://www.mother-earth.ne.jp/myhashi/
16. 松下電器グループ (2001),『環境報告書2001』, p.62.
17. 松下電器グループ (2003),『環境経営報告書2003』, pp.23-24.
18. 2003年9月現在では3回の開催されている。
19. グリーンピース・ジャパン (1999),http://www.greenpeace.or.jp/library/98gf/19990828.html
20. 松下電器グループ (2003),『環境経営報告書2003』,p.24.
21. 松下電器グループ (2002),『環境報告書2002』, p.53.
22. 松下電器グループ (2003),『環境経営報告書2003』,p.22.を参照。

【参考文献】

AccountAbility(2003),"AA1000 Series:Assuarance Standarad"
　　　http://www.accountability.org.uk/aa1000/default.asp?pageid=52
Global Reporting Initiative(GRI)(2002),"Sustainability Reporting Guidelines2002"
　　　http://www.globalreporting.org/guidelines/2002/c41b.asp　環境監査研究会監訳 (2002),『GRI サステナビリティレポーティングガイドライン 2002』
海野 みづえ (2004),「ステークホルダーダイアログの実践」CSR 倶楽部レポート
　　　http://www.sotech.co.jp/rpt/rpt_c.html
岡野雅道 (2003),「ATC グリーンエコプラザにおける産学官協働事例」—関西電力㈱環境報告書の協働作成と次世代層の意見書提案—, ATC グリーンエコプラザ『第 1 回産学官エコ会議』,pp.22-30。
環境 goo（2003）,「環境 goo 環境報告書リサーチ」http://eco.goo.ne.jp/env_report/index.html
環境省編 (2001),『平成 13 年版環境白書』ぎょうせい。
グリーンピース・ジャパン (2001),「グリーンフリーズ・キャンペーン」
　　　http://www.greenpeace.or.jp/library/98gf/gf_index.html
後藤敏彦 (2003),「新しい企業経営の戦略：情報公開とコミュニケーション」,谷本寛治編著 (2003),『SRI 社会的責任投資入門』日本経済新聞社 ,pp.259-285。
坂本文武 (2004),「ステークホルダーダイアログの実践」,㈱創コンサルティング (2004)『第 4 回実践 CSR マネジメント講座』
サントリー㈱ (2003),『サントリー環境レポート 2003』
資生堂㈱ (2003),『サステナビリティレポート 2003』
積水ハウス㈱ (2003),『ECO WORKS2003』
薗田綾子編著 (2004),「Chapter 4 環境活動、情報公開の推進による環境報告書の充実化、ⅡC 環境報告書作成実務」,(社) 産業環境管理協会 (2004)『環境経営実務コース研修テキスト』
　　　http://www.jemai.or.jp/japanese/seminar/management/pdf/training2c.pdf
大和証券グループ (2003),『持続可能性報告書 2003』
(財) 地球環境戦略研究機関（2003）,「第二回トヨタステークホルダー・ダイアログの開催」『年報 2002 年度』,p.47.
トヨタ自動車㈱（2003）,『Environmental &Social Report 2003』
松下電器グループ (2001),『環境報告書 2001』
松下電器グループ (2002),『環境報告書 2002』
松下電器グループ (2003),『環境経営報告書 2003』
水本江理子 (2003),「ステークホルダーミーティング〜利害関係者との"対話"は始まったばかり」(㈱) 中央青山 PwC サステナビリティ研究所
　　　http://www.chuoaoyama.or.jp/environment/trend/envtre031028_0101.html
ミニストップ㈱ (2002),『環境報告書 2002』
ミニストップ㈱ (2003),『環境・社会報告書 2003』

第15章 環境マーケティングの変遷

1. はじめに

　持続可能な社会を構築するために、わが国の企業に与えられている役割は、年々大きくなってきている。そのため、企業も環境調和型の生産への取り組みを強めるとともに、製品・サービスの面でも環境対応性を向上させてきている。
　さらに、最近ではこうした環境調和型の企業であることをマーケティング戦略に組み込むことで、競争優位性を獲得しようとしている。
　そこで、わが国における環境マーケティングの変遷をたどり、環境マーケティングの今日の状況と将来展望、環境マーケティングの具体化のひとつとして、実際に広告に現れた環境対応の訴求について考えてみる。

2.「消費」観の変遷

　わが国において、生活者の消費に対する価値観は、第二次世界大戦の敗戦によっていったん廃墟と化した時点から、奇跡の高度成長を経て大きく蘇り、今や「買うべきものがない」ことに起因する消費不況に陥ったと言われるまでに変貌をとげてきた。
　そこで、この生活者の「消費」観の変化を簡単に振り返って見ることにする。

「消費」をどのようにとらえるか

　生活者が消費をすることによって、わが国経済の根幹が成立している。もちろん、第二次世界大戦後の工業復興期以後、対米輸出を中心に経済が支えられてきたことも事実であるが、それと同時に、国内で生活する人々の、日々の暮らしのなかでの消費もきわめて大きな要素であったことは間違いない。
　では、このわが国における消費は、時代相とともにどのような変化をたどってき

たのだろうか。

　戦後復興が本格化した1950年代から、高度成長期の1960年代を通して、わが国の消費は「モノ」の獲得の歴史であったと言える。日々の生存のための食料、衣服等の獲得からはじまって、「所得倍増」のかけ声の下、身の回りの生活用品から、ラジオ・テレビ・ステレオ、電気洗濯機・電気冷蔵庫といった家庭電化製品等を次々に手に入れ、一方で公団住宅や借家から、マイホームや自家用車へと、「アメリカ」という追いつくべきモデルを前に見て、ひた走りに走ってきた。

　しかし、1970年前後をピークとする「公害」という名の環境破壊を目の当たりにして、大きく生活者の感覚に変化が訪れる。テレビCMに現れた「モーレツからビューティフルへ」という、そうした時代相を象徴するようなキャッチフレーズは、高度成長路線をひた走ってきたわが国の生活者に、低成長時代への突入という価値観の転換を迫る象徴的な言葉であった。1973年の第一次オイルショックに始まる時代の激動と転換は、「高度成長の終焉」を告げるとともに、この25年余りの間に達成された「消費の果実」を振り返る契機ともなった。

　生活者は、消費というものを「無い状態」の克服というレベルで捉えていた段階から、「有る状態での差違」という視点に変化し、「隣と同じモノを」から、「隣にないモノ」「隣より良いモノ」へ、そうして、1980年代には「隣とは違う、我が家の暮らし方の選択」という段階にまで立ち至ったのである。

消費の今日的構造

　消費が拡大することによって、生活者は意識のなかで「豊かさ」を実感し、ついには「有り余る豊かさ＝差違化」（ボードリヤール, 1979）を謳歌するようになった。その結果、各家庭には自動車やエアコン、衣類から家電製品まで、無いものは無い状態が現出された。

　この段階に至って、生活者にとっての消費は、「モノ」を揃えることからモノが備えている「物語」を消費する（大塚, 2001）ことへと変化した（図1）。さらに、1990年代の「バブル経済」が崩壊した後には、個別の「モノ＝小さな物語」を成り立たせる基盤となっていた「大きな物語＝世界観」さえ流動化をはじめ、個別のモノの背後には世界観としての「大きな物語」にとって代わって、「小さな物語」に供給する「データベース」だけが存在するようになり、生活者個々人はそのデータベースを組み立てて、それぞれの「個性＝オリジナリティ」を実現させる（東,

278　第5部　環境リテラシーと環境リスク・コミュニケーションへの取組み

図1　大塚の消費論

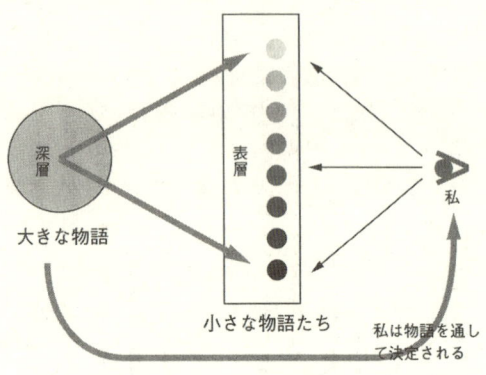

深層
大きな物語

表層
小さな物語たち

私
私は物語を通して決定される

出典　東　浩紀（2001），『動物化するポストモダン』

図2　東の消費論

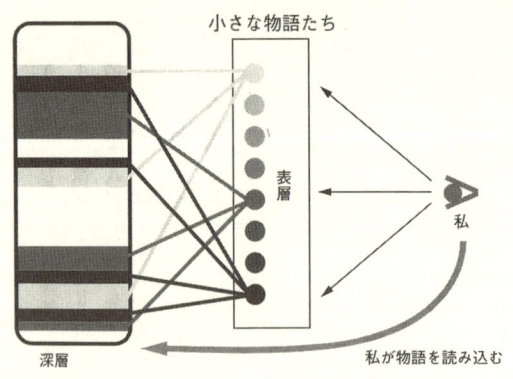

小さな物語たち
表層
私
私が物語を読み込む

深層

出典　東　浩紀（2001），『動物化するポストモダン』

2001）という段階にまで、消費の感覚が変化してきている（図2）。
　もう一方で、情報通信の飛躍的な発達は、消費のための情報入手に要求される時間とコストを格段に短縮した。その結果として、流通業も業態を大きく変化させ、消費可能な時間帯はついに24時間化されるに至った。このように、生活者を取り巻く状況の変化と、生活者自身の意識の変化によって、従来からマーケティングの働きと考えられてきた「価値の交換のための手段」や、「市場に対する考え方、接近方法」（和田・恩蔵・三浦，1996）といった考え方は、もはや単純には通用しなくなってきた。
　こうした「『豊かな社会』の市場で新しい需要を創出する方法には、資源凝縮的な方向もあれば、情報凝縮的な方向も考えられる」（見田，1996）。しかし、物質には生成－成長－飽和－衰退というサイクルが考えられるのに対して、非物質は本質的に無限に成長を続けることが可能であり、それゆえ情報化社会は進展を続けることが可能であり、生産者にとっても「物質主義」的な価値観から脱出する方向性が見えてくると考えられる。

「消費」と「生産」
　前述したように消費に対する価値観の変化は、生産に対しても影響を及ぼさざるを得ない。従来、生産とは家電製品や自動車に象徴的に見られるように、「生活価値の物質化」だったと考えられるが、現在では生活者の「多様な価値観の具現化」をもたらすものが「生産」であり、従来のように物質化だけが生活者の価値観を具現化する方法では決してない。むしろ、時には何もない「空白」に価値が存在しても良く、「旅」を商品化したり、「音楽」を商品化したりする、といった非物質の価値化が大きな市場となってきているのである。
　しかも、「旅」はさらに環境配慮型の「エコ・ツーリズム」となり、音楽や映像は、それらを再生する手段が、限りなく個人レベルへ、携帯型の機器へと省エネルギー・省資源化、ダウンサイジングが進行した結果、個々人の価値観を支える道具と化している。
　また、ファッションでも、1960年代後半に日本中を席巻した「ミニスカート」ブームのように、ヨーロッパの有名デザイナーが流行の「カタチ」を生みだすといった、生産者側から生活者に語りかけ、提案する方法から、古着の重ね着といった個性化を求めるファッションに見られるように、生活者が「着る方法」を自分たちで編

み出し、生産者がそれに追随するといった現象すら見られるようになっている。

3. 日本における環境マーケティングの考え方

　全ての生産は、生活者に消費されることで終結する。生産するということは、生産財の生産であってもその先には消費財が存在し、消費財は生活者の生活において使用・利用されることを目的としている。それは、生活者の利便性を向上させ、生活や精神を豊かにする働きをもっている。しかも、豊かであることを生活者に実感させるには、前章で述べたように有り余る豊かさをもって、社会的な差違化を作り出すほどのものでなければならない。

　では、生産者である企業はどのようにすれば市場で生活者に受け入れられ、競争者に対して優位性を保てるのだろうか。そこにこそ、マーケティングの役割が存在し、今日ではマーケティング戦略が企業の命運を左右するということもできるのである。

マーケティングの考え方

　アメリカマーケティング協会の定義に従えば、マーケティングとは「個人や組織の目的を満足させる交換を創造するために、アイディア、商品およびサービスの企画、価格設定、プロモーション、流通を計画し実行する過程」だということになる。要するに、マーケティングとは前述したように「価値の交換のための手段」を意味している。価値を渡したい者が価値を受け取りたい者を見出し、何らかの対価を得て価値を受け渡しするための手段がマーケティングと呼ばれるのである。

　ここで、価値を渡したいと考える者が複数存在し、価値を受け取りたいと考える複数の者と出会う「場」を我々は市場と呼んでいる。すなわち市場とは、複数の者同士が出会い、競争的行動によって価値の受け渡しを行うことを前提としており、単数同士であれば相対での価値交換ということになって、競争という市場原理が働かない。

　このように、マーケティングは市場原理が働く場で、交換を創造するために、アイディア、商品およびサービスの企画、価格設定、プロモーション、流通を計画し実行する過程であるから、価値を渡したいと考える者からみれば、市場に対する考え方や接近方法（和田・恩蔵・三浦, 1996）がマーケティングだとも言え

るのである。

日本における環境マーケティングの考え方の変遷
社会責任マーケティングの延長として

　1970年代に公害問題や消費者運動といった社会的な動きを背景として、企業がその存在の社会的責任を問われるようになり、企業はそうした社会の潮流を無視していては業績を上げることは困難であるという認識が一般化した。そこで、社会責任マーケティングと呼ばれる考え方が現れた。これは、製品そのもののマーケティングではなく、企業姿勢や経営理念といった企業の基盤を社会に向かって「広報・PR」することにより、先進性や安心感、信頼感といったその企業の骨格を形づくっている考え方に理解や共感を獲得し、そうした企業の製品だから購入しようという、企業へのロイヤリティを高めることを目的としたマーケティング手法だった。

　環境マーケティングは、いわばこうした社会責任マーケティングの延長上に位置していると考えることができるだろう。しかし、1970年代における企業の公害防止活動は、企業にとって法規制に対応するための「後ろ向き投資」の色合いが強く、積極的にマーケティング戦略に組み込んで行くという発想にはまだ至らなかった。こうした状況下であっても、例えば、琵琶湖の富栄養化による水質悪化に端を発し、滋賀県が「有リン合成洗剤」に対する規制条例を制定し、これを契機に県下の主婦層を中心に消費者運動として「石けん使用」が拡がるといった動きが現れた。こうした動きを受け、トイレタリー製品の製造企業は無リン洗剤を開発し、その製品の利点を強く打ち出したマーケティング活動を行う、といった動きも見られた。これは、環境マーケティングの萌芽形態と考えることもできるだろう。

　この時期に三上富三郎氏は、「環境マーケティングとは、非消費者を含む生活者の利益、さらには社会全体の利益と調和し、また資源・エネルギー・生態系といった環境との間の調和まで達成しながら、企業としての適正な利潤を確保すべきマーケティングである」と、社会責任マーケティングより環境面で踏み込んだ主張を行った（三上，1982）。

環境マーケティングの萌芽

　しかし、1980年代を通して、わが国では典型7公害を対象とした公害問題が

最悪の状況を脱するとともに、徐々に環境問題への関心も薄れはじめ、環境マーケティングと言えるような動きはほぼ見られなくなった。一方、1980年代の後半に、ヨーロッパでは環境マーケティングまたはグリーン・マーケティングという概念が唱えられるようになり（ピーティー，三上他訳，1993）、こうした海外の動きを受けて、1990年頃からは、三上氏が中心となった「環境マーケティング研究会」の活動成果の上梓（三上，1994）や、大木英夫氏をリーダーとする企業人のグループが環境マーケティングの研究成果を発表（大木編，1991）するといった動きが、徐々にではあるが現れはじめた。

またこの時期に、佐藤善信氏は著書のなかで、「（公害問題と言っていた時期には）売るべき商品を持っていなかったが、90年代の環境問題では、企業は売るべき商品を手に入れた」と述べている（佐藤，1993）。

環境マーケティングの発展

1992年にブラジルのリオ・デ・ジャネイロで開催されたいわゆる「国連環境開発会議」において「持続可能な開発」が21世紀のテーマとして認識されるとともに、前述したような幾つかの先駆的な環境マーケティング研究等の動きを受けて、1990年代の半ばには大橋照枝氏が「環境マーケティング戦略」を著し（大橋，1994）、西尾チヅル氏は1994～96年度にわたって、（財）社会経済生産性本部においてマーケティング調査を手がけ、消費者の環境問題に対する意識を探るなど環境マーケティングのあり方をめぐる議論が進展する端緒となった。

大橋氏はその著書のなかで、「生活者が担ってきた消費や環境を重視する生活原理のなかでは、環境マーケティングが経済活動の主流になっていくだろう」（大橋，前出）と述べた上で、環境マーケティングとは、「地球環境と生活の質および生活者満足との、共生と調和を図りながら、商品・サービスの企画段階から最終的に消費されたあとの廃棄物のリサイクル、リユース、再生、処理を含む『還元』まで織り込んだ、需要動向調査、商品・サービスの企画、開発、生産・物流・販売およびコミュニケーション活動」（同前）であると規定した。この大橋氏の環境マーケティングに対する定義は、生産・流通に基礎をおいていたマーケティング戦略に、製品の廃棄以後を見通した視点を求めた点で、それ以後の環境マーケティングの議論に影響を与えたと言えるだろう。

また、西尾氏は（財）社会経済生産性本部での調査を受けて、「資源循環型

社会経済システムにおけるマーケティング活動とは、生活者のニーズと環境負荷の低減との共生を実現する商品を開発、販売し、それを生活者に正しく使用・消費させ、排出された資源を回収し、再商品として還元するプロセスにかかわる諸活動」(西尾, 1998) だと規定した。

西尾氏はさらにこの点を、「新しいライフスタイルを、生活者にわかるかたちで提示し、それを実現するための製品やサービスを提供する仕組みが必要であり、地球環境時代に求められるマーケティングの役割」であるから、「企業も生活者を巻き込んでエコロジーを実践できる仕組みを、自社の製品やサービスを通じて作り、マーケティング・コミュニケーションを活用してそれを周知させることが求められている」として、「『売るためのマーケティング』だけでなく、『売った後のマーケティング』も重要な課題」(西尾, 1999) であると主張している。

日本における環境マーケティングの今日的視点

大橋氏の、環境マーケティングにおいては廃棄時点を見通すことが必要だという主張は、今日ではすでに、家電リサイクル法や自動車リサイクル法に見られる「拡大生産者責任」という考え方に結実し、西尾氏が示唆した「売った後のマーケティング＝正しく使用・消費させる」ことの必要性は、ISO14020シリーズの「環境ラベル」における商品の特性の伝達として含まれることによって、部分的には実現していると言えるだろう。

しかし今日では、こうした環境マーケティングといえども、ポストモダン・マーケティングの流れの中にあって、すでに内容的な再構築が求められているとの指摘もある。

ジョン・F・シェリーは、「ポストモダンのマーケターは、消費者が経験している多数の断片的なストーリーからその意味合いを探し求めて」いるので、今日におけるマーケティングの役割は、これら「断片化されたストーリーを再結合させるうえで大きな触媒として機能」する一方で、広告を含めた「複合的なコミュニケーションに影響を及ぼす」とし、ポストモダンの時代には、「コラボレーションが、消費者の経験価値を決定づける」(ジョン・F・シェリー, 2001) と述べている。

すなわち、消費行為は、モダンという大量生産により画一化され、整然とした時代相を通り過ぎたのちの、今日の混然としたポストモダンの時代相にあっては、生活者が自分で経験した断片的なストーリーという「データベース」(東, 2001)

から作り出される「小さな物語」(同前)を自分の意識の中に築き上げるために、誘導役となり得るようなマーケティング活動を必要としている。それゆえコラボレーションによって生活者が得る経験価値こそが、生活者を企業や製品に誘引する役割を担っていると考えられる。

つまり、今後考えられる環境マーケティングとは、企業が製品・サービスの持っている「環境性能」というデータベースを、マーケティング・コミュニケーションによって生活者に伝達することであり、企業にとっては、自社の製品・サービスの持つ環境性を「生活者に包括的に経験させること＝小さな物語作り」が、生活者に経験価値を与えるコラボレーションとなる。

今日では、「欲望と消費の関係をめぐるシステム」において、「肝心の欲望そのものが抜けている」にもかかわらず、「社会システムのほうは、人には欲望があると想定して、(中略)モノを正確にデザインして」送り出すというモダンの意識が継続しており、その間の乖離が「危機感として出てきた」(吉本・大塚, 2000)状態だという考え方もある。

この考え方に従えば、環境マーケティングにおいても、どうすれば欲望の抜け落ちた生活者に対して経験価値を付与することができるのか、そして製品・サービスに向かって目を開かせることができるのかという、従来のマーケティング・コミュニケーションから、無限に成長する可能性を秘めた情報凝縮的(見田, 1996)な方向に向かって行くためのマーケティング手法の再構築が求められることになるだろう。

4. 環境広告の果たす役割

現在、マーケティング・コミュニケーションのためのツールは多様に存在している。

従来のマス・メディアを利用した宣伝・広告や、特定のステーク・ホルダーに向けた企業広報誌やパンフレット、環境報告書、アニュアル・レポート、さらには製品に付帯した環境ラベルなどもマーケティング・コミュニケーションのツールと考えられるだろう。

ここで、そうした多くのコミュニケーション・ツールの中でも、影響力も大きく、コストも要するマス・メディアを利用した広告に見られる環境コミュニケーションに

ついて、幾つかの事例の分析を通して、生活者に経験価値としての製品・サービスを届けるための在り方を検討する。

環境広告によるブランド確立－トヨタ自動車の環境広告をめぐって

　トヨタの有名なエコ・プロジェクトの、キャンペーン広告のスタートとなった新聞全ページ広告は1997年1月に掲載された（第1部のパネル8を参照）。中央に置かれた緑色の葉で自動車をかたどったシンボル・マークは、この後長期間、エコ・プロジェクトのシンボルとして使用されている。同様に「ECO.あしたのために、いまやろう」というキャッチ・コピーも長期にわたって使用されている。

　企業姿勢を訴える広報的色彩の強い広告においては、このようにトーンに一貫性を持たせることによって、強い訴求力を生みだすことを可能にする。

　また、トヨタは1997年12月にCOP3京都会議が開かれるのに合わせて、ハイブリッド車のプリウスの発売を開始した。そして、翌月の1998年1月から2月にかけて、キャラクターとして手塚治虫氏を起用して、有名な「あなたが空想したクルマです」（第1部のパネル9を参照）、「21世紀に間にあいました」（第1部のパネル9を参照）というプリウスのキャンペーン広告を実施した。さらに、プリウスの開発に至るまでの経過も出版されるなど、まさにトヨタのクルマとクルマ作りの物語化が強力に推し進められた。さらに、2002年末にはホンダとともに燃料電池自動車のテスト販売を開始し、第1号車に小泉首相が乗車し手を振るというパフォーマンスもあった。

　またトヨタは、環境保全対応の技術開発競争をきっかけに進められている自動車メーカーの世界的な再編においても、GM、フォード、ダイムラー・クライスラーなどとともに、世界の自動車業界を引っ張る存在となっている。

　このように、明確な戦略性を持った広告活動にも支えられ、トヨタは環境対応面でも日経新聞のランキングでトップ・ランクに推されるなど、好感度の高い企業という評価を獲得している。

　この一連のキャンペーン広告は、企業ブランドとしての「TOYOTA」の持つイメージを際立たせることに成功したと言っても良いだろう。その結果、環境コミュニケーションとしての宣伝・広告という手段を用いて、企業ブランドの競争優位性を獲得するための手法の在り様が、端的に示されたと言えよう。

環境広告への意識の在りよう－NUMOのPRをめぐって

NUMOとは、Nuclear Waste Management Organization of Japan、すなわち放射性廃棄物の「処理」を担う政府系法人の原子力発電環境整備機構である。

NUMOは、2003年の1～3月にわたって新聞広告を掲載した（第1部のパネル10を参照）。

この広告は、高レベル放射性廃棄物の処理の必要性を訴えるとともに、処分候補地を募集していることも伝えている。この時期、東京電力の原子力発電所でトラブルが次々と見つかって、原子力発電に対する批判が強まっていた時期でもあり、結果的に「世代をまたぐ環境負債」に対して、われわれがどのように対処すればよいのか、その回答を求めるために問題意識の在り方をせまる広告となった。

「世代をまたぐ環境負債」を残さないことは、われわれの世代に課せられた義務には違いないが、こうした処理困難な廃棄物が発生することは分かっていながら、その処理方法や処分地の決定を後回しにしてきたことが、今日にいたってこのような広報的宣伝・広告を用いて、処分地探しのために急ピッチで合意形成を図らなければならないような事態を生じさせていることには、当然ながら何も触れてはいない。その上で、大深度の「地層処分」で安全性を確保すると述べている。廃棄物処分方法としての技術論と考えれば、これで正しいのかもしれない。

しかし、この広告は少なくとも生活者の胸の中に、素直に収まるとは考え難い。それは、まさに大塚英志氏がその著書「物語消費論」で示した、多数に共有される意識の基層としての「大きい物語」（大塚、2001）として、電力の現状のままでの使用と、それを保証するための原子力発電の存在を是認することを前提に構築される「システム」を語っていることに、起因していると考えられる。

地球温暖化防止のための方策として、二酸化炭素の排出がない原子力発電の優位性を説いたとしても、新たな原子力発電所の建設がほとんど思うに任せない状態にあることを情報として知ってしまっている生活者は、このキャンペーン広告と見比べて、そうした事実をどのように理解すればよいのだろうか。

このキャンペーン広告では、「今の暮らし」が絶対的に肯定される「物語」として存在し、ポストモダンの様々な価値観が混然とした暮らし方へ向かう変化を見ていない。だから、私たち、電気の恩恵を受けている生活者に、環境負債という現実を突き付けることで、合意形成を図りたいという意図があるのだとすれば、環境負荷の小さい新エネルギー導入のテンポの遅さや、その有効性の小ささ、省

エネルギー型生活への切り替えの困難さといった、原子力発電と明日にも代替されるようなイメージが情報として流通していることを批判する、具体的なデータベース情報を与えるべきである。その上で、現時点で処理方法や処分地を決めることの必然性をも、データベースとして与えて行くことにより、はじめて生活者の中で「小さな物語」（東，2001）として、原子力発電の廃棄物の後始末が具体的な現実性を帯びて、イメージされることになるのだと考える。

また、この広告はメインの文中からあえて「主語」を省いている。サブ・センテンスの中に「そのために私たちは動き始めています」とあって、私たち＝NUMO が環境負債の解消に努めていると読めないこともない。しかし、NUMO がメイン・センテンスで省いた主語は、「現在を生きて、電気を使っている、私たち日本に住む人々」ではないのだろうか。

もしそうであるなら、東浩紀氏が「ポストモダンの世界」では、もはや大きな共感など存在しない（前掲）、と指摘しているように、「国家」や「国境」という大きな物語に絡め取られることを認めない人々が混然する、ポストモダンという時代を見誤っている文章表現であるといわざるを得ない。「私は原子力発電に依存している分を、省エネルギーに努める」と、この国にすむ生活者の一部からでも意志表示がなされたとき、原子力発電からの環境負債を次世代に残さないという、この広報的宣伝・広告は意味を失っていかざるを得ない。

だから、環境マーケティングとして考えるなら、データベース情報を与えることによって、生活者自らが意識の中に小さな物語を構築するように指向するべきだろう。

5. 終わりに

環境マーケティングといえどもポストモダン・マーケティングの流れの中にあり、内容的な再構築が求められるに至っていることをジョン・F・シェリーの論文を引用して指摘した。本考察を終わるにあたり、再度その点を確認しておきたい。

前掲の論文中でシェリーは、「この新時代において従来のマーケティング戦略は一変する」（ジョン・F・シェリー，2001）と述べている。これは、従来の経営戦略の一環としてのマーケティングの役割から、消費者が環境問題に関する多くの情報と接し、自らの意識内部で企業や組織の訴求内容を咀嚼する能力が向上した

結果、マーケティングに求められている役割が変化しつつあることを意味している。

それゆえ、シェリーは「倫理性を備えたマーケティング」が今後の最重要課題となり、それを担保するものとして「協力、共同、コラボレーションが、消費者の経験価値を決定づける」(ジョン・F・シェリー、前掲)としている。

つまり、環境マーケティングにおいては、消費者と意識における協働関係をいかに作り上げられるかという点がマーケティング戦略の焦点になり、一方的な訴求では所期の効果をもたらさない、と考えられるのである。

佐々木雅一

【参考文献】

東浩紀 (2001),『動物化するポストモダン』講談社現代新書, 講談社
家村浩明 (1999),『プリウスという夢』双葉社
大木英男編 (1991),『エコロジカルマーケティング』ダイヤモンド社
大塚英志 (2001),『定本 物語消費論』角川文庫, 角川書店
※「物語消費論」の初出は1989年だが、今回は2001年に復刻出版された文庫版によった。
大橋照枝 (1994),『環境マーケティング戦略』東洋経済新報社
ケン・ピーティー (1993),『体系グリーン・マーケティング』(三上富三郎他訳), 同友館
佐藤善信 (1993),『現代流通の文化基盤』千倉書房
ジャン・ボードリヤール (1979),『消費社会の神話と構造』(今村仁司他訳), 紀伊国屋書店
ジョン・F・シェリー (2001),「ポストモダン・マーケティングの思想」『ダイヤモンド・ハーバード・ビジネス・レビュー』ダイヤモンド社, 第26巻, 6号, 98－105
西尾チズル (1998),「地球環境時代のマーケティング戦略」『日本マーケティングジャーナル』通巻66号
西尾チズル (1999),『エコロジカルマーケティングの構図』有斐閣
三上富三郎 (1982),『ソーシャル・マーケティング』同文館出版
三上富三郎 (1994),『共生の経営診断』同友館
見田宗介 (1996),『現代社会の理論』岩波新書, 岩波書店
吉本隆明・大塚英志 (2000),『だいたいで、いいじゃない』文春文庫, 文藝春秋社
和田充夫・恩藏直人・三浦俊彦 (1996),『マーケティング戦略』有斐閣アルマ, 有斐閣

第16章 PRTR制度と環境リスク・コミュニケーション

1. 日本の環境リスク管理とPRTR（Pollutant Release and Transfer Register）制度

PRTRの導入

我々の生活は多くの化学物質によって成り立っており、これらの化学物質による人体影響や環境影響が懸念されているが、それらの複合的な影響をも含めた十分な科学的知見の整備が困難な現状にある。また、公害対策基本法で対象とされた化学物質による人体影響の懸念される環境汚染のリスクから、自然環境への影響や地球環境への影響なども含めた環境汚染リスクへと、環境リスクの定義も現状に合わせて、狭義から広義の環境リスクへと対応している。このように、化学物質の環境影響が複合的でかつ多様であり、その対策にかかる時間とコストの多さからも、従来の直接規制だけでは、対応できないことが言われている。

日本では、環境汚染リスクに対する法制度には、①製造や使用を規制するもの、②環境中への排出を規制するもの、③浄化対策を推進するもの、④事業者による自主管理の促進を目的とするものなどがあり、これらと土地利用の規制、公害防止施設の整備、そのほかの汚染防止事業の推進があいまって、全体として環境リスクの低減がはかられることになっている（加藤, 2000）。①～③は、それぞれ、法整備がすでに行われていたが、④の事業者による自主管理の促進を目的とする対策として、事業者による特定化学物質の排出量の国への届出制度であるPRTR（Pollutant and Release and Transfer Register: 化学物質排出移動量届出制度）事業の実施、事業者間で化学物質の性状及び取り扱いに関する情報を提供するMSDS（Material Safety Data Sheet: 化学物質等安全データシート）があげられる。

PRTRについては、オランダで1976年にIEI（Individual Emission Inventory: 個別物質排出目録）制度が始められ、アメリカでは、1986年に、TRI（Toxics Release Inventory: 有害物質排出目録）制度が始められている。1992年の国連環

表1　PRTRの経緯（日本）

1996年2月	OECD（経済協力開発機構）が加盟国に制度化を勧告
1999年7月	「特定化学物質の環境への排出量及び管理の改善の促進に関する法律」（化学物質排出把握管理促進法；化管法，PRTR法）の制定
2001年4月	事業者による把握スタート
2002年4月	事業者による届出スタート
2003年3月	集計結果の公表・個別データ開示スタート

境開発会議（地球サミット）で採択された「アジェンダ21」の第19章において化学物質の管理の問題が取り上げられたことをうけ、1996年にOECD（経済協力開発機構）によりPRTRの導入勧告が行われた（経済産業省, 2003）。その後、世界各国で化学物質の排出目録制度が整備され、日本でも、1999年7月に、特定化学物質の排出量の把握等及び管理の改善の促進に関する法律（PRTR法または化学物質管理法）が制定され、製造業、金属鉱業、電気業、ガス業など、23業種を対象とし、第一種指定化学物質354物質について、2001年4月より、取扱量5トン以上の事業者による環境中への排出量や廃棄物の移動量の把握、2002年4月より国への届出が開始され、2003年3月に集計結果等の公表・開示が行われている。2003年4月より、取扱量1トン以上の事業者も加えられることとなる。（表1参照）

PRTRは、環境リスクに関するリスク・コミュニケーションの一手段であり、今後、アメリカのTRI同様、対象化学物質の拡大、個別情報の公表・開示などが行われることによって、さらに、事業者と消費者、地域住民との相互理解、環境リスクの低減を促進できるものとして期待されて導入された。

PRTRとは

PRTR（Pollutant Release and Transfer Register）は、日本では、環境汚染物質排出移動登録、または、化学物質排出移動量届出制度と呼ばれている。その定義は、「人の健康や生態系に有害なおそれのある化学物質について、その環境中への排出量及び廃棄物に含まれて移動する量を事業者自ら把握して行政庁に報告し、行政庁は事業者からの報告や統計資料等を用いた推計に基づき、排出量・

表2 届出対象業種

1 金属鉱業	6 熱供給業
2 原油・天然ガス鉱業	7 下水道業
3 製造業	8 鉄道業
a 食料品製造業	9 倉庫業（農作物を保管する場合又は貯蔵タンクにより気体又は液体を貯蔵する場合に限る。）
b 飲料・たばこ・飼料製造業	10 石油卸売業
c 繊維工業	11 鉄スクラップ卸売業*)
d 衣服・その他の繊維製品製造業	*）自動車用エアコンディショナーに封入された物質を取り扱うものに限る。
e 木材・木製品製造業	
f 家具・装備品製造業	12 自動車卸売業*)
g パルプ・紙・紙加工品製造業	*）自動車用エアコンディショナーに封入された物質を取り扱うものに限る。
h 出版・印刷・同関連産業	
i 化学工業	13 燃料小売業
j 石油製品・石炭製品製造業	14 洗濯業
k プラスチック製品製造業	15 写真業
l ゴム製品製造業	16 自動車整備業
m なめし革・同製品・毛皮製造業	17 機械修理業
n 窯業・土石製品製造業	18 商品検査業
o 鉄鋼業	19 計量証明業（一般計量証明業を除く。）
p 非鉄金属製造業	20 一般廃棄物処理業（ごみ処分業に限る。）
q 金属製品製造業	21 産業廃棄物処分業（特別管理産業廃棄物処理業を含む。）
r 一般機械器具製造業	
s 電気機械器具製造業	22 高等教育機関（付属施設を含み、人文科学のみに係るものを除く。）
t 輸送用機械器具製造業	
u 精密機械器具製造業	23 自然科学研究所
v 武器製造業	注：公務はその行う業務によりそれぞれの業種に分類して扱い、分類された業種が上記の対象業種であれば、同様に届出対象。
w その他の製造業	
4 電気業	
5 ガス業	

（環境省ホームページより抜粋）

移動量を集計・公表する仕組み（環境情報科学センター編, 2002)」である。

(1) 届出対象物質

届出対象物質は、人の健康を損なうおそれ又は動植物の生息もしくは生息に支障を及ぼすおそれの等の性状があり、かつ、相当広範な地域の環境に継続して存在すると認められる354物質を第一種指定化学物質である（福島, 2003a）。また、これらの化学物質は、有害性＋暴露可能性に着目して選定されている。ここで、

有害性とは、人の健康、動植物の生息・生育、オゾン層破壊のことである。

(2) 届出対象事業者・事業所
　対象事業者・事業所は、指定される23業種（表2参照）に該当し、従業員数21人以上の事業者が所有し、年間取り扱い量が一定以上または特別用件施設を有する事業所である。

(3) 推計対象
　対象業種事業者からの排出量は、従業員20人以下の事業所、年間取扱量が一定量に満たない事業所などである。
　非対象業種からの排出量は、農業、建設業などで使用される製品（農薬、接着剤、塗料、洗浄剤、医薬品、漁網防腐剤など）に着目している。家庭からの排出量は、一般家庭で使用される製品（家庭用農薬、接着剤、塗料、洗浄剤、化粧品、防虫剤、消毒剤など）に着目している。移動体からの排出量は、自動車、二輪車、特殊自動車、鉄道、船舶、航空機の運行に伴う排出ガス中の対象物質に着目している。

(4) 国（経済産業省・環境省）による集計・公表
　国は、①届出排出量・移動量の集計、②従業員数別の平均排出量・移動量、③届出外排出量の集計、④移動体の排出量の集計について、全国及び都道府県レベルまでの集計値（事業者からの届出排出量・移動量の集計結果と、国による届出外排出量の推計結果の集計結果）を、あわせて公表している。

2. 環境リスク・コミュニケーション

化学物質の環境リスクとリスク・コミュニケーション

(1) 環境とリスク・コミュニケーション
　環境問題にアプローチする方法の一つにリスク認知手法がある。しかし、専門家と一般市民の間ではリスク認知に大きなギャップがあると言われており、専門家が死亡率などの確率の大きさでリスク認知をする一方、一般市民は恐ろしさや未知さなど被害が起きたときの被害の大きさなどでリスク認知を行う。このことは、

環境問題のリスク認知についても同様である（大江,2003）。このリスク情報における格差は、リスク・コミュニケーションと呼ばれる、利害関係者間の話し合いの場でもみられることが多い。専門化、行政、企業などからの一般市民への一方的な情報（リスク・メッセージ）は、利害関係者間の情報量や理解度に格差をもたらし、さらに、情報の隠蔽や提供の遅れなどは、市民の不信感を煽ったり、誤解を招いたりし、必要ない論争に発展させかねない。

われわれが求めてきた環境に対してリスクのない（ゼロ・リスク）人間活動は、ありえないとの認識が広がる中、個人や社会がリスクをどこまで受け入れられるのか（社会的受容レベルの設定）が重要になってくる。有害化学物質への事前対応型リスク管理を考えていく上で、利害関係者間のリスク・コミュニケーションが有効な手段となってくる（池田,1999）ことは明らかである。

本来、リスク・コミュニケーションとは、「利害関係者の間での情報交換の場であり、参加主体の情報量が等しくなるところまで、情報や意見を交換する場」のことである（National Research Council, 1989）。リスク・コミュニケーションでやり取りされる情報の項目には、①リスクの性質、②リスクの大きさや影響範囲、③緊急性あるいは受容可能性、④リスクの対処方法、⑤取り得る選択肢とそれぞれの利点・欠点、⑥リスク管理者の意思決定、がある（前田,2003）。しかし、リスク・コミュニケーションの場を用意する際、中立の立場にない話し合いを進行するファシリテーターが進行を誘導したり妨げたり、反対する住民側のガス抜き公聴会としての話し合いの場になってしまうなど、の問題が予想され、適当なファシリテーターの擁立と公平な意見徴集の場の確保が、リスク・コミュニケーションを成功させる課題であろう。そこで、池田（1999）が指摘するように、

 ①意思表示の自由：　個人や集団がリスクを回避したり、選択したりする可能性があるのか？
 ②リスク・便益の公平な配分：　リスク負担と便益の配分が公平であるか？
 ③開かれた意思決定過程：　リスクの受容と拒否への意思決定過程は開かれているのか？
 ④情報の公開と双方向の情報提供：　リスク情報の開示と伝達は対話的であるのか？

等の社会経済・政治文化的な背景が重要であり、これらに留意したリスク・コミュニケーションが行われなければならない。

(2) 化学物質の環境リスクとリスク・コミュニケーション：PRTR 情報について

化学物質の環境リスクとは、「人の健康や生態系に有害な影響を及ぼす可能性のある化学物質が、大気、水質、土壌等の環境媒体を経由して環境の保全上の支障を生じさせるおそれ」であり、化学物質のリスク・コミュニケーションとは、「化学物質の環境リスクに関する正確な情報を行政、事業者、国民、NGO 等のすべてのステークホルダーが共有しつつ、相互に意思疎通を図ること」である（福島,2003a)。広義の環境リスクには、リスクを受ける対象として、人の健康や生態系だけでなく、社会環境や経済環境なども含まれ、リスク事象として、気候変動やオゾン層破壊などの地球環境問題のリスクも含まれるが、狭義の環境リスクとは、福島（2003a）が定義するように、化学物質によって人の健康や生態系が有害な影響を受けるおそれを指している。

環境問題におけるリスク・コミュニケーションというと、PCB などの産業廃棄物処分場や一般廃棄物処分場の立地、ダイオキシンの排出に関する情報公開の論争などが連想されるに違いない。環境問題の中でも比較的リスク評価手法が進んでおり、身近な問題として表面化しやすい化学物質の環境リスクについては、国や自治体といった行政、企業によるリスク・コミュニケーションが試みられ始めている。未だ日本ではあまり普及していないが、ヨーロッパでは、コンセンサス会議と呼ばれる素人から意見を聞いた上で意思決定者集団が合意を形成し、見解を公表する制度がある。また、米国では、米国化学協議会の推進するレスポンシブルケア活動の一環として、化学会社とその会社の施設が立地するコミュニティとの橋渡しをする CAP（Community Advisory Panel: 地域アドバイス委員会）と呼ばれコミュニティから選出された市民によって構成される組織が設けられている（前田,2003)。日本では、化学物質のリスク・コミュニケーションを支える法制度として、前述した化学物質の管理促進法（PRTR 法）が期待されているが、福島（2003b）が指摘するように、化学物質の排出推定方法やデータの範囲に関するデータの精度などの課題も多く、今後の改善が必要である。

PRTR 情報に関するリスク・コミュニケーションでは、①化学物質データベース設置、②パンフレット作成・配布、③ガイドブックの作成・配布、④ホームページ設置、⑤意見交換会、⑥地域交流会などのコミュニケーション形態が用意できる。中でも、情報技術の発達・普及とともに、リスク・コミュニケーションを行う

上で、IT 技術の有効活用が期待されている。前田（2003）が示すように、①データベース、②ハイパーメディア、③知識ベースシステム、④シミュレーション、⑤地理情報システム、⑥インターネットなどが、有害化学物質の環境リスク・コミュニケーションに利用されはじめており、海外では NGO による市民向けのウェブサイトがリスク・コミュニケーションの場として注目されている。

PRTR（Pollutant Release and Transfer Register）
制度と環境リスク・コミュニケーションの例
（1）行政による PRTR 情報提供とホームページ活用

　環境省の PRTR ホームページでは、集計表、都道府県比較（グラフ、地図）の情報が検索できる。また、独立行政法人製品評価技術基盤機構（経済産業省）の PRTR ホームページでは、PRTR 排出量マップ、大気中の濃度マップにアクセスできるようになっている。

　自治体の PRTR 制度に対する取組みとして、1）的確な集計・評価、2）詳細な情報提供、県民の化学物質に対する理解の促進、3）事業者に対する環境リスク低減指導があげられる（菊井, 2003）。たとえば、積極的に PRTR 情報の公開を行っている兵庫県では、パンフレットや報告書に加え、兵庫県のホームページが活用されている。社団法人環境情報科学センターに設置されている PRTR・リスクコミュニケーションネットワーク（PRTR・リスクコミュニケーションネットワーク, ホームページ）によると、2003 年 9 月 3 日現在で、PRTR 情報に関するホームページを開設している都道府県は、47 都道府県中 40 都道府県あり、そのうち 32 都道府県は県全体の集計を公表している。さらに、市町村単位の集計が公表されているのは、23 都道府県である。このことからも、自治体が、PRTR 制度における登録データの窓口というだけに留まらず、情報公開にも参加する姿勢がみられる。しかしながら、その内容には格差があり、1）基本的な情報の提供：PRTR 制度の概要や事業者向けの PRTR 制度の情報の提供、2）排出量情報の提供：PRTR 対象化学物質の排出量の都道府県全体集計・市町村別集計の提供、3）市民の理解を促進する情報の提供：リスク・コミュニケーションの説明や化学物質別排出量の提供、といった 3 レベルに分けることができるであろう。

(2) 企業による PRTR 情報提供とホームページの活用

　PRTR 制度は、企業の化学物質管理を促進することを目的としており、その結果として「届出」がついてくる、というものである（市川, 2002）。PRTR 対象物質を届け出する企業の中には、排出量の推計・登録で精一杯という企業もあるが、積極的に PRTR 情報を公開している企業も少なくない。主に、情報の公開には、不特定多数を対象とした環境報告・レポートといった報告書、ホームページ上での公開、と、地域住民を対象とした協議会や懇談会での報告がある。消費者の環境への関心が高まるにつれ、これらの取組みは「環境コミュニケーション」と呼ばれ、企業の環境ポリシーはもちろんのこと、原材料採取、生産、消費、廃棄といった製品・サービスのライフサイクルにおける環境影響の情報が発信され、企業イメージの向上という広報活動としての一面も持っている。

　企業の PRTR 情報公開は、PRTR 対象物質の排出情報に留まらず、より多様でわかりやすい情報の公開が試みられている。たとえば、シャープ株式会社では、2002 年度から事業所で使用する全化学物質を管理する独自の化学物質管理「グローバル版」を、海外の 22 生産事業所のうち 13 生産事業所に導入し、海外生産事業所における全化学物質の購入実績ならびに各国 PRTR 対象物質・オゾン層破壊物質・温室効果ガスなど有害化学物質の環境への排出・移動量などの自動集計が可能になり、使用化学物質の購入量・使用量・排出量をグローバルに一元管理している（シャープ, 2003）。また、富士ゼロックス株式会社のホームページでは、MSDS（Material Safety Data Sheet: 製品安全データシート）と呼ばれる、化学物質を使った製品の性質を正しく理解し、安全な取り扱いを促進するために、化学製品に含まれる物質、ひとや環境へ与える影響、取り扱い上の注意などを記載した「化学製品の取り扱い説明書」の検索ができるようになっている（富士ゼロックス, 2003）。前者では、国内の生産活動に限らず、環境情報公開のグローバル化が図られており、後者では、消費者へのより親切な情報公開が試みられているといえる。

(3) NGO・研究機関による PRTR 情報提供とホームページの活用

　1986 年に TRI（Toxics Release Inventory: 有害化学物質排出目録）が制度化されたアメリカでは、ウェブサイト上の地図をクリックしたり、郵便番号を入力したりすることで個別の工場や地域の有害化学物質の排出情報にアクセスでき、NGO

が情報を公開することで、市民の関心が高まり、企業の自主的努力もあって、化学物質の排出量は削減される傾向にある（中地, 2003）。日本でも、NGO、有害化学物質削減ネットワーク（T ウォッチ）が、研究者等で組織されるエコケミストリー研究会との協力で、国の公開する PRTR 情報（CD-R で配布される CSV 形式で書かれた一覧表）を、地域の地図に対応させるなど 2 次加工し、市民にわかりやすいウェブサイトとして、ホームページに PRTR 情報の検索サイトを設置している（有害化学物質削減ネットワーク, 2003）。リスク・コミュニケーションへの市民参加を促進するには、情報公開と公開された情報の利用のしやすさが重要である。エコケミストリー研究会（浦野, 2003）では、有害化学物質の排出量に、リスクスコアという人や生物に悪影響を与える可能性の程度を加味した指標の情報提供も行っている。これによって、化学物質の排出量という一般市民には理解の難しい情報を、リスクという危険性指標に換算しなおすことで理解しやすいものにしようという試みである。リスクスコアへの換算方法や結果の解釈などについては議論もあるが、より市民にとってわかりやすい情報提供の試みと言える。

日本の PRTR 制度の有効活用と環境リスク・コミュニケーション

　日本での PRTR 制度の有効活用にむけた、行政、企業、NGO・研究機関といった各主体によるリスク・コミュニケーション手法の可能性を確認できる。しかしながら、PRTR 制度そのものにも改善の必要性が求められており、リスク・コミュニケーションの実施にも一般化された手法として PRTR 情報への応用といった一般市民と向き合う現場での工夫が求められている。地域とのコミュニケーションの場合は特に、社会・経済環境や政治・地域文化環境が背景にあり、平常からの地域住民のコミュニケーションが、化学物質排出に関する事故などのリスク事象が起きたときの行政・企業の対応の信頼性や迅速な事故処理につながる。消費圏が拡大している現代、マスメディアの報道を通じた世論への対応も同様である。環境リスク・コミュニケーションは、よりよい環境を目指す上で、化学物質管理における行政と事業者の責務であり、消費者でもある市民がより成熟した意識をもつことが必要とされている。

大江瑞絵

【引用・参考文献】

池田三郎（1999），「化学物質のリスク管理と有害物質への事前対応型管理について」樽谷修・本間慎編，『検証「環境ホルモン」』青木書店．
市川芳明編（2002），『PRTRの実務ノウハウ』オーム社．
浦野紘平（2003），"「使いやすいPRTR情報」の発信目的と基本的考え方"，環境物質と環境，エコケミストリー研究会，61．
大江瑞絵（2003），「環境とリスク・コミュニケーション」，政策分析ネットワーク編『政策学入門』東洋経済．
加藤久和（2000），「第8章13．環境法に組み込まれたリスク対応制度」，日本リスク学会編『リスク学事典』TBSブリタニカ．
環境省環境保健部（2003），「PRTR：化学物質排出移動量届出制度ホームページ」http://www.env.go.jp/chemi/prtr/risk0.html
環境情報科学センター編（2002），『2002年版 自治体のための化学物質に関するリスクコミュニケーションマニュアル』環境省総合環境政策局環境保健部環境安全課．
菊井順一（2003），"兵庫県におけるPRTR情報の公開と今後の展開"，水情報 23-8．
経済産業省製造産業局化学物質管理課＆環境省総合環境政策局環境保健部環境安全課（2003），「平成13年度PRTRデータの概要―化学物質の排出量・移動量の集計結果―」．
社団法人環境情報科学センターPRTR・リスクコミュニケーションネットワーク（2003），「化学物質の排出量・移動量をインターネット上で公表している自治体」http://www.prtr-net.jp/link/gov.php
シャープ株式会社（2003），「有害化学物質の適正管理と排出削減」http://www.sharp.co.jp/corporate/eco/report2003/37.html
福島健彦（2003a），「国からのPRTR情報の公開と利用の方法」『特別シンポジウム「PRTR情報の公開・活用とリスクコミュニケーション」講演要旨集』エコケミストリー研究会．
福島健彦（2003b），「第1回PRTRデータの概要と今後の活用方策」環境情報科学 32-2．
富士ゼロックス株式会社（2003），「Material Safety Data Sheet 製品安全データシート」http://www.fujixerox.co.jp/eps/msds-ht-j-001.html
中地重晴（2003），"市民参加による有害化学物質管理"，環境情報科学 32-2．
前田恭伸（2003），「リスクコミュニケーション」中西準子編『環境リスクマネジメントハンドブック』朝倉書店．
有害化学物質削減ネットワーク（Tウォッチ）（2003），「有害化学物質削減ネットワーク（Tウォッチ）のホームページ」http://www.toxwatch.net
National Research Council(ed.) (1989),『Improving Risk Communication』National Academy Press．

付録：用語集

AA1000 規格（第 14 章）
AA1000（AccountAbility）は、ステークホルダーとの関わりを中核に 1999 年に作られた。社会会計、監査、報告プロセスなどを扱っており、戦略の策定や組織変革へも有効であると評価されている。最大の特徴はステークホルダーとのコミュニケーションを重視しているという点。

CERES (Coalition for Environmentally Responsible by Economics)（第 7 章）
CERES は、エクソン社のオイルタンカー「バルディーズ号」がアラスカ沖で座礁した事件をきっかけに、1989 年に、環境配慮責任団体の連盟組織として設立された。企業・政府と環境団体との間の対立を解消し対話と理解を推進するという目的で、1989 年に活動を開始したアメリカの非営利団体である。

ERUPT／CERUPT（第 1 部）
オランダの民間企業などが CDM／JI プロジェクトによって獲得した排出権を、オランダ政府が競争入札を通じて調達するプログラム。オランダ政府は、京都議定書第一約束期間（2008-2012 年）に充当する排出権として、約 1.2 億（t-CO2）の確保を目指している。

ISO（第 6 章）
国際標準化機構（International Organization for Standardization）。約 130 カ国からの参加者により構成される非政府団体で、財・サービスや経営マネジメントシステムに関する国際規格を策定する。生産技術、効率的生産・貿易、健康・安全、消費者保護等の多くの面で国際規格の果たす役割は大きい。環境問題では、環境マネジメントシステムの ISO14001 シリーズが有名。ISO の略称は、ギリシャ語の isos（等しい）に由来する。

PRTR (Pollutant Release and Transfer Register)（第 16 章）
環境汚染物質排出移動登録、または、化学物質排出移動量届出制度と呼ばれている。環境汚染リスクに対する事業者による自主管理の促進を目的として、日本では、2002 年 4 月より届出が開始され、2003 年 3 月より集計結果等の公表・開示が行われている。

RM 契約（Resource Management）（第 3 章）

RM の内容は、日本の企業系列内でなされているゼロ・エミに似ている。ただし、系列内の部門間でなされる 3R ではなく、系列外の組織と契約によって資源管理をする。米国ではこの契約が、サービサイジングに該当するとして取り組まれている。

NGO（Non-Government Organization）（第 14 章）

NGO は、国家間の利益や事業の利益を追求するのではなく、住民や社会全体の利益を考え、活動している非政府組織。平和や人権の擁護、環境保護、援助などの分野で活躍している。国内と国際の二種類。国連機関と協力して活動するものを国連 NGO とよばれている。

PFC 類ガス（第 12 章）

半導体や液晶の製造工程で使用される不可欠なガスで、CO_2 の数百〜数万倍という強力な温室効果ガス。

温室効果ガス（第 11 章）

成層圏大気中に微量に含まれる各種の気体で、本来地球の気温を適度に保つ役割を果たしているが、人間の経済活動に伴って排出される何種類かの気体がその濃度を高め、それが地球の平均気温の上昇、ひいてはさまざまな気候変動や海面の上昇を引き起こして、地球の生態系に大きな影響を与えることが懸念されている。国際的には、二酸化炭素、メタン、一酸化二窒素、3 種の代替フロンなどの人為的排出を削減すべきであるとの認識がもたれている。

拡大製品責任（第 3 章）、拡大生産物責任（第 4 章）

米国で 1996 年に持続可能な発展に関する大統領諮問委員会が提案したもの。使用済み製品の責任は、生産者だけでなく消費者、政府、製品チェーンに関わる全産業で分担すべきものという考え方。市場経済メカニズムを重視し、市場における製品の流れに関与する様々な主体が、それぞれに自主的な責任（分担責任）を果たすことで、市場そのものがよりクリーン化できると考える。サービサイジングの基本的思想。

拡大生産者責任（第 4 章）

欧州で始まった生産者に製品使用後の処理の責任を持たせる考え方で、廃棄物の管理費用を生産者に支払わせる。生産者は製品設計の段階から廃棄後の処理を考慮するようになり、初期原料使用量やエネルギー使用量を削減するインセンティブになる。具

体的な政策手法として製品の引取り、デポジット、製品課徴金、処理費先払い、製品のリース等がある。

環境会計（第 5 章）

企業等が実施する環境活動に要したコストとそれによって得られたベネフィットを明らかにする仕組みである。環境会計では、環境活動の成果を評価するために、金額情報だけではなく物量情報も重要な構成要素となる。環境会計の領域には、主として企業の環境報告書の中で開示される環境会計、企業等の経営意思決定に役立つツールとして用いられる環境管理会計、財務会計上での環境費用や環境負債等の会計処理方法を論じる環境財務会計がある。

環境管理会計（第 5 章）

企業が環境負荷削減と利益追求の両方を追求するために役立つ様々な意思決定ツールの総称である。環境管理会計では、ニーズに応じて扱う情報内容や用いられる手法も異なるが、企業の経営管理者をはじめ全ての階層の従業員の意思決定に有用な情報を提供することができる。具体的な環境管理会計のツールとしては、環境配慮型設備投資決定手法、環境配慮型原価企画、環境予算マトリックス、マテリアルフローコスト会計、環境配慮型業績評価、ライフサイクルコスティングの手法が開発され、企業での導入も始まっている。

環境報告書（第 5 章）

企業が、自社が実施する環境活動の内容を記述して、利害関係者に対して自主的に公表している冊子である。環境報告書に含められる主な内容としては、経営責任者の緒言、環境保全に関する方針・目標・計画、環境マネジメントに関する状況（環境マネジメントシステム、法規制遵守、環境保全技術開発等）、環境負荷の低減に向けた取り組みの状況（CO_2 排出量の削減、廃棄物の排出抑制等）がある。最近では、環境報告書に社会的・経済的側面に関する記述を含めたサステナビリティ報告書の公表が増加。

環境リスク（Environmental Risk）（第 16 章）

リスクとは、好ましくない事象の予測される発生確率とその影響の大きさ。狭義の環境リスクとは、環境中に排出された化学物質による環境および生態系や人体への好ましくない影響を意味する。この場合、個体数の減少、死亡等がエンド・ポイント（影響評価項目）となり、定量化されるのが一般である。また、広義の環境リスクとは、環境問題を広く扱い、リスクを定量化しないこともある。

カーボン・リーケージ（第9章）

　一般的には，十分に大きな経済規模を持つ国が温室効果ガスの排出削減活動の一環として化石燃料に対する需要を抑制した際に，国際エネルギー市場における化石燃料の価格が下落することにより，他国の温室効果ガスの排出量が増加する可能性のあることを指す。また、その他に考えられる市場を介したカーボン・リーケージのチャンネルとして、化石燃料を使用して生産されたある財に対する世界的な需要がそれほど低下しないときに、温室効果ガスの排出削減枠を課せられていない国がその財の生産量を増加させることにより全世界での排出量が十分に減少しないという可能性も考えられる。

企業評価（第1章）

　企業評価とは、簡単に言うと、良い企業と良くない企業をなんらかの方法を用いて判断することである。その際に問題となるのは、何をもって良い、あるいは良くないとするかその基準と視点と手法である。伝統的な企業評価には、株式価値と負債価値の和の測定をもって企業評価とする企業価値評価と、財務諸表などを中心とした財務分析、経営分析の大きく分けて2つのアプローチがある。これらは企業の経済的側面にのみ注目した企業評価アプローチであり、近年ではこれらに環境・社会側面での評価も加えていこうという動きが見られる。

気候変動枠組み条約（第11章）

　気候変動に関する国際連合枠組条約。1992年の地球サミットで署名され、1994年に発効した、温室効果ガスの大気中濃度を安定化させるための政策的枠組みを定めた条約。その後、1997年の第3回締約国会議で先進国の温室効果ガスの排出削減目標を義務付ける京都議定書が採択され、わが国は2002年6月に締結した。2003年11月26日現在で119カ国と欧州連合が京都議定書を批准しているが、議定書の発効はロシア連邦の批准にかかっている。

逆工場（第3章）

　吉川弘之・前東大総長が提唱した言葉で、1996年からインバース・マニュファクチャリング・フォーラムが検討を進めている。逆工場は設計段階での見直しも含む循環生産であり、リサイクルのような最終段階でのゴミ処理の代替手法ではない。

クリーン開発メカニズム（第9章）

　国連気候変動枠組条約（UNFCCC）の附属書Iに記載された国々（主に先進国）が、非記載国（主に途上国）における温室効果ガスの排出削減に貢献するプロジェクトに対し、

資金援助、および、技術援助を行うことによって、削減分の幾分かを自らの排出削減枠の達成の一部として考慮される「削減クレジット（京都議定書では CERs と称されている）」を獲得できるとする制度。受入国の持続可能な経済発展に貢献するという点だけでなく、より限界削減費用の小さいとみられる途上国での削減活動を促すものだけに、排出権取引制度に途上国が加わることを拒否している現状では、削減努力の効率性の観点からもその動向が注目されている。

グリーンフリーズ（第 14 章）

オゾン層を破壊するフロンも、地球を温暖化させる代替フロンも使わず、炭化水素のような、より環境への負荷の小さい物質を使う冷蔵技術。1992 年にグリーンピースが開発を委託して、ドイツのメーカーによって商品化された。そして、グリーンフリーズの冷蔵庫、いわゆるノンフロン冷蔵庫が 2002 年日本でも商品化することに成功、販売が開始されている。

クロック型オークション（第 10 章）

1 人の競売買人が価格を提示し、複数の入札者がその価格で売買したい量を応札する動学的オークションの一種。競売買人が売ろうとしている（または買おうとしている）量と、入札者が買おうとしている（または売ろうとしている）量とが一致するまで、競売買人は価格の提示を改定し、両者が一致したところでオークションが終了する。競売買人が売り手となる場合には、価格は低い値から始まって上昇し、競売買人が買い手となる場合には、逆に価格は高い値から始まって下降する。クロックとは、競売買の際に価格が提示される時計状の掲示装置。

限界削減費用（第 10 章）

汚染物質の環境への排出を削減するためには、汚染物質除去装置の設置や原料・エネルギーの転換など費用を必要とする。このような削減に必要とされる費用は、削減の程度を高めるにつれて上昇することが多い。ある水準の削減量からもう 1 単位汚染物質の排出を削減するのに必要な追加的費用を限界削減費用という。一定量の排出削減を行う必要がある場合、複数の削減機会があれば、限界削減費用の低い機会から活用するのが費用対効果の高い方法となる。

高レベル放射性廃棄物（第 16 章）

原子力発電を行えば、原子炉とへだたった部分で使用されたもので、微量に放射性を有するいわゆる「低レベル放射性廃棄物」が多く発生する。一方、原子炉の内部や周

辺からは、原子炉の廃炉などに伴って、高濃度に放射性を有したものが廃棄物として発生する。これが「高レベル放射性廃棄物」で、今後はこの廃棄物の処分が大きな問題となる。

国際排出権取引制度（第 9 章）

ある汚染物質に関して排出枠を課せられた国がその上限を超えて排出する際に必要とされる許可証（単に排出権と呼ばれることが多い）を国際的な市場で取り引きする制度。京都メカニズムのひとつの柱として、京都議定書の附属書 B に記載された国々（主に先進国）の間でのみ温室効果ガスの排出権取引を実施することが議論されている。理想的な状況下では、排出権価格の調整機能により、全体での目標削減量を最小の削減費用で達成できるとする「費用効果性」という特徴を持つ。また、排出権の初期分配をどのように行うかによって分配面にも配慮することができるが、逆に関係主体による政治的な行動を活発することによって環境汚染以外の非効率性を生む可能性もある。

再生可能自然資源（第 2 章）

森林や漁業資源のように自然により再生産される資源（バイオマス資源）、および太陽エネルギーや風力・地熱などの再生可能なエネルギー資源のこと。鉱物資源や化石燃料などの地下資源のように一旦採掘してしまえば新たに再生することが困難な資源に対して、再生量の範囲内で活用する限りでは枯渇することがない資源。

サービサイジング（Servicizing）（第 3 章）

米国のテラス研究所が用いた造語。拡大生産者責任（Extended Producer Responsibility）に代替する作用で、生産者への回収責任を法的に義務化するのではなく、製品の機能を高めて資源管理（Resource Management）を重視する契約形態もある。

自己組織化マップ（《SOM》Self Organizing Maps）（第 3 章）

カオスの縁と言われる複雑系での研究と視覚に関係する脳での形態認識過程の研究が基礎になっている。様々な情報（刺激）の集団に関係性を与えて一定のパターンを形成する。経済分析でも変数の自己組織化などに用いられつつある。

持続可能な発展／開発（第 1 章）

国連「環境と開発に関する世界委員会」（通称ブルントラント委員会）が 1987 年にまとめた報告書、"Our Common future" の中で「将来世代が自らのニーズを充足する能力を損なうことなく、現代世代のニーズを満たすような発展」と定義した "Sustainable

Development" の邦訳語。しかし Development が開発、発展、成長などと解釈され、環境保全と経済成長、貧困の解決や社会的正義の実現など多くの概念を含んでいるように、「持続可能な発展／開発」の意味について一致した見解があるわけではない。

持続可能な企業経営（第1章）

経済的繁栄、環境保全、社会的公正といった経済・環境・社会の3つの領域におけるパフォーマンスの向上を目指す企業経営のこと。特に経済的側面に比べてこれまであまり重視されてこなかった環境、社会領域において、企業が社会から期待される役割を積極的に果たしていく経営のこと。企業市民論、企業倫理、企業社会責任なども同様な考え方を表したものである。

主観的効用（第13章）

ミクロな視点から社会を分析する際の、重要な仮定の一つ。行為主体が主観的に感じる効用をもとにして、意志決定をするというもの。効用は、客観的な利得とは異なり、個々人の価値観に応じて感じ方が異なる。同じ百円でも、人によってその有難みが異なるという考え方である。主観的期待効用理論では、人は可能な選択肢の内、最も高い効用が期待されるものを選択して行動するという仮定をもつ。

静脈物流（第4章）

生産から消費にいたるものの流れを経済的に技術的に合理化するための計画的・組織的なマネジメント体系を物流という。しかし製品の使用後は廃棄物の処理があり、循環型社会を構築するにはリユースやリサイクルのための回収が必要になる。前者を動脈物流、後者を静脈物流を呼んでいる。循環型社会基本法や個別法により、資源循環を効率的にするため、コストを含めてどのようにするか課題であり、試行錯誤がされている。

ステークホルダー（第7章）

プロジェクト、事業、経営組織、その経営組織が操業する環境などの順調な進展に利害関係をもつ個人、グループ、あるいは法人のこと。株主、経営者、資金提供者、社員・従業員、取引関係者、顧客、消費者、操業地のコミュニティなどが含まれる。広義には、事業活動によって影響を受け、または影響を受ける可能性のある主体として、潜在的な顧客・消費者や政府機関などを含めることもある。

絶対目標・相対目標（第10章）

企業等が汚染物質の排出（削減）目標を設定するとき、よく用いられる方法としては、

汚染物質の絶対量を用いる場合（絶対目標）と、生産量や売上高などの活動水準あたりの排出量という比率を用いる場合（相対目標）との二つがある。環境への負荷を測るためには、絶対目標が政策ニーズに直結しているため、公共政策で目標設定が義務付けられる場合にはこの形が使われる。相対目標でも、生産量や売上高等を乗じて絶対量に変換できるが、これらを正確に見通すことが困難なために、自主的な目標設定では、相対目標が選ばれることが多い。

ゼロ・エミッション（第2章）

「A社から排出された廃棄物をB社が原材料として使用し、B社から排出された廃棄物をC社が原材料として使用する」といった、資源循環型の産業連鎖が可能になる新しい産業システムをつくり上げ、これにより最終的に廃棄物を限りなくゼロに近づけようというもの。国連大学ゼロ・エミッション構想で提唱された。廃棄物の削減や再資源化を究極まで進め、埋立ごみゼロを達成した工場を「ゼロ・エミッション工場」と呼ぶこともある。

全電源平均排出係数（第11章）

電気の使用に伴って発生する二酸化炭素の量は、その電力がどのようなエネルギーを用いて発電されたかにより異なる。このため、わが国の政府は、他人から供給された電力の使用に伴う二酸化炭素の排出量を算定する際の排出係数として、一般電気事業者から購入した電力に適用される排出係数を全国の火力発電所から排出された二酸化炭素の量を全国の発電所で各種燃料により発電された電気の総量で除した値を全電源平均排出係数として用いるよう定めている。

トリプル・ボトムライン（第7章）

コンサルティング会社サステナビリティ社の創始者の1人であるジョン・エルキントンが1998年の著書で提唱した概念で、企業の成果・業績を測定し、報告するために、経済、環境、社会の3つの側面を重視すべきことを主張するもの。伝統的な財務面のみの評価に限らず、環境および社会に及ぼす企業の影響を正当に評価することが持続可能な社会の構築に必要であるとする。ボトムラインとは、もともと決算書の最終行に純利益または損失があらわれることから、最も重要な要点の意味。

ハイブリッド車（第15章）

ハイブリッド車は、通常走行時にはエンジンで燃料を燃焼させて走行するのと同時に発電を行い、その電気を蓄電池に溜めておき、低速走行時にはこの電気エネルギーで

モーターを回転させて走行する。さらに、ブレーキを踏んで減速させる際にも発電をする。こうすることで、通常のエンジン走行に比べて燃料消費は半減する。

ファクター10（第2章）

持続可能な経済社会を実現するために、今後50年のうちに先進国において資源生産性（資源投入量当たり財、サービス生産量）を10倍向上させることの必要性を主張するもの。資源利用を現在の半分にすることが必要であり、人類の20%の人口を占める先進国がその大部分を消費していることから、資源生産性を10倍にする必要が示された。1991年にドイツのヴッパータール研究所により提起された。

ファシリテーター（第14章）

参加者の心の動きや状況を見ながら、実際にプログラムを進行して行く人のことをファシリテーター（促進者）と呼ぶ。「立場」のぶつかり合いではお互いに良い成果は見出しにくいため、発言のなかから、成果に結びつきそうな「関心」を見つけだし、会をスムーズに運営していく人である。

マーケティング・ミックス（第15章）

一般的にマーケティング活動は、製品・サービスの内容（Product）、価格設定（Price）、流通過程の選択（Place）、販売促進活動（Promotion）の4つを適切に組み合わせて実施することが望ましいとされている。これらは「マーケティングの4P」とも言われ、これらの組み合わせを考えることを、マーケティング・ミックスと呼んでいる。

ミクロ・マクロ（第13章）

社会を分析する際の視点。分析の単位として、個人などの行為者を中心にすえるのが、ミクロ的な分析であり、国家や社会などを単位として考えるのがマクロ的な分析である。ミクロとマクロはお互いに影響しながら、それぞれが独自に主体的な行為を行っている。本書の大部分は、国家や企業を主体にしたマクロ的な視点で書かれている。ミクロとマクロをリンクさせながら分析を行うことは、社会科学の重要な課題の一つである。

モザイク・プロット（第13章）

複数の離散変数の関係を分析するクロス表をグラフ化したもの。二次元の場合、行と列に各変数のカテゴリが配置される。まず、一方のカテゴリの周辺分布の比率でモザイク・タイルの太さが決まり、そして、各カテゴリ内におけるもう一方の変数の分布の比率に応じてモザイク・タイルの高さが決まる。タイルの面積が、総度数に対するセル度数の比

率をあらわす。残差情報を含むプロットでは、実線で濃い色がつく程、正の残差が、点線で濃い色がつく程、負の残差が観察されることを意味する。

ユビキタス（Ubiquitous）とICタグ（第3章）
ラテン語で「いつでもどこにでも存在する」という言葉。特に、情報についてコンピュータ・ネットが「誰でもいつでもどこででもアクセスできる」状態。紙にすき込むことができる0.4mm角の粉末状ICチップは、非接触で履歴を持つこと（ICタグ）になり、サービサイジングは様変わりする。

ライフサイクル・アセスメント（LCA）（第4章）
その製品にかかわる資源の採取から製造、使用、廃棄、輸送などすべての段階を通して、投入資源あるいは排出環境負荷やそれらによる地球や生態系への環境影響を定量的、客観的に評価する手法である。1980年代終わりから始まった考えだが、実際は主としてデータの入手困難から、環境負荷項目としてエネルギー消費量とその二酸化炭素排出量だけを取り上げたものが多い。インベントリ分析に必要なデータ収集の技法開発が望まれている

リスク・コミュニケーション（Risk Communication）（第16章）
ある好ましくない事象のリスクに対し、利害関係者の間での情報交換をする場である。リスク・メッセージと呼ばれる一方方向の情報伝達があるが、リスク・コミュニケーションの場合、参加主体の情報量が等しくなるところまで、情報や意見を交換することを意味する。

研究会活動概要

関西学院大学共同研究「指定研究」およびリサーチコンソーシアム
「2002 年度特別重点プロジェクト」
21 世紀持続可能産業社会構築に関する総合政策研究
持続可能性研究会の活動（2002〜2003 年度）

		報告者（報告順）	報告テーマ
第1回	2002年 7月18日	天野	「21世紀持続可能産業構築に関する総合研究」
		阪	「環境報告書・環境会計をめぐる動向」
		松枝	「国際環境援助の動学ゲーム分析」
		大江	「リスク認知からリスク・コミュニケーションへ」
第2回	2002年 9月25日	佐々木	「日本における環境マーケティングの考え方と広告に見る現況」
		石田	「環境に配慮したモノ作り」
		槇村	「サービサイジングの事例ー欧州と日本企業からー」
		笹原	「持続可能な社会へ富士ゼロックスの環境経営」
第3回	2002年 12月16日	中尾	「企業とGRI（Global Reporting Initiative）」
		天野	「企業の社会的責任に関する国際的動向」
第4回	2003年 3月3日	石田	「温暖化防止と企業経営の両立」
		笹原／風間	「富士ゼロックスにおける企業の社会的責任の実践と課題」
		阪	「持続可能経営に役立つ環境会計に向けて」
		松枝	「企業の環境技術の向上と環境政策の関わり」
		天野	「マラケシュ合意後の国際的二酸化取引について」
第5回	2003年 4月25日	佐々木	「環境マーケティングにおける環境広告の位置づけ」
		吉田	「サービサイジングへの期待」
第6回	2003年 5月16日	天野	基調講演「企業と環境：4つの課題」 ー21世紀の持続可能な社会に向けてー
	パネルディスカッション	石田	「地球温暖化防止」ー日本企業へのインパクトー
		阪	「企業経営と環境会計」 ー持続可能な経営に向けての環境会計の方向性ー
		佐々木	「環境マーケティングにおける環境広告の位置づけ」
		笹原	「持続可能な社会へ富士ゼロックスの環境経営」
	ポスター発表	風間	富士ゼロックスにおける企業の社会的責任の実践と課題 ー国連グローバル・コンパクトへの参加を中心にー
		田中／中尾	排出取引制度と企業経営
		松枝	「企業の環境技術の向上と環境政策の関わり」
第7回	2003年 6月13日	大江	「PRTR制度とリスク・コミュニケーション」
		中野	「環境リテラシーの国際比較」
		加賀田／中尾	「環境経営と"環境"ブランド」
		天野	「地球温暖化対策とパッケージの提案」

第8回	2003年9月1日	田中	「英国に学ぶ排出削減奨励配分メカニズム」
第9回	2003年11月14日	吉田	「拡張型サービサイジングのビジネス・モデル」
		加賀田	「持続可能性概念の再考」
第10回	2004年3月15日	参加者全員	「持続可能社会構築への統合ディスカッション」

索引

A

AA1000 規格　261, 299

B

BSR（社会的責任経営）　150, 151

C

CDM（クリーン開発メカニズム）　23, 40, 92, 203, 226, 303
CERES　163, 299
COPOLCO（消費者政策委員会）　73
CSR タスク活動　83

E

EA トナー　81
EC 委員会　104
ERUPT/CERUPT 制度　23, 24, 40, 41, 299
EU 域内排出取引制度　206

G

GDP　35, 242
GHG Protocol（温室効果ガス報告規約）　218
GRI ガイドライン　37, 38, 63, 70, 159, 261

I

IEI（個別物質排出目録）制度　289
ISO　299
ISO14001　18, 67, 75, 82, 131, 154, 299
ISO CSR MSSs
（ISO 企業の社会的責任マネジメント基準）　155

J

JI　23, 40, 41, 226, 299

M

MSDS（化学物質等安全データーシート）　289, 296

N

NGO　58, 85, 138, 159, 218, 262, 294, 300
NPO　54, 58, 60, 139, 159, 164, 263, 273

O

OECD（経済開発協力機構）　8, 9, 15, 19, 57, 72, 88, 146, 151, 290
OSR（組織の社会的責任）　146

P

PCB　294
PFC 類ガス　240
PRTR 制度　5, 19, 289, 299

S

SOM（自己組織化マップ）　99, 304
SRI（社会的責任投資）　53, 58, 67, 139, 174, 275

T

TRI（有害物質排出目録）制度　289, 290, 296
U.N.Global Comact（グローバルコンパクト）　8, 37, 76, 77, 82

W

WBCSD（世界経営協議会）　54, 68, 76, 150, 218, 222, 262
WRI（世界資源研究所）218
WWF（世界野生生物保護基金）　54, 73, 270

あ

アウトソーシング　97, 99, 112
安定性　201

い

意思決定手法　31, 42
イノベーション　105, 127
インバース・マニュファクチャリング　81, 120, 302

え

英国気候変動政策　206, 207
液晶テレビ　22, 44, 233, 238, 239

エコロジー簿記　183, 184, 185
エンドオブパイプ　75

お

オークション　206, 208, 209, 211
オルフス条約　19, 156
温室効果ガス　300
温室効果ガス排出量　218, 231, 237
温暖化対策税　14, 92, 100, 215
オンデマンド　123

か

カーボン・リーケージ　195, 196, 302
化学物質　19, 34, 49, 78, 240, 289
拡大生産者責任　15, 93, 104, 105, 283
拡大生産物責任　104, 300
拡大製品責任　93, 300
環境会計　29, 30, 131, 175, 301
環境会計ガイドライン　30, 132, 175
環境会計支援システム　135
環境格付け　29, 76
環境管理会計　32, 141, 143, 301
環境配慮行動　250
環境基本戦略　34, 75, 76, 77, 78, 79
環境教育　88, 92, 110, 124, 152
環境経営　30
環境行動計画　77, 239
環境効率　34, 35, 36, 62, 755
環境コスト　30, 31, 32, 33, 43, 142, 176
環境財務計算書　178, 186
環境ストック計算書　178, 179, 184
環境投資　176
環境パフォーマンス指標　31, 135, 136, 139, 145, 170
環境ビジョン　34

索引 313

環境負債　28, 45, 176
環境フロー計算書　178, 183
環境法規制　29
環境報告書　29, 31, 59, 63, 132, 170, 262, 284, 301
環境報告書ガイドライン　132, 135, 139
環境保全効果　31, 105, 239
環境マーケティング　25, 26, 29, 46, 78, 276
環境リスク　18, 19, 62, 78, 245, 289, 301
環境リテラシー　26, 29, 42, 43, 245

き

企業の社会的責任　146
企業評価　29, 5384, 86, 145, 302
気候変動協定　206, 207, 208, 216
気候変動税　206
技術革新　15, 74, 119, 225
機能価値　101
吸収源　42, 204, 218
京都議定書　41, 42, 47, 48 216

く

グリーン・コンシューマー　46
グリーン調達　29
グリーン電力　223, 225
グリーンファクトリー　240, 241
グリーン・マーケティング　282, 288
グローバル汚染　192, 204

け

経済効果　31, 112
限界削減費用関数　193, 194
限界排出削減費用　210, 211, 303

原子力発電　28, 103, 224, 286

こ

公共の不利益　156
効用　34, 74, 75, 85, 248
国際競争力　24, 62
個人合理性　201

さ

サービサイジング　15, 16, 17, 20, 49, 85, 87, 101. 304
再生可能エネルギー　206, 207, 233, 235
削減費用　14, 15, 22, 24, 40, 41, 193, 200, 204
サステナビリティレポート　159, 163 261

し

資源循環型システム　77, 85, 112
市場競争　88, 96
自然資産　179,180,183
持続可能性　54, 147, 163, 262
持続可能性経営　45, 59, 85, 305
持続可能性報告書　59, 63, 65, 159, 170
持続可能な発展／開発　305
実行度　253
社会的効果　33
社会的コスト　30, 32, 33, 44, 45, 49
社会的ジレンマ　247, 249
シャープ　11, 20, 21, 38, 39, 46, 49, 229, 244, 296
循環型社会　7, 15, 16, 48, 55, 76, 87, 127, 142, 282
所有価値　101

人権　　8, 17, 18, 37, 55, 58, 62, 64, 77, 82, 148, 168, 171
人口資産　　186

す

ステークホルダー　　17, 18, 56, 57, 58, 59, 70, 100, 149, 261, 294, 305
ステークホルダーミーティング　　261
ストック情報　　176

せ

政策課題　　9
政策パッケージ　　206, 207
制度設計　　24, 206
説明責任　　17, 18, 57, 132, 137, 151
ゼロ・エミッション　　81, 306
全電源平均排出係数　　224, 306

そ

ソーシャル・マーケティング　　288

た

第一約束期間　　191, 299
第三者レビュー　　138, 139
太陽電池　　44, 233
炭素税　　22, 24, 38, 39, 40, 41, 42, 62

ち

地球サミット　　191, 244, 290
チキン・ゲーム　　198, 204

て

テラス研究所　　101, 143
天然林チップ　　36

と

透明性　　17, 18, 151, 173, 219, 261
土壌汚染　　45, 49, 62
トリプル・ボトムライン　　9, 56, 72, 150, 306

に

認証林　　36, 81

は

排出アラウアンス取引制度　　220, 222
排出権取引制度　　24, 38, 203, 244
排出削減奨励金　　206
排出削減奨励金配分メカニズム　　206
排出削減費用　　200, 208
排出取引制度　　14, 23, 40, 41, 42, 206, 212
排出奨励金配分メカニズム　　5
バックキャスティング　　35

ひ

被害費用　　35
ビジネスモデル　　74, 85, 92, 111, 119, 123

ふ

ファクター10　　85, 307

ファシリテーター　266, 293, 307
不確実性　45, 48, 181, 219
ブラウン管テレビ　238, 239
富士ゼロックス　11, 33, 34, 35, 36, 37,
　　38, 42, 43, 45, 74, 105, 111, 127, 296
ブラウン管テレビ　238
フリーライド　191
フルコスト会計　30, 49
ブレークスルー　44, 92
フロー情報　176

ほ

法的責任　220
ポストモダン　25, 28, 278, 283

ま

マーケティング　20, 25, 26, 29, 46, 150,
　　276, 307
マテリアルフローコスト会計　20, 31,
　　142, 301
マテリアルリサイクル　106
マニフェスト　119

ゆ

ユビキタス　91, 308

ら

ライフサイクルコスティング　30, 31, 33,
　　142
ライフスタイル　25, 55, 58, 283

り

リスク認知　247

利他主義モデル　250

ろ

労働基準　37, 83

本書は以下のように再生紙を使用しています。
　本文　　　OKシュークリーム　グリーン100
　カバー　　OKコート　グリーン100
　表紙　　　レザック66
　見返し　　タントE
　本扉　　　マーメイド
　帯　　　　OKコート　グリーン100

編著者略歴

持続可能性研究会（じぞくかのうせいけんきゅうかい）
　持続可能性研究会は「21世紀持続可能産業社会構築に関する総合政策研究」として、関西学院大学大学院総合政策研究科リサーチ・コンソーシアムの重点研究および大学共同研究指定研究の指定をを受け、研究活動を続けている。同大学の経済学部、商学部、社会学部、総合政策学部など複数の領域からの研究者や大学院生（大学院総合政策研究科）、学外の研究機関（京都女子大学、（財）地球環境センター、（財）地球環境戦略研究機関、グリーン戦略研究所など）からの参加者、企業（富士ゼロックス株式会社、およびシャープ株式会社）の環境問題担当者などが協力して、21世紀における持続可能な産業社会のあり方について現実を見据えた共同研究を行っている。

天野明弘（あまの・あきひろ）
　1934年生まれ。神戸大学経営学部教授、関西学院大学教授を経て、現在兵庫県立大学副学長および（財）地球環境戦略研究機関 関西研究センター 所長。神戸大学名誉教授、関西学院大学名誉教授。
著書『総合政策・入門』有斐閣、『地球温暖化の経済学』（日本経済新聞社）、『環境問題の考え方』（関西学院大学出版会）、『環境経済研究』（有斐閣）ほか。

大江瑞絵（おおえ・みずえ）
　1971年生まれ。2000年より関西学院大学総合政策学部専任講師。

持続可能社会構築のフロンティア
　環境経営と企業の社会的責任（CSR）

2004年10月30日初版第一刷発行

編著者　　天野明弘・大江瑞絵／持続可能性研究会

発行者　　山本栄一
発行所　　関西学院大学出版会
所在地　　〒662-0891　兵庫県西宮市上ケ原一番町1-155
電　話　　0798-53-5233

印　刷　　協和印刷株式会社

©2004 Akihiro Amano, Mizue Ohe, Sustainability Working Group
Printed in Japan by Kwansei Gakuin University Press
ISBN 4-907654-61-8
乱丁・落丁本はお取り替えいたします。
http://www.kwansei.ac.jp/press